T0280809

# Mengen – Relationen – Funktionen

Ingmar Lehmann · Wolfgang Schulz

# Mengen – Relationen – Funktionen

## Eine anschauliche Einführung

### 4., überarbeitete und erweiterte Auflage

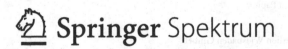

Ingmar Lehmann
Institut für Mathematik
Humboldt-Universität zu Berlin
Berlin, Deutschland

Wolfgang Schulz
Institut für Mathematik
Humboldt-Universität zu Berlin
Berlin, Deutschland

ISBN 978-3-658-14398-5    ISBN 978-3-658-14399-2 (eBook)
DOI 10.1007/978-3-658-14399-2

Die Deutsche Nationalbibliothek verzeichnet diese Publikation in der Deutschen Nationalbibliografie; detaillierte bibliografische Daten sind im Internet über http://dnb.d-nb.de abrufbar.

Springer Spektrum
© Springer Fachmedien Wiesbaden 1997, 2004, 2007, 2016
Das Werk einschließlich aller seiner Teile ist urheberrechtlich geschützt. Jede Verwertung, die nicht ausdrücklich vom Urheberrechtsgesetz zugelassen ist, bedarf der vorherigen Zustimmung des Verlags. Das gilt insbesondere für Vervielfältigungen, Bearbeitungen, Übersetzungen, Mikroverfilmungen und die Einspeicherung und Verarbeitung in elektronischen Systemen.
Die Wiedergabe von Gebrauchsnamen, Handelsnamen, Warenbezeichnungen usw. in diesem Werk berechtigt auch ohne besondere Kennzeichnung nicht zu der Annahme, dass solche Namen im Sinne der Warenzeichen- und Markenschutz-Gesetzgebung als frei zu betrachten wären und daher von jedermann benutzt werden dürften.
Der Verlag, die Autoren und die Herausgeber gehen davon aus, dass die Angaben und Informationen in diesem Werk zum Zeitpunkt der Veröffentlichung vollständig und korrekt sind. Weder der Verlag noch die Autoren oder die Herausgeber übernehmen, ausdrücklich oder implizit, Gewähr für den Inhalt des Werkes, etwaige Fehler oder Äußerungen.

Planung: Ulrike Schmickler-Hirzebruch

Gedruckt auf säurefreiem und chlorfrei gebleichtem Papier

Springer Spektrum ist Teil von Springer Nature
Die eingetragene Gesellschaft ist Springer Fachmedien Wiesbaden GmbH

# Vorwort zur 4., überarbeiteten und erweiterten Auflage

Wir freuen uns, dass das vorliegende Buch als 4. Auflage im Springer Spektrum Verlag erscheint. Die bisherigen drei Auflagen erschienen innerhalb der Reihe „mathematik-abc für das Lehramt" im Teubner Verlag – herausgegeben von Prof. Dr. Stefan Deschauer, Prof. Dr. Klaus Menzel und Prof. Dr. Kurt Peter Müller, denen wir für Anregungen zum Inhalt und der Verbesserung der Lesbarkeit verpflichtet sind. Unser besonderer Dank gilt dabei Herrn Deschauer, der das damalige Manuskript sorgfältig durchgesehen hatte, und Herrn Jürgen Weiß vom Teubner Verlag, der die Entstehung des Buches unterstützte.

Es ist eine elementar gehaltene und um anschauliche Darstellung bemühte Einführung wichtiger Grundbegriffe der Mathematik. Dabei haben wir im Interesse von Lesbarkeit und Schulnähe nicht immer Vollständigkeit der Darlegung angestrebt. Das Buch „Mengen – Relationen – Funktionen" wendet sich vorrangig sowohl an künftige als auch an bereits unterrichtende Lehrerinnen und Lehrer für Mathematik.

*Mengen*, *Relationen* und *Funktionen* sind als zentrale Begriffe der Mathematik auch fester Bestandteil des Mathematikunterrichts aller Schulformen. Viele mathematische Zusammenhänge lassen sich mit Hilfe des Mengenbegriffs anschaulich und einfach darstellen. Die wichtigsten hierfür erforderlichen Begriffe und Werkzeuge werden im Kapitel 1 „Mengen" bereitgestellt. Den Schwerpunkt im Kapitel 2 „Relationen" bilden Eigenschaften zweistelliger Relationen, wobei die Äquivalenz- und die Ordnungsrelationen, mit denen sich Mengen strukturieren lassen, besonders betont werden. Im Kapitel 3 „Funktionen" werden vorzugsweise solche grundlegenden Begriffe behandelt, die einerseits im Mathematikunterricht bereits im Vorfeld der Analysis eine Rolle spielen, andererseits der Vorbereitung auf die Differential- und Integralrechnung dienen. Darüber hinaus berücksichtigen wir, dass Funktionen (als Abbildungen) auch Wurzeln in der Algebra und der Geometrie haben. Während Kapitel 1 grundlegend für die folgenden Kapitel 2 und 3 ist, können die Kapitel 2 und 3 auch unabhängig voneinander gelesen werden.

In der vorliegenden Auflage befinden sich einige neue Abschnitte. Im Kapitel 1.8 wird eine knappe Übersicht über die Zahlbereiche von den natürlichen Zahlen bis zu den komplexen Zahlen gegeben. Im Kapitel 3.4.3 befindet sich eine Zusammenschau der elementaren Rechenoperationen unter dem Gesichtspunkt der Rechengesetze. Das Kapitel 3.4.4 konzentriert sich auf die Mittelwerte als zweistellige Operationen und ihre geometrische Veranschaulichung. Im Kapitel 3.15 stehen die reellen Exponential- und Logarithmusfunktionen im Mittelpunkt. Das Kapitel 3.20 bietet einen Ausblick auf einstellige komplexe Funktionen. Im Anhang A findet man eine Zusammenfassung der im Band betrachteten Funktionen. Neu aufgenommen wurde ein Anhang zum Arbeiten mit Gleichungen und Ungleichungen. Bei der Überarbeitung des Buches wurden die komplexen Zahlen stärker berücksichtigt und einige Druckfehler beseitigt.

Somit stellt der Inhalt des Buches einerseits eine Vorbereitung auf weitere mathematische Studien speziell in der Algebra, Geometrie und in der Analysis dar, andererseits findet man hier einen Überblick über den mathematischen Hintergrund für große Teile des Mathematikunterrichts. Bei der Stoffauswahl haben wir uns auf jene Teile und Werkzeuge beschränkt, die nach unserer Meinung immer (wieder) benötigt werden und für viele Teilgebiete der Mathematik, vor allem aber für Mathematiklehrerinnen und -lehrer, ein ganz selbstverständliches Handwerkszeug sind.

Die von uns verwendeten Zeichen und Bezeichnungen sind in der mathematischen Literatur weitgehend üblich. Gegebenenfalls weisen wir an Ort und Stelle auf abweichende Bezeichnungen hin. Neben der verbalen Formulierung von Definitionen und Sätzen werden von uns auch bestimmte Abkürzungstechniken benutzt. Ihr Vorteil besteht darin, dass durch die verwendeten Zeichen die logische Struktur einer Definition oder eines Satzes deutlicher wird. Für die Schule hingegen ist eine solche stark formalisierende Schreibweise *kaum* zu empfehlen. Eine (korrekte) verbale Formulierung ist genauso exakt wie die mit Hilfe der logischen Zeichen. Sie ist darüber hinaus oft leichter verständlich und trägt so wesentlich zur sprachlich-logischen Schulung bei. Wir benutzen beide Schreibweisen, zum Teil parallel, oder auch nur eine von beiden. Die wichtigsten logischen Begriffe und Methoden wurden bewusst nicht in einem eigenständigen Kapitel vorangestellt. Sie werden vielmehr an geeigneter Stelle eingeführt und benutzt. Das entspricht im Wesentlichen dem in Schule und Hochschule praktizierten Vorgehen.

Die gewählte Form der Darstellung unterscheidet sich von anderen zu diesem Thema vorliegenden Büchern durch das weitgehend realisierte Zwei-Seiten-Konzept. Die Theorie wird fortlaufend auf den linken Seiten dargestellt. Auf den gegenüberliegenden rechten Seiten finden sich jeweils zugehörige Beispiele, Übungen und stoffliche Ergänzungen. Das Zwei-Seiten-Konzept hat den Vorteil, dass Bezüge zwischen Theorie und zugehörigen Beispielen unmittelbar deutlich werden.

Der Text ist in den Kapiteln auf folgende Weise strukturiert: Es gibt *Definitionen*, *Sätze*, *Beispiele* und *Übungen*, die – wie auch die Bilder – kapitelweise nummeriert sind. Wichtige Definitionen und Sätze sind darüber hinaus durch Rahmung optisch hervorgehoben. Begriffe werden zusätzlich durch Fett- oder Kursivdruck markiert. Weitere Hervorhebungen oder sonstige Ergänzungen sind durch • und bei Folgerungen durch ➤ gekennzeichnet. Das Ende eines Beweises wird mit ■ angezeigt.

Die *Übungen* fordern zu eigener mathematischer Tätigkeit auf und bieten zugleich die Möglichkeit zu überprüfen, ob und wieweit die eingeführten Begriffe und Sätze verstanden worden sind. Am Ende des Buches werden *Lösungen* bzw. *Lösungshinweise* gegeben. Wir empfehlen der Versuchung zu widerstehen, zu früh im Lösungsteil nachzuschlagen. Dieser sollte ausschließlich dazu dienen, die eigenen Ergebnisse mit denen des Buches zu vergleichen. Der Reiz, eine eigene Lösung zu finden und sich damit zu bestätigen, ist eine der entscheidenden Motivationen auf dem Gebiet der Mathematik.

Herrn Professor Dr. Jörn Quistorff danken wir für eine Vereinfachung zum Bild 2.6. Schließlich möchten wir Frau Ulrike Schmickler-Hirzebruch für ihre unterstützende Betreuung von Seiten des Springer Spektrum Verlages herzlich danken.

Für Hinweise und Anregungen sind wir unseren Lesern dankbar.

Berlin, Mai 2016              Ingmar Lehmann                    Wolfgang Schulz
                        ilehmann@math.hu-berlin.de        wschulz@math.hu-berlin.de

# Inhalt

# 1 Mengen

## 1.1 Der Begriff der Menge

*Was ist eine Menge?*

So einfach diese Frage zu stellen ist, so schwierig ist sie zu beantworten. Um es vorwegzunehmen, eine explizite Definition können wir für diesen Begriff selbst in der Mathematik nicht geben. In der axiomatischen Mengenlehre geht man – wie in anderen streng aufgebauten mathematischen Theorien – von Axiomen[1] aus; durch sie werden die jeweiligen Grundbegriffe dann implizit definiert. Wir folgen hier stattdessen dem sogenannten naiven Standpunkt, d. h., wir geben uns mit einer ungefähren Beschreibung des Begriffs *Menge* zufrieden. GEORG CANTOR (1845 – 1918), der Begründer der Mengenlehre, hat 1895 eine solche, besonders anschauliche Erklärung gegeben.

---

**Cantorsche Mengendefinition:** Unter einer **Menge** verstehen wir jede Zusammenfassung von bestimmten wohlunterschiedenen Objekten unserer Anschauung oder unseres Denkens (welche die **Elemente** genannt werden) zu einem Ganzen[2].

---

Auch wenn es sich hierbei nicht um eine Definition im strengen Sinne handelt, ist diese Beschreibung für unsere Belange zunächst völlig ausreichend.

CANTOR benutzte mehrere Prinzipien, die später – wenn auch zum Teil in veränderter Form – in der axiomatischen Mengenlehre übernommen wurden. Darüber hinaus hat er den unendlichen Mengen dieselbe Existenzberechtigung zugesprochen wie den endlichen Mengen, d. h., er operierte mit ihnen wie mit etwas Fertigem, Abgeschlossenem. Damit setzte er sich über die Auffassung bedeutender Mathematiker seiner Zeit hinweg. Da zudem diese von CANTOR geschaffene Theorie der Mengenlehre sehr abstrakt war, stieß sie am Anfang bei vielen Zeitgenossen auf Widerstand und Ablehnung. Das ging zum Teil bis hin zu persönlichen Anfeindungen. Der zu seiner Zeit sehr einflussreiche und bedeutende Mathematiker LEOPOLD KRONECKER (1823 – 1891) hat ihn z. B. einen „Verderber der Jugend" genannt.

Es dauerte einige Jahrzehnte, ehe die Prinzipien der Mengenlehre allgemein anerkannt wurden. Heute ist die Mengenlehre, für die es inzwischen eine Reihe unterschiedlicher Axiomensysteme gibt, eines der Fundamente der Mathematik. Insbesondere hat die Mengenlehre auch einen wesentlichen Beitrag zur Präzisierung der mathematischen Denkweise insgesamt geleistet. Ihre Begriffe und Methoden finden Verwendung in praktisch allen Bereichen der modernen Mathematik; sie erlaubt einen einheitlichen Aufbau großer Teile der Mathematik. Darüber hinaus ist die Mengenlehre auch gut geeignet, um Probleme in den Naturwissenschaften, der Technik und der Wirtschaft zu formulieren, zu veranschaulichen und zu lösen.

Auf DAVID HILBERT (1862 – 1943) geht die Äußerung zurück: „Aus dem Paradies, das CANTOR uns geschaffen, soll uns niemand vertreiben können."

---

[1]  axíoma (griech.) = Grundwahrheit (eigentlich Würdigung; Würde, Ansehen).
[2]  CANTOR, G.: Gesammelte Abhandlungen. Herausgeber: E. Zermelo. Berlin: Springer 1932, S. 282.

## 1.2   Das Prinzip der Mengenbildung

Die Erklärung, die CANTOR für eine Menge gegeben hat, wollen wir in der folgenden Weise verstehen: Alle diejenigen Objekte, auf die irgendeine Aussage[1] oder Eigenschaft zutrifft, lassen sich zu einer Menge zusammenfassen. Diese Menge, das ist entscheidend, wird jetzt als ein einziges neues Objekt betrachtet.

Aus dem Zusammenhang lässt sich im Allgemeinen auch immer erkennen, aus welchem **Grundbereich** (oder aus welcher **Grundmenge**) $G$ die Objekte für die Mengenbildung genommen werden. Bei Mengen, die aus Zahlen bestehen, kann man z. B. die Menge $\mathbf{R}$ der reellen Zahlen oder die Menge $\mathbf{N}$ der natürlichen Zahlen als Grundmenge wählen. Bei Punktmengen wird oft die Menge aller Punkte einer Geraden, einer Ebene oder des Anschauungsraumes als Grundmenge zugrunde gelegt.

Um eine Menge $M$ durch eine Eigenschaft zu beschreiben, ist wesentlich, dass für jedes Objekt des Grundbereiches $G$ die Frage, ob dieses Objekt die betreffende Eigenschaft besitzt, eindeutig mit „ja" oder „nein" beantwortet werden kann. Allgemeiner gesagt: Wird in der *Aussageform* $H(x)$ die Variable[2] $x$ durch ein konkretes Objekt aus $G$ ersetzt oder durch einen Quantor[3]„gebunden", so entsteht in jedem Fall eine *Aussage*, also etwas, das entweder *wahr* oder *falsch* ist. Statt „ist wahr/ist falsch" sagt man auch „gilt/ gilt nicht". Genauer fordern wir das

> **Prinzip der Mengenbildung:** Für alle diejenigen Objekte $x$, auf die eine gegebene Aussageform $H(x)$ zutrifft, gibt es stets eine Menge $M$, die genau jene $x$ als Elemente besitzt.

Man bezeichnet gewöhnlich Mengen mit großen lateinischen Buchstaben $A$, $B$, ..., $M$, $N$, ..., $X$, $Y$, ... und ihre Elemente mit kleinen lateinischen Buchstaben $a$, $b$, ..., $x$, $y$, ... Gegebenenfalls versehen wir sie mit einem Index ($M_1$, $M_2$, ..., $a_1$, $a_2$, ...).

Die grundlegende Relation[4] der Mengenlehre ist die **Elementbeziehung**. Sie bringt zum Ausdruck, dass ein Objekt $x$ Element einer Menge $M$ ist:

$x \in M$   (gelesen: „$x$ (ist) Element von $M$" oder „$x$ gehört zu $M$").

Dabei ist $\in$ der typisierte kleine Anfangsbuchstabe Epsilon des griechischen Wortes ἐστί (= ist); diese Schreibweise stammt von GIUSEPPE PEANO (1858 – 1932). Um auszudrücken, dass für ein Objekt $x$ und eine Menge $M$ die Elementbeziehung *nicht* zutrifft, schreiben wir:

$x \notin M$   (gelesen: „$x$ (ist) nicht Element von $M$" oder „$x$ gehört nicht zu $M$").

Statt des Zeichens $\notin$ benutzen manche Autoren auch das Zeichen $\overline{\in}$.

---

[1] Unter einer *Aussage* verstehen wir ein sprachliches oder formelmäßiges Gebilde, dem man entweder den Wahrheitswert *wahr* oder den Wahrheitswert *falsch* zuordnen kann. *Aussageformen* haben die Gestalt von Aussagen, enthalten aber freie Variablen. Werden die freien Variablen durch Elemente der Grundmenge $G$ ersetzt, geht eine Aussageform in eine Aussage über.

[2] variare (lat.) = verändern; über variabilis (spätlat.) zu variable (altfranz.) = veränderlich.

[3] Zum Begriff *Quantor* s. Kap. 1.6, S. 18.

[4] Zum Begriff *Relation* s. Kap. 2, S. 54ff.

**Beispiel 1.1:** Durch die folgenden Mengen werden einige Schüler aus der Gesamtheit der Schüler einer Schule herausgehoben:
a) Die Menge der Schülerinnen und Schüler einer bestimmten Klasse, etwa der 7a.
b) Die Menge der Mädchen der Klasse 7a.
c) Die Menge der Jungen der Klasse 7a, die Mitglieder des Schulchores sind.

**Beispiel 1.2:** Wir bilden Mengen, indem wir Elemente $x$ mit der Eigenschaft $H(x)$ zusammenfassen:
a) $H(x)$ bedeute, $x$ ist eine natürliche Zahl. Mit **N** bezeichnen wir dann die Menge aller natürlichen Zahlen[5].
b) $H(x)$ bedeute, $x$ ist eine Primzahl[6]. Mit **P** bezeichnen wir dann die Menge aller Primzahlen. Die Zahl 2 ist sowohl ein Element der Menge **N** als auch der Menge **P**. Dafür schreibt man also kurz: $2 \in \mathbf{N}$ bzw. $2 \in \mathbf{P}$.
c) $H(x)$ bedeute, $x$ ist eine ungerade natürliche Zahl. Mit **U** bezeichnen wir dann die Menge aller ungeraden natürlichen Zahlen. Da die Zahl 2 eine gerade (und damit keine ungerade) Zahl ist, gilt $2 \notin \mathbf{U}$.
d) $H(P)$ bedeute, $P$ ist ein Punkt der Ebene, dessen Koordinaten $x$ und $y$ die Gleichung $x^2 + y^2 = 4$ erfüllen. Die Menge aller Punkte $P$ mit dieser Eigenschaft bildet dann einen Kreis $k$ um den Ursprung des Koordinatensystems mit dem Radius 2.

Die einzelnen Zahlbereiche bezeichnen wir wie folgt[7]:

**N** := Menge aller natürlichen Zahlen[5]

$\mathbf{N}^*$ := Menge aller von null verschiedenen natürlichen Zahlen

**Z** := Menge aller ganzen Zahlen

$\mathbf{Z}_-$ := $\{x \mid x \in \mathbf{Z}$ und $x \leq 0\}$ = Menge aller nichtpositiven ganzen Zahlen

**Q** := Menge aller rationalen[8] Zahlen

$\mathbf{Q}_+$ := $\{x \mid x \in \mathbf{Q}$ und $x \geq 0\}$ = Menge aller gebrochenen Zahlen oder Bruchzahlen[9]

**R** := Menge aller reellen Zahlen

$\mathbf{R}_+$ := $\{x \mid x \in \mathbf{R}$ und $x \geq 0\}$ = Menge aller nichtnegativen reellen Zahlen

$\mathbf{R}_-$ := $\{x \mid x \in \mathbf{R}$ und $x \leq 0\}$ = Menge aller nichtpositiven reellen Zahlen

$\mathbf{R}^*$ := $\{x \mid x \in \mathbf{R}$ und $x \neq 0\}$ = Menge aller von null verschiedenen reellen Zahlen

$\mathbf{R}_+^*$ := $\{x \mid x \in \mathbf{R}$ und $x > 0\}$ = Menge aller positiven reellen Zahlen

$\mathbf{R}_-^*$ := $\{x \mid x \in \mathbf{R}$ und $x < 0\}$ = Menge aller negativen reellen Zahlen

**C** := Menge aller komplexen[10] Zahlen

---

[5] Unter Einschluss der Null.
[6] numerus primus (lat.) = Zahl erster Art (im Unterschied zu numerus compositus (lat.) = zusammengesetzte Zahl oder Zahl zweiter Art); primus (lat.) = erster, vorderster.
[7] Die Schreibweise der geschweiften Klammern samt Mengenoperator $\{x \mid ...\}$ wird in Kap. 1.4, S. 14, erklärt.
[8] rationalis (lat.) = vernünftig.
[9] In der Schule wird $\mathbf{Q}_+$ deshalb oft auch mit **B** bezeichnet.
[10] complexus (lat.) = vielschichtig, allseitig.

## 1.3   Zum Stufenaufbau der Mengenlehre

Bei der Bildung einer Menge $M$ werden bestimmte **Individuen** (Elemente) $x$, $y$, ... aus einem gegebenen Grundbereich zu dieser **Menge** $M$ (*Menge erster Stufe*) zusammengefasst. Mengen (erster Stufe) $M$, $N$, ... können nun ihrerseits wieder als Objekte zu einer neuen Menge $\mathfrak{M}$ zusammengefasst werden. Eine solche Menge $\mathfrak{M}$ (*Menge zweiter Stufe*) nennt man ein **Mengensystem**. Dieser Prozess der Mengenbildung lässt sich fortsetzen. Die nächste Stufe, also eine Menge von Mengensystemen $\mathfrak{M}$, $\mathfrak{N}$, ..., nennt man dann eine **Mengenfamilie** $\mu$ (*Menge dritter Stufe*).

Die Elemente eines Mengensystems sind also selbst Mengen; die Elemente einer Mengenfamilie sind ihrerseits Mengensysteme. Die Elemente einer Menge erster Stufe nennt man in diesem Zusammenhang auch Mengen nullter Stufe. Das Mengenbildungsprinzip ist dann analog auf die jeweilige Stufe anzuwenden. Beachtet man, dass in einer Menge $M$ stets nur Individuen (als Elemente), in einem Mengensystem $\mathfrak{M}$ stets nur Mengen (als Elemente) und in einer Mengenfamilie $\mu$ stets nur Mengensysteme (als Elemente) usw. vorkommen, also die Mengenbildung in dieser Weise eingeschränkt wird, kann es zu keinen Widersprüchen, den sogenannten **Antinomien**[1], kommen.

So betraf z. B. die Russellsche Antinomie, benannt nach BERTRAND RUSSELL (1872 – 1970), im Wesentlichen das allgemeine Mengenbildungsprinzip, das es erlaubt, von einer beliebigen Bedingung zum Begriff der Menge aller Objekte, die diese Bedingung erfüllen, überzugehen. Betrachtet man nämlich insbesondere die Bedingung, nicht Element von sich selbst zu sein (also $x \notin x$), so ergibt sich ein Widerspruch in der Weise, dass die Menge aller Mengen, die dieser Bedingung genügen, sich sowohl selbst enthält als auch nicht selbst enthält.

Als Eigenschaft $H$ nahm RUSSELL die folgende (auf Mengen $x$ anwendbare) Aussage an:

> $H(x)$ bedeutet:  $x \notin x$, d. h., $x$  ist kein Element von $x$.

Für die Menge $M$, die dann durch die Eigenschaft $H(x)$ definiert ist, gilt folglich: $M$ ist die Menge aller Mengen $x$, die sich nicht selbst enthalten.

Da $M$ eine Menge ist, stellte sich RUSSELL die Frage, ob nun $M$ sich selbst als Element enthält.

1. Fall:  Wir nehmen an, die Antwort sei *ja*, d. h., es gelte $M \in M$. Wenn also $M$ ein Element von $M$ ist, muss $M$ die Eigenschaft $H(M)$ besitzen, also $M \notin M$ gelten.

2. Fall:  Wir nehmen an, die Antwort sei *nein*, d. h., es gelte $M \notin M$. Wenn also $M$ kein Element von $M$ ist, bedeutet das, es besitzt nicht die Eigenschaft $H(M)$. Es muss also $M \in M$ gelten.

*Fazit*:  Ist einerseits $M$ in sich selbst enthalten, dann enthält es sich nicht.
Ist andererseits $M$ nicht in sich selbst enthalten, dann enthält es sich.

Das ist eine Antinomie.

---

[1]  antinomía (lat./griech.) = Widerspruch eines Gesetzes gegen das andere; Widerspruch eines Satzes in sich oder zweier Sätze, von denen jeder Gültigkeit beanspruchen kann.

**Beispiel 1.3:** Ein anschauliches Beispiel für den Stufenaufbau der Mengenlehre liefert uns der Alltag.

Als Individuen betrachten wir einzelne *Streichhölzer* (Individuen = Mengen 0. Stufe). Im Allgemeinen werden 38 Streichhölzer in einer *Zündholzschachtel* (Menge = Menge 1. Stufe) gesammelt und zusammengefasst. Beim Wochenendeinkauf wird man eine *Zehnerpackung* (Mengensystem = Menge 2. Stufe) verlangen, die also 10 Zündholzschachteln enthält. Der Supermarkt wird seinerseits beim Großhandel *Versandkartons* (Mengenfamilie = Menge 3. Stufe) bestellen, die ihrerseits 50 Zehnerpackungen enthalten. Der Großhandel selbst ordert beim Hersteller *Europaletten* (Mengen 4. Stufe) zu je 48 Versandkartons. Der LKW-Fahrer transportiert mit seiner *LKW-Ladung* (zumeist 72 Europaletten) dann schon eine Menge 5. Stufe!

**Beispiel 1.4:** Die Klassifikation im Tierreich besteht aus einer hierarchischen Stufenfolge einander einschließender Gruppen von Lebewesen.

So gehört der Hund *Lassie* (aus der gleichnamigen Fernsehserie) zur Unterrasse der *Langhaarcollies*, die zusammen mit den Kurzhaarcollies die Rasse der *Collies* bilden. Diese Rasse gehört (wie z. B. auch die der Bobtails) zur Unterart *Britische Hütehunde*; diese wiederum zur Art *Schäferhunde*. Die nächste Stufe ist dann die Gattung *Canis*, die zur Unterfamilie „*Hunde im engeren Sinne*" gehört. In aufsteigender Reihenfolge setzt sich das folgendermaßen fort: Familie *Hunde*, Überfamilie *Hundeähnliche*, Unterordnung *Landraubtiere*, Ordnung *Raubtiere*, Überordnung *Echte Säugetiere*, Unterklasse *Höhere Säugetiere*, Klasse *Säugetiere*, Überklasse *Vierfüßer*, Unterkreis *Kiefermäuler*, Kreis *Wirbeltiere*, Unterstamm *Chordatiere*, Stamm *Neumünder*, Unterabteilung *Bilateraltiere*, Abteilung oder Unterreich *Vielzeller*, Reich *Tierreich*. Auf diese Weise gelangen wir vom Individuum *Lassie* (= Menge 0. Stufe) bis hin zum *Tierreich* (Menge 21. Stufe)!

**Beispiel 1.5:** Beispiele für den Stufenaufbau der Mengenlehre in der Mathematik:

Als Grundbereich wählen wir die Gesamtheit aller Punkte einer Ebene. Geraden, Strecken, Dreiecke, Vierecke, Kreise usw. sind dann Mengen erster Stufe. Die Gesamtheit $V$ aller Vierecke, das sogenannte „Haus der Vierecke" in der Schulmathematik, ist dann bereits eine Menge zweiter Stufe (Mengensystem).

Weitere Mengensysteme wären z. B. das System aller derjenigen Geraden, die Tangenten an einen gegebenen Kreis sind, oder das System aller derjenigen Kreise, die zu einem gegebenen Kreis konzentrisch sind.

**Beispiel 1.6:** Der logische Kern der Russellschen Antinomie lässt sich anschaulicher anhand der paradoxen Geschichte vom Dorfbarbier erzählen.

Der Dorfbarbier zeichne sich unter allen Männern eines Dorfes dadurch aus, dass er genau diejenigen Männer des Dorfes rasiert, die sich nicht selbst rasieren. Von ihm selbst gilt dann, dass er sich genau dann selbst rasiert, wenn er sich nicht selbst rasiert.

Wir beschränken uns im Folgenden darauf, Begriffe und Eigenschaften der mengentheoretischen Verknüpfungen für Mengen erster Stufe und deren Elemente zu formulieren. Auf jeder Stufe kann man die gleichen Überlegungen wie für diese erste Stufe anstellen.

## 1.4    Das Prinzip der Mengengleichheit

Neben dem Mengenbildungsprinzip setzen wir ein weiteres Prinzip oder Axiom voraus, das *Prinzip der Mengengleichheit*. Dieses Axiom gibt eine Antwort auf die Frage, wann zwei Mengen $M$ und $N$ aus Elementen eines gegebenen Grundbereichs als gleich bzw. als identisch angesehen werden sollen.

> **Prinzip der Mengengleichheit:** Mengen $M$ und $N$ sind genau dann gleich, wenn sie aus denselben Elementen bestehen.

Anders ausgedrückt:

- Mengen $M$ und $N$ sind genau dann gleich, wenn für jedes $x$ gilt:
  $x$ ist Element von $M$ genau dann, wenn $x$ Element von $N$ ist.

Es wird also durch dieses Prinzip der Mengengleichheit festgelegt, dass zwei Mengen $M$ und $N$ genau dann gleich sind, wenn sie den gleichen *Umfang* (an Elementen) haben. Oder noch anders gesagt: Jede Menge soll eindeutig durch die in ihr enthaltenen Elemente bestimmt sein, unabhängig davon, durch welche Eigenschaft ihrer Elemente sie zunächst definiert worden ist.

Diese Festlegung der (Umfangs-)Gleichheit nennt man auch *Extensionalitätsprinzip*[1]. Am Rande sei erwähnt, dass umfangsgleiche Mengen auch eigenschaftsgleich sind. Solche Mengen sind deshalb in jedem Zusammenhang durcheinander ersetzbar.

Eine Menge kann also als gegeben angesehen werden, wenn die einzelnen Elemente der Menge bekannt sind oder wenn eine Vorschrift festlegt, welche Bedingungen die Elemente der Menge erfüllen müssen.

- Sind zwei Mengen $M$ und $N$ nicht gleich, so schreibt man $M \neq N$.

Sind die Elemente einer Menge bekannt, werden sie zwischen zwei geschweiften Klammern einzeln aufgelistet: $M = \{1, 3, 5\}$.

Die durch die Grundmenge $G$ und durch die Eigenschaft $H$ bestimmte Menge

- $M := \{x \mid x \in G \text{ und } H(x)\}$

heißt *Erfüllungsmenge* der Aussageform $H(x)$ über $G$. Wenn Klarheit über die in Frage kommende Grundmenge besteht, schreibt man kürzer

- $M := \{x \mid H(x)\}$.

$M$ enthält also genau diejenigen Elemente von $G$, die $H(x)$ zu einer wahren Aussage machen. Die geschweiften Klammern, die man mitunter auch *Mengenklammern* nennt, werden mitsamt dem sogenannten *Mengenoperator* | gelesen[2]:

„Die Menge aller $x$ mit der Eigenschaft $H(x)$".

**Beispiel 1.7:** Die Mengen $A = \{2, 3, 4\}$ und $B = \{x \mid x \in \mathbf{N} \text{ und } |x - 3| < 2\}$ sind gleich.

---

[1]  extensio (lat.) = Umfang eines Begriffs; Gesamtheit der Gegenstände, die unter diesen Begriff fallen.
[2]  Mitunter wird für den *Mengenoperator* anstelle des senkrechten Striches | auch ein Doppelpunkt : oder ein Semikolon ; benutzt.

Nach dem Prinzip der Mengenbildung sind die Mengen $A$ und $B$ eindeutig festgelegt. Nach dem Prinzip der Mengengleichheit ist darüber hinaus: $A = B = \{2, 3, 4\}$.

**Beispiel 1.8:** Die Menge $A$ aller geraden Primzahlen und die Menge $B$, die die kleinste gerade von null verschiedene natürliche Zahl als einziges Element enthält, sind (umfangs-)gleich: $A = B = \{2\}$.

**Beispiel 1.9:** Die Menge $M$ aller Trapeze mit zwei Paaren paralleler Seiten und die Menge $N$ aller (konvexen) Vierecke, in denen die Diagonalen einander halbieren, sind gleich. In beiden Fällen wird die Menge aller Parallelogramme beschrieben ($M = N$).

**Übung 1.1[3]:** Prüfen Sie, welche der folgenden Mengen identisch sind:
a) $M_1$ = Menge aller gleichschenkligen Dreiecke,
b) $M_2$ = Menge aller gleichseitigen Dreiecke,
c) $M_3$ = Menge aller gleichwinkligen Dreiecke.

**Übung 1.2:** Prüfen Sie, welche der folgenden Mengen identisch sind:
a) $N_1$ = Menge aller Vierecke mit vier kongruenten Winkeln,
b) $N_2$ = Menge aller Vierecke mit gleich langen, einander halbierenden Diagonalen,
c) $N_3$ = Menge aller Vierecke mit zwei Paaren paralleler Gegenseiten und einem rechten Winkel.

**Beispiel 1.10:** $M$ sei die Menge der einstelligen Primzahlen; $N$ sei die Lösungsmenge der Gleichung $x^4 - 17x^3 + 101x^2 - 247x + 210 = 0$. Auch hier wird in beiden Fällen dieselbe Menge beschrieben.
Die Vorschrift zur Bildung der Menge $N$ wird nämlich sofort überschaubar, wenn wir den Term[4] $x^4 - 17x^3 + 101x^2 - 247x + 210$ faktorisieren. Es ist
$x^4 - 17x^3 + 101x^2 - 247x + 210 = (x - 2)(x - 3)(x - 5)(x - 7)$, also $M = N = \{2, 3, 5, 7\}$.

**Übung 1.3:** Es sei $A$ die Menge der geraden natürlichen Zahlen, $B$ die Menge der natürlichen Zahlen, deren Quadrate gerade sind. Vergleichen Sie die Mengen $A$ und $B$!

**Übung 1.4:** Geben Sie eine andere Beschreibung der folgenden Mengen an und prüfen Sie, welche Mengen identisch sind:
a) $M_1 = \{x \mid x \in \mathbf{N}$ und $x + 2 = 0\}$,      e) $M_5 = \{x \mid x \in \mathbf{R}$ und $x^2 + 2 = 0\}$,
b) $M_2 = \{x \mid x \in \mathbf{Z}$ und $x + 2 = 0\}$,      f) $M_6 = \{x \mid x \in \mathbf{C}$ und $x^2 + 2 = 0\}$,
c) $M_3 = \{x \mid x \in \mathbf{Q}$ und $x^2 - 2 = 0\}$,      g) $M_7 = \{x \mid x \in \mathbf{R}$ und $(x + 2)^2 = 0\}$,
d) $M_4 = \{x \mid x \in \mathbf{R}$ und $x^2 - 2 = 0\}$,      h) $M_8 = \{x \mid x \in \mathbf{R}$ und $(x - 2)^2 = 0\}$.

**Übung 1.5:** Prüfen Sie, welche der Lösungsmengen der folgenden Gleichungen identisch sind ($x \in \mathbf{R}$)!
a) $10^x = 0{,}001 = 10^{-3}$,      b) $x^2 - 9 = 0$,      c) $x^2 + 6x + 9 = 0$.

---

[3]  Die Lösungen bzw. Lösungshinweise zu den Übungen befinden sich am Ende des Buches.
[4]  terme (franz.) = Grenze, Begrenzung; terminus (mittellat.) = Grenze, Ziel, Ende.

## 1.5   Endliche und unendliche Mengen

Alle Mengen bestehen aus einer bestimmten Anzahl von Elementen. Eine Menge, die nur ein einziges Element enthält, nennen wir eine *Einermenge*; eine Menge, die genau zwei Elemente enthält, nennen wir eine *Zweiermenge*, usw., d. h., wir verabreden:

---

**Definition 1.1:** $M$ ist (definitionsgemäß) genau dann eine **Einermenge**, wenn es ein Objekt $a$ (aus einem gegebenen Grundbereich $G$ ) gibt, das Element von $M$ ist, und für alle $x$ gilt:   Wenn $x \in M$, so  $x = a$.

Man schreibt dann:  $M = \{a\}$.

---

Bei Benutzung des zuvor eingeführten Mengenoperators verkürzt sich Definition 1.1 zu:

$$\{a\} := \{x \mid x = a\}.$$

Es gilt also $\{a\} = \{b\}$ genau dann, wenn  $a = b$. Ebenso sagen wir:

---

**Definition 1.2:** $M$ ist (definitionsgemäß) genau dann eine **Zweiermenge**, wenn es zwei voneinander verschiedene Objekte $a$ und $b$ (aus einem gegebenen Grundbereich $G$ ) gibt, die Elemente von $M$ sind, und für alle $x$ gilt: Wenn $x \in M$, so  $x = a$ oder  $x = b$.

Man schreibt dann:  $M = \{a, b\}$.

---

Setzen wir  $\{a, b\} := \{x \mid x = a$  oder  $x = b\}$, so ist $\{a, b\}$ für $a \neq b$ eine Zweiermenge, für $a = b$ dagegen die Einermenge $\{a, b\} = \{a\} = \{b\}$. Analog wird für drei verschiedene Objekte $a$, $b$ und $c$ (aus einem gegebenen Grundbereich $G$) der Begriff **Dreiermenge** definiert und dafür $\{a, b, c\}$ geschrieben. Das lässt sich fortsetzen.

Eine Menge, die endlich viele Elemente enthält, heißt **endliche Menge**[1]; andernfalls heißt sie **unendliche Menge**.

Bei endlichen Mengen lassen sich die Elemente einzeln angeben. Dabei spielen im Übrigen die Reihenfolge, in der die Elemente aufgelistet werden, oder eine mehrfache Aufzählung eines Elementes keine Rolle. Ist $M$ eine endliche Menge, so bezeichnet $|M|$ die **Anzahl der Elemente** von $M$[2]. Im anschaulichen Sinne bedeutet dies, dass man ihre Elemente mithilfe der Zahlen 1, 2, ... , $|M|$ durchnummerieren kann (vgl. aber Kap. 2.3, S. 80).

Doch schon bei größeren Anzahlen ist es nicht sinnvoll, alle Elemente auflisten zu wollen. Hier ist zur Beschreibung der Menge eine sie definierende Vorschrift (Eigenschaft) sinnvoll. Bei unendlichen Mengen gelingt das Auflisten prinzipiell nicht. Hier benötigen wir eine Vorschrift, die festlegt, welche Bedingungen die Elemente erfüllen müssen.

---

[1]  Will man bei der Definition für die Endlichkeit bzw. Unendlichkeit einer Menge keinen Gebrauch von den natürlichen Zahlen machen, stützt man sich auf die Relation der *Gleichmächtigkeit* (vgl. Kap. 2.3.1, S. 78). Die bekannteste Definition geht auf RICHARD DEDEKIND (1831 – 1916) und BERNARD BOLZANO (1781 – 1848) zurück: Eine Menge heißt *unendlich* genau dann, wenn sie zu einer ihrer echten Teilmengen gleichmächtig ist, anderenfalls heißt sie *endlich*.

[2]  Zu Mengen und der Anzahl ihrer Elemente im Kontext der Wahrscheinlichkeitsrechnung vgl. WARMUTH, E.; WARMUTH, W.: Elementare Wahrscheinlichkeitsrechnung. Leipzig: Teubner 1998.

**Beispiel 1.11:** Die Menge $A$ aller geraden Primzahlen ist eine Einermenge: $A = \{2\}$; die Menge $B$ aller Primzahlen zwischen 20 und 30 ist eine Zweiermenge: $B = \{23, 29\}$.

**Beispiel 1.12:** Die Reihenfolge oder eine mehrfache Aufzählung eines Elementes ändern nicht den Umfang einer Menge. Die Menge $M$ der einstelligen Primzahlen lässt sich z. B. wie folgt schreiben:   $M = \{2, 3, 5, 7\} = \{3, 2, 5, 7\} = \{2, 2, 7, 5, 5, 3\}$ usw.

**Übung 1.6:** Welche der folgenden Mengen sind endlich, welche unendlich?

a) $M_1 = \{x \mid x \in \mathbf{N} \text{ und } |x - 7| < 2\}$,       d) $M_4 = \{x \mid x \in \mathbf{N} \text{ und } |x - 7| > 9\}$,

b) $M_2 = \{x \mid x \in \mathbf{N} \text{ und } |x - 7| > 2\}$,       e) $M_5 = \{x \mid x \in \mathbf{N} \text{ und } |x - 7| < -5\}$,

c) $M_3 = \{x \mid x \in \mathbf{N} \text{ und } |x - 7| < 9\}$,       f) $M_6 = \{x \mid x \in \mathbf{N} \text{ und } |x - 7| > -5\}$.

**Beispiel 1.13:** Wird eine Menge, selbst wenn sie nur wenige Elemente enthält, durch eine Vorschrift definiert, ist die Anzahl ihrer Elemente oft nicht unmittelbar ablesbar.

a) Die Menge der natürlichen Zahlen, die Lösungen der Gleichung $2x^3 - x^2 - 25x - 12 = 0$ sind, ist wegen $2x^3 - x^2 - 25x - 12 = (x - 4)(x + 3)(2x + 1)$ die Einermenge $A = \{4\}$.

b) Die Menge der ganzen Zahlen, die Lösungen der Gleichung aus a) sind, ist die Zweiermenge $B = \{-3; 4\}^3$.

c) Die Menge der rationalen Zahlen, die Lösungen der Gleichung aus a) sind, ist die Dreiermenge $C = \{-3, -\frac{1}{2}, 4\}$.

**Übung 1.7:** Wie viele Elemente $x$ (mit $x \in \mathbf{R}$) enthält die Lösungsmenge $L$ der Gleichung $10^x + 1 = 1{,}001$? Geben Sie die Lösungsmenge an!

**Übung 1.8:** Welche der folgenden Mengen sind endlich, welche unendlich?

a) $M_1 = \{x \mid x \in \mathbf{N} \text{ und } x \text{ ist Primzahl}\}$,

b) $M_2 = \{x \mid x \in \mathbf{N} \text{ und } x \text{ ist gerade Primzahl}\}$,

c) $M_3 = \{x \mid x \in \mathbf{N} \text{ und } 100 \leq x \leq 110 \text{ und } x \text{ ist Primzahl}\}$,

d) $M_4 = \{x \mid x \in \mathbf{N} \text{ und } 200 < x \leq 210 \text{ und } x \text{ ist Primzahl}\}$.

**Übung 1.9:** Ist die Menge a) aller Eckpunkte eines Dreiecks, b) aller Punkte eines Kreises, c) aller Schnittpunkte der Diagonalen eines Vierecks endlich oder unendlich?

**Beispiel 1.14:** Schreibweisen wie $\{2, 3, 5, 7, 11, 13, 17, \dots, 97\}$ sollten nur benutzt werden, wenn aus dem Zusammenhang heraus unmissverständlich klar ist, was gemeint ist, hier die Menge der Primzahlen zwischen 1 und 100. Das trifft erst recht auf unendliche Mengen zu. Dennoch benutzt man in solchen Fällen mitunter ebenfalls drei Punkte, um eine Fortsetzung der Auflistung (gemäß einer Bedingung) anzudeuten. So schreibt man für die Menge der natürlichen Zahlen dann z. B. $\mathbf{N} = \{0, 1, 2, 3, \dots\}$.

**Beispiel 1.15:** Zwei Primzahlen, deren Differenz 2 beträgt, heißen *Primzahlzwillinge*. 11 und 13 sind also z. B. Primzahlzwillinge, ebenso 857 und 859. Ob die Menge aller Primzahlzwillinge endlich oder unendlich ist, ist ein bis heute ungelöstes Problem.

---

[3] Um eine Verwechslung mit der Dezimalzahl −3,4 zu vermeiden, wurde hier ein Semikolon gesetzt.

## 1.6   Logische und mengentheoretische Zeichen

Mathematische Aussagen lassen sich mithilfe der aussagenlogischen Verknüpfungen (*nicht*; *und*; *oder*; *wenn..., so...*; *genau dann, wenn ...*) zu neuen Aussagen zusammensetzen. Dabei erweist es sich mitunter als nützlich, für diese Verknüpfungen die entsprechenden logischen Zeichen, die sogenannten *Junktoren*[1]($\neg$, $\wedge$, $\vee$, $\Rightarrow$, $\Leftrightarrow$), zu benutzen. Wenn $H(x)$ eine Aussageform ist, in der die Variable $x$ (frei) vorkommt, dann lässt sich durch einen prädikatenlogischen *Quantor*[2] (*Für alle ...*; *Es gibt ein ...*) diese Variable binden, sodass eine Aussage entsteht. Auch für diese Quantoren werden entsprechende

Symbole benutzt ( $\bigwedge$ , $\bigvee$ )[3] .

In einer Definition benutzen wir eines der beiden Zeichen: entweder    :=    (gelesen: *definitionsgemäß gleich*) oder    : $\Leftrightarrow$   (gelesen: *definitionsgemäß genau dann, wenn*). Das Zeichen  :=  wird als Definitionszeichen für Terme verwendet. Das Zeichen  : $\Leftrightarrow$  wird im Unterschied hierzu als Definitionszeichen für Eigenschaften und Beziehungen benutzt. Das links vom Zeichen  :=   bzw.   : $\Leftrightarrow$   stehende Objekt (das sogenannte **Definiendum**) ist eine neu eingeführte Bezeichnung für das rechts vom Zeichen stehende Objekt (das sogenannte **Definiens**)[4]. Das Definiendum ist also das, was definiert wird, während das Definiens das Definierende ist.

*Beispiel*:
a)  Definition eines Terms:      Es sei $a \in \mathbf{R}$, $a \neq 0$.  $a^0 := 1$.
b)  Definition einer Relation:    Es seien $a, b \in \mathbf{N}$. $a$ ist ein Teiler von $b$
     (in Zeichen: $a \mid b$)   : $\Leftrightarrow$     Es gibt eine natürliche Zahl $x$ mit $a \cdot x = b$.

Die beiden Zeichen := und : $\Leftrightarrow$ werden oft nicht voneinander unterschieden; in beiden Fällen wird stattdessen auch ein und dasselbe Zeichen  $=_{\mathrm{def}}$ oder  $=_{\mathrm{Df}}$ verwendet.

Auch das Wort „heißt" signalisiert, dass ein neuer Begriff definiert wird.

Die Aussagenverbindung „ $p$ oder $q$ " ($p \vee q$) heißt *Alternative*[5]. Das „oder" wird im Sinne des lateinischen „vel", d. h. im *nichtausschließenden* Sinne, verwendet. $p \vee q$ wird mitunter auch als *Disjunktion*[6] oder auch *Adjunktion*[7] bezeichnet. Das kann leicht zu Missverständnissen führen, da die Bezeichnung *Disjunktion* auch für das *ausschließende* „oder", also das „entweder - oder", verwendet wird. Die Verwirrung kann komplett werden, da beide Begriffe (*Alternative* und *Disjunktion*) sowohl in dem einen Sinne als auch im entgegengesetzten Sinne benutzt werden.

---

[1]  iunctor (lat.) = Verbinder; Anspänner.
[2]  So genannt, weil sich in der „traditionellen" Logik die „Quantität" eines Urteils nach dem Auftreten dieser logischen Partikel richtet; quantus (lat.) = wie groß, wie viel; Quantor = Quantifikator.
[3]  Anstelle von $\wedge$ und $\vee$ findet man auch die Zeichen $\forall$ (auf dem Kopf stehendes A) bzw. $\exists$ (seitenverkehrtes E). Die Zeichen $\wedge$, $\vee$ heben die Analogie zu den Junktoren $\wedge$ (*und*) und $\vee$ (*oder*) hervor.
[4]  definiendum (lat.) = das zu Bestimmende; definiens (lat.) = das Bestimmende.
[5]  alternus (lat.) = wahlweise, zwischen zwei Möglichkeiten die Wahl lassend.
[6]  disiunctio (lat.) = Trennung, Sonderung.
[7]  adiunctio (lat.) = Hinzufügung, Beiordnung, Vereinigung.

**Überblick über die wichtigsten logischen Zeichen:**

$$p \wedge q \quad :\Leftrightarrow \quad p \text{ und } q \qquad \textbf{(Konjunktion)}^8$$

$$p \vee q \quad :\Leftrightarrow \quad p \text{ oder } q \qquad \textbf{(Alternative)}$$

$$p \Rightarrow q \quad :\Leftrightarrow \quad \text{wenn } p, \text{ so } q \qquad \textbf{(Implikation)}^9$$

$$p \Leftrightarrow q \quad :\Leftrightarrow \quad p \text{ genau dann, wenn } q \quad \textbf{(Äquivalenz)}^{10}$$

$$\neg\, p \quad :\Leftrightarrow \quad \text{nicht } p \qquad \textbf{(Negation)}^{11}$$

$$\bigwedge_x H(x) \quad :\Leftrightarrow \quad \text{für jedes } x \text{ gilt } H(x) \qquad \textbf{(Allquantor}, \textit{Generalisierung)}$$

$$\bigwedge_{x\in M} H(x) : \Leftrightarrow \quad (x \in M \;\Rightarrow\; H(x))$$

$$\bigvee_x H(x) \quad :\Leftrightarrow \quad \text{es gibt ein } x \text{ mit } H(x) \quad \textbf{(Existenzquantor}, \textit{Partikularisierung)}$$

$$\bigvee_{x\in M} H(x) : \Leftrightarrow \quad (x \in M \;\wedge\; H(x))$$

Das ausschließende „oder" ( lat.: aut-aut ) definiert die sogenannte **Antivalenz**[12]

$$p \,\dot\vee\, q \quad :\Leftrightarrow \quad \text{entweder } p \text{ oder } q\,.$$

Die Implikation (oder *Subjunktion*[13]) $p \Rightarrow q$ ist falsch, wenn $p$ wahr und $q$ falsch ist, während sie in allen anderen Fällen wahr ist. D. h., sie ist genau dann wahr, wenn $p$ falsch oder $q$ wahr ist. Sie wird synonym mit der (wertverlaufsgleichen) Aussage $\neg\, p \vee q$ verwendet.

Wird der Junktor $\Rightarrow$ zwischen zwei Aussage*formen* $p(x)$ und $q(x)$ gesetzt, dann ist die Variable $x$ (in Gedanken!) stets durch den Allquantor zu binden: $\bigwedge_{x\in G} p(x) \Rightarrow q(x)$.

Es hat sich eingebürgert, in dieser sogenannten *Folgebeziehung* diese Quantifizierung nicht ausdrücklich hinzuschreiben. $p(x) \Rightarrow q(x)$ ist dann aber dennoch in diesem Sinne zu verstehen, ist also eine Aussage, keine Aussageform.

Neben der Schreibweise $p \Rightarrow q$ benutzen wir gleichwertig die folgenden Formulierungen „Wenn $p$, so $q$", „$p$ impliziert $q$", „Aus $p$ folgt $q$", „$p$ ist hinreichend für $q$" oder „$q$ ist notwendig für $p$". Das *Vorderglied* $p$ der Implikation heißt *Voraussetzung* oder *Prämisse*[14], das *Hinterglied* $q$ heißt *Behauptung*[15], *Konklusion*[16] oder *(Schluss-) Folgerung*.

---

[8] coniunctio (lat.) = Verbindung; conjungere = verbinden, verknüpfen.
[9] implicatio (lat.) = Verflechtung; implicare = verknüpfen, verbinden.
[10] aequivalentia (mittellat.) = Gleichwertigkeit.
[11] negatio (lat.) = Verneinung; anstelle von $\neg\, p$ findet man auch die Schreibweisen $\sim p$ oder $\bar p$.
[12] antí (griech.) = entgegen; valentia (spätlat.) = Stärke, Kraft.
[13] subiunctio (lat.) = Anfügung.
[14] praemissa (lat.) = die vorausgeschickte Sache.
[15] Die Bezeichnung „Behauptung" ist insofern irreführend, als sie suggeriert, es ginge um die Wahrheit der Aussage $q$ bzw. um die Allgemeingültigkeit der Aussageform $q(x)$. Das ist aber nicht der Fall. Genau genommen ist erst die ganze „Wenn-so"-Aussage die Behauptung.
[16] conclusio (lat.) = Schlussfolgerung.

## 1.7   Mengenalgebra

Wir erklären jetzt eine Reihe von Beziehungen und Verknüpfungen für Mengen. Sie alle werden von der Elementbeziehung abgeleitet. Darüber hinaus werden wir wichtige Eigenschaften dieser mengentheoretischen Relationen und Operationen[1] kennen lernen. Dieses Teilgebiet der Mengenlehre ist die sogenannte *Mengenalgebra*.

Es wird sich dabei ein enger Zusammenhang mit den logischen Relationen und Operationen herausstellen.

Es seien im gesamten Kapitel 1.7 *A*, *B* und *C* beliebige Mengen über demselben Grundbereich.

### 1.7.1   Inklusion (Teilmengenbeziehung)

Jedes Quadrat ist ein Viereck. Fassen wir alle Vierecke zur Menge *V* zusammen und alle Quadrate zur Menge *Q*, so ist jedes Element aus *Q* auch in *V* enthalten. Wir wählen also aus der Menge *V* gewisse Elemente aus und fassen sie zu einer neuen Menge *Q* zusammen. Man sagt, *Q* ist eine *Teilmenge* von *V*.

---

**Definition 1.3:** *A* ist (definitionsgemäß) **Teilmenge** von *B*, in Zeichen: $A \subseteq B$, genau
dann, wenn jedes Element von *A* auch Element von *B* ist.

$$A \subseteq B \quad :\Leftrightarrow \quad \bigwedge_x (x \in A \Rightarrow x \in B).$$

---

Anstelle von „*A* ist Teilmenge von *B*" sagt man auch, „die Menge *A* *ist* in der Menge *B* *enthalten*" bzw. „*B* umfasst *A*"; daher der Name **Inklusion**[2] für die Relation $\subseteq$. Eine weitere Sprechweise ist: „*A* ist *Untermenge* von *B*" bzw. „*B* ist *Obermenge* von *A*".

Der Fall  *A* = *B* wird nicht ausgeschlossen. Das wird auch schon durch die Wahl des Zeichens $\subseteq$ zum Ausdruck gebracht.

•      Während das Zeichen $\subseteq$ zwischen zwei Mengen steht, steht das Zeichen $\in$ zwischen einem Element einer Menge *M* und dieser Menge *M* selbst.

---

**Definition 1.4:** *A* ist (definitionsgemäß) **echte Teilmenge** von *B*, in Zeichen: $A \subset B$,
genau dann, wenn $A \subseteq B$ und $A \neq B$.

---

Dazu gleichwertig ist: $\qquad A \subset B \quad :\Leftrightarrow \quad A \subseteq B \;\land\; \bigvee_{y \in B} y \notin A$.

Die Relation $\subset$ heißt im Unterschied zu $\subseteq$ **echte** (oder *strenge* oder *strikte*) **Inklusion**[3].

•      Die Schreibweisen $B \supseteq A$ und $A \subseteq B$ einerseits sowie $B \supset A$ und $A \subset B$ andererseits sind jeweils gleichwertig.

---

[1] ○ ist eine *Operation* in einer Menge *M* : $\Leftrightarrow$ je zwei Elementen aus *M* wird eindeutig ein Element aus *M* zugeordnet; *Operation* und *Verknüpfung* sind synonyme Begriffe; operatio (lat.) = Arbeit, Verrichtung (vgl. Kapitel 3.4, S. 100).
[2] inclusio (lat.) = Einschließung.
[3] Eine weitere Sprechweise ist: „*A* ist echte Untermenge von *B*" bzw. „*B* ist echte Obermenge von *A*".

**Beispiel 1.16:** Die Menge $M = \{1, 2, 3\}$ besitzt Einermengen, Zweiermengen sowie eine Dreiermenge als Teilmengen: z. B. $\{2\} \subseteq M$, $\{1, 3\} \subseteq M$, $\{1, 2, 3\} \subseteq M$.

**Beispiel 1.17:** (s. Beispiel 1.2) Die Mengen $\mathbf{G}$ und $\mathbf{U}$ der geraden bzw. ungeraden natürlichen Zahlen sind Teilmengen der Menge der natürlichen Zahlen: $\mathbf{G} \subseteq \mathbf{N}$ und $\mathbf{U} \subseteq \mathbf{N}$.

**Beispiel 1.18:** a) $\mathbf{N}^* \subseteq \mathbf{N} \subseteq \mathbf{Z} \subseteq \mathbf{Q} \subseteq \mathbf{R} \subseteq \mathbf{C}$,   b) $\mathbf{N} \subseteq \mathbf{Q}_+ \subseteq \mathbf{R}_+$.

**Übung 1.10:** Prüfen Sie, in welchen Fällen in den Beispielen 1.16 bis 1.18 echte Inklusionen vorliegen!

**Beispiel 1.19:** $\mathbf{T}(n)$ sei die Menge aller Teiler der natürlichen Zahl $n$, $\mathbf{V}(n)$ die Menge aller Vielfachen der natürlichen Zahl $n$ ($n > 0$). Die Null lassen wir (auch als Vielfaches von $n$) außer Betracht (vgl. aber Kap. 3.5.2, S. 121). Mit

- $\qquad a \mid b : \Leftrightarrow \bigvee_{x \in \mathbf{N}} a \cdot x = b$   (für alle natürlichen Zahlen $a$ und $b$)

sind $\mathbf{T}(n) := \{x \mid x \in \mathbf{N} \text{ und } x \mid n\}$ und $\mathbf{V}(n) := \{x \mid x \in \mathbf{N}^* \text{und } n \mid x\}$.
Es ist $\mathbf{T}(1) = \{1\}$, $\mathbf{T}(2) = \{1, 2\}$, $\mathbf{T}(3) = \{1, 3\}$, $\mathbf{T}(4) = \{1, 2, 4\}$, $\mathbf{T}(6) = \{1, 2, 3, 6\}$,
$\mathbf{V}(3) = \{3, 6, 9, 12, ...\}$, $\mathbf{V}(6) = \{6, 12, 18, 24, ...\}$ usw.
Es gelten z. B. $\mathbf{T}(1) \subset \mathbf{T}(2) \subset \mathbf{T}(4) \subset \mathbf{T}(12)$ und $\mathbf{T}(1) \subset \mathbf{T}(3) \subset \mathbf{T}(6) \subset \mathbf{T}(12)$,
$\mathbf{V}(6) \subset \mathbf{V}(3)$ und $\mathbf{V}(15) \subset \mathbf{V}(3)$.

**Übung 1.11:** In welcher (Enthaltenseins-)Beziehung stehen die Mengen zueinander?
a)  $\mathbf{T}(5)$, $\mathbf{T}(10)$, $\mathbf{T}(15)$, $\mathbf{T}(60)$ ,   b) $\mathbf{V}(5)$, $\mathbf{V}(10)$, $\mathbf{V}(15)$, $\mathbf{V}(60)$.
c)  Geben Sie mithilfe der Teilbarkeitsbeziehung eine Bedingung für $\mathbf{T}(m) \subset \mathbf{T}(n)$ an, wenn $m$ und $n$ von null verschiedene natürliche Zahlen sind!

**Beispiel 1.20:** In der Analysis verwendet man **Intervalle** reeller Zahlen. Das sind die folgenden Teilmengen von $\mathbf{R}$. Für alle $a, b \in \mathbf{R}$ mit $a < b$ bzw. $a \leq b$ setzen wir:
$[a, b] := \{x \mid x \in \mathbf{R} \text{ und } a \leq x \leq b\}$   (beidseitig abgeschlossen),
$[a, b) := \{x \mid x \in \mathbf{R} \text{ und } a \leq x < b\}$   (linksseitig abgeschlossen, rechtsseitig offen),
$(a, b] := \{x \mid x \in \mathbf{R} \text{ und } a < x \leq b\}$   (linksseitig offen, rechtsseitig abgeschlossen),
$(a, b) := \{x \mid x \in \mathbf{R} \text{ und } a < x < b\}$   (beidseitig offen).
Darüber hinaus kann ein Intervall auch (linksseitig oder rechtsseitig ) unbeschränkt sein:
$[a, \infty) \quad := \{x \mid x \in \mathbf{R} \text{ und } a \leq x < \infty\}$,   $(-\infty, b] := \{x \mid x \in \mathbf{R} \text{ und } -\infty < x \leq b\}$,
$(a, \infty) \quad := \{x \mid x \in \mathbf{R} \text{ und } a < x < \infty\}$,   $(-\infty, b) := \{x \mid x \in \mathbf{R} \text{ und } -\infty < x < b\}$,
$(-\infty, \infty) := \{x \mid x \in \mathbf{R} \text{ und } -\infty < x < \infty\} = \mathbf{R}$.

**Übung 1.12:** Geben Sie die Zahlbereiche $\mathbf{R}_+$, $\mathbf{R}_+^*$, $\mathbf{R}_-$, $\mathbf{R}_-^*$ und $\mathbf{R}$ als Intervalle an!

**Beispiel 1.21:** Für die Mengen $V$ (aller Vierecke), $P$ (aller Parallelogramme), $DV$ (aller Drachenvierecke), $RE$ (aller Rechtecke), $RA$ (aller Rauten), $GT$ (aller gleichschenkligen Trapeze[4]) und $Q$ (aller Quadrate) gelten die Beziehungen
$Q \subset RE \subset GT \subset V$,   $RE \subset P \subset V$,   $Q \subset RA \subset P \subset V$ und   $RA \subset DV \subset V$.

---

[4]  Ein Viereck heißt (genau dann) *gleichschenkliges Trapez*, wenn die Winkel an einer Basis kongruent sind.

*Die leere Menge* ∅ *und die Potenzmenge* $\mathfrak{P}(M)$ *einer Menge M*

Um später Eigenschaften der Inklusion und der noch zu definierenden Mengenoperationen ohne lästige Zusatzbedingungen aussprechen zu können, ist es nützlich, den Begriff der *leeren Menge* einzuführen. Nehmen wir im *Mengenbildungsprinzip* als $H(x)$ z. B. die Aussageform „$x \neq x$" oder auch „Das Quadrat einer reellen Zahl ist kleiner als null", so müssen wir feststellen, dass diese Aussageform auf *kein* Objekt des Grundbereiches $G$ zutrifft. D. h., wir erhalten eine Menge, die kein Objekt enthält.

Diese Menge heißt **leere Menge** und wird mit ∅ bezeichnet[1].

Die leere Menge rechnet man zu den endlichen Mengen; die Anzahl der Elemente der leeren Menge ist null. In Analogie zum Begriff *Einermenge* wird sie deshalb auch *Nullmenge* genannt. Während es jedoch unendlich viele (voneinander verschiedene) Einermengen gibt, existiert nur eine einzige Nullmenge[2]. Nach dem *Extensionalitätsprinzip* kann es nur eine Menge ohne Elemente geben. Wir können also von  d e r  leeren Menge sprechen.

Da man oft von vornherein gar nicht weiß, ob eine irgendwie definierte Menge überhaupt ein Element enthält, ist die obige Definition nicht nur sinnvoll, sondern sogar notwendig. Wegen der für kein $x$ erfüllbaren Bedingung $x \neq x$ besitzt die Menge $\{x \mid x \neq x\}$ kein Element, d. h., es ist ∅ $= \{x \mid x \neq x\}$. Die Implikation „Wenn $x \in$ ∅, so $x \in A$" hat somit eine unerfüllbare Prämisse; diese Implikation ist also stets wahr.

- Die leere Menge ∅ ist Teilmenge einer jeden Menge $A$:  ∅ $\subseteq A$.

Die Menge $A$ und die leere Menge  ∅  werden *uneigentliche Teilmengen* der Menge $A$ genannt, alle übrigen Teilmengen von $A$ heißen *eigentliche Teilmengen*.

Mithilfe der *Potenzmenge* einer Menge lassen sich weitere Mengen bilden.

---

**Definition 1.5:** Die **Potenzmenge** $\mathfrak{P}(A)$ (oder Pot($A$)) einer Menge $A$ ist (definitionsgemäß) die Menge aller Teilmengen $M$ von $A$.

$$\mathfrak{P}(A) := \{M \mid M \subseteq A\}.$$

---

Die Potenzmenge $\mathfrak{P}(A)$ von $A$ ist also ein Mengensystem, dessen Elemente gerade alle Teilmengen von $A$ sind. Ist $A$ eine Menge 1. Stufe, so ist $\mathfrak{P}(A)$ eine Menge 2. Stufe.

Wegen ∅ $\subseteq A$ und $A \subseteq A$ (nach Definition 1.3) sind ∅ und $A$ Elemente von $\mathfrak{P}(A)$:

- ∅ $\in \mathfrak{P}(A)$  und  $A \in \mathfrak{P}(A)$.

Wenn die Menge $A$ selbst leer ist, dann ist die leere Menge ihre (einzige) Teilmenge. Folglich ist die Potenzmenge in diesem Falle keineswegs leer, sondern eine Einermenge:

- $\mathfrak{P}(∅) = \{∅\}$.

---

[1] Die *leere Menge* wird auch mit {}, [ ] oder mit $\Lambda$ (Lambda) bezeichnet.
[2] Für die Schule ist der Begriff *Nullmenge* nicht zu empfehlen. Er verleitet die Schüler eventuell dazu, die Nullmenge mit derjenigen Menge zu verwechseln, deren einziges Element die Null ist.

**Beispiel 1.22:** Für die Gleichung $x^2 - 4x + 12 = 0$ gibt es keine reellen Lösungen, d. h., die Lösungsmenge $L$ ist (in Bezug auf die Grundmenge **R**) leer: $L = \varnothing$. Dagegen besitzt die Gleichung $x^2 - 4x - 12 = 0$ zwei reelle Lösungen: $L = \{-2; 6\} \neq \varnothing$.

**Beispiel 1.23:** (vgl. Beispiel 1.16) Die Potenzmenge $\mathfrak{P}(M)$ der Menge $M = \{1, 2, 3\}$ enthält 8 Elemente. $\mathfrak{P}(M)$ besteht aus der leeren Menge $M_1 = \varnothing$, aus den Einermengen $M_2 = \{1\}$, $M_3 = \{2\}$, $M_4 = \{3\}$, aus den Zweiermengen $M_5 = \{1, 2\}$, $M_6 = \{1, 3\}$, $M_7 = \{2, 3\}$ und aus der Dreiermenge $M_8 = \{1, 2, 3\}$, d. h., es ist

$$\mathfrak{P}(M) = \{\ \varnothing, \{1\}, \{2\}, \{3\}, \{1, 2\}, \{1, 3\}, \{2, 3\}, \{1, 2, 3\}\}.$$

**Übung 1.13:** (vgl. Beispiel 1.10) $M$ sei die Menge der einstelligen Primzahlen. Geben Sie die Potenzmenge von $M$ an!

**Übung 1.14:** Wenn $n$ die Anzahl der Elemente der Menge $A$ ist, so besitzt die Potenzmenge $\mathfrak{P}(A)$ genau $2^n$ Elemente[3]: $|A| = n \Rightarrow |\mathfrak{P}(A)| = 2^n$.

Inklusionen können wir mithilfe der sogenannten *Hasse-Diagramme* (oder *Ordnungsdiagramme*) veranschaulichen (nach HELMUT HASSE 1898 – 1979). Darin werden zwei Mengen $M_1$ und $M_2$ Punkte zugeordnet und durch eine Strecke verbunden, wenn die tiefer stehende Menge $M_2$ Teilmenge von $M_1$ ist ($M_2 \subseteq M_1$). Auf diese Weise ist eine Menge $M$ in jeder Menge enthalten, die oberhalb von $M$ steht und durch einen aufwärts gerichteten Streckenzug erreicht werden kann.

**Beispiel 1.24:** Hasse-Diagramme zu den Beispielen 1.18 (s. Bild 1.1), 1.21 (s. Bild 1.2), S. 21, und Beispiel 1.23 (s. Bild 1.3)

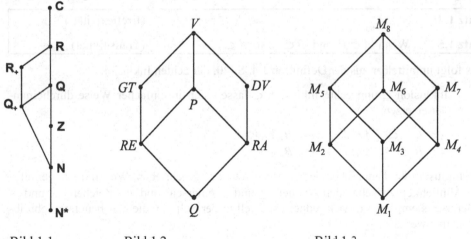

Bild 1.1                    Bild 1.2                          Bild 1.3

**Übung 1.15:** Stellen Sie ein Hasse-Diagramm für alle Teilmengen von **T**(70) auf (vgl. Beispiel 1.19, S. 21)!

---

[3] Dieser Tatsache verdankt die Potenzmenge ihren Namen.

## 1.7.2   Eigenschaften der Inklusion

Es seien $A$, $B$ beliebige Mengen über demselben Grundbereich.
Die folgenden Sätze gelten unmittelbar aufgrund der Definition 1.3, S. 20, der Inklusion:

| | | |
|---|---|---|
| **Satz 1.1:** | $A \subseteq A$. | (Reflexivität[1]) |
| **Satz 1.2:** | Wenn $A \subseteq B$ und $B \subseteq C$, so $A \subseteq C$. | (Transitivität[2]) |
| **Satz 1.3:** | Wenn $A \subseteq B$ und $B \subseteq A$, so $A = B$. | (Antisymmetrie[3]) |

➢ Wenn $A \subseteq B$, $B \subseteq C$ und $C \subseteq A$, so $A = B, A = C$ und $B = C$.

**Beweis** (unter mehrfacher Anwendung der Transitivität (Satz 1.2)):
$A \subseteq B \wedge B \subseteq C \Rightarrow A \subseteq C$, ferner $B \subseteq C \wedge C \subseteq A \Rightarrow B \subseteq A$ und
$C \subseteq A \wedge A \subseteq B \Rightarrow C \subseteq B$, also $A = B, A = C$ und $B = C$.               ∎

Die Antisymmetrie der Inklusion wird oft ausgenutzt, wenn es darum geht, die Gleichheit (Identität) zweier Mengen zu zeigen. Deshalb nennen manche Autoren eine antisymmetrische Relation auch *identitiv*[4].

Auch die $\leq$-Relation für reelle Zahlen ist reflexiv, transitiv und antisymmetrisch. Während aber für alle $a, b \in \mathbf{R}$ stets $a \leq b$ oder $b \leq a$ gilt, besitzt die Inklusion diese Eigenschaft nicht. Denn es gibt Mengen $A$ und $B$, für die weder $A \subseteq B$ noch $B \subseteq A$ gilt.

Während die Inklusion reflexiv ist, gilt dies für die echte Inklusion nicht. Es gilt stattdessen sogar, dass *keine* Menge echte Teilmenge von sich selbst ist. Die Transitivität gilt dagegen auch für die echte Inklusion.

| | | |
|---|---|---|
| **Satz 1.4:** | $A \not\subset A$. | (Irreflexivität[5]) |
| **Satz 1.5:** | Wenn $A \subset B$ und $B \subset C$, so $A \subset C$. | (Transitivität) |

Das folgt unmittelbar aus der Definition 1.4, S. 20, der echten Inklusion.

• Inklusion $\subseteq$ und echte Inklusion $\subset$ lassen sich in einfacher Weise durcheinander ersetzen:

$A \subset B \; :\Leftrightarrow \; A \subseteq B \wedge A \neq B$ bzw.
$A \subseteq B \; :\Leftrightarrow \; A \subset B \vee A = B$.

Die Inklusion wird auch ohne den „Unterstrich" ($\subset$) geschrieben. Wegen der augenfälligen Ähnlichkeit zwischen den Zeichen $\subseteq$ und $\leq$ einerseits und den Zeichen $\subset$ und $<$ andererseits empfiehlt es sich jedoch (speziell in der Schule), die hier benutzte Schreibweise anzuwenden.

---

[1]   reflectere (lat.) = zurückwenden.
[2]   transire (lat.) = hinübergehen.
[3]   sýmmetros (griech.) = von gleichem Maß; antí (griech.) = entgegen, gegenüber.
[4]   identitas (spätlat.) = vollkommene Gleichheit oder Übereinstimmung.
[5]   Nicht reflexiv; der Allquantor (*Für alle A:* ...) rechtfertigt die Vorsilbe „Ir-".

**Beispiel 1.25:** (vgl. Übung 1.3, S. 15) Es sei $A$ die Menge der geraden natürlichen Zahlen, $B$ die Menge der natürlichen Zahlen, deren Quadrate gerade sind. Es ist $A = B$ !
Beweis (der Gleichheit (Identität) unter Anwendung von Satz 1.3):
1. Teil: $A \subseteq B$: Es sei $x \in A$, also $x$ eine gerade Zahl. Dann existiert eine natürliche Zahl $y$ mit $x = 2y$. Quadrieren liefert $x^2 = (2y)^2 = 4y^2 = 2 \cdot 2y^2$. Das Quadrat $x^2$ ist also selbst eine gerade Zahl, d. h., $x^2 \in B$.
2. Teil: $B \subseteq A$: Es sei $x \in B$, also eine Zahl, deren Quadrat $x^2$ gerade ist. Mithin gibt es eine natürliche Zahl $z$ mit $x^2 = 2z$. Dann muss $x$ selbst auch gerade sein; andernfalls wäre $x^2$ nicht gerade. D. h., es ist $x \in A$.
Folglich gilt wegen der Antisymmetrie der Inklusion $A = B$. ∎

**Übung 1.16:** Prüfen Sie, ob die Mengen $A$, $B$ und $C$ identisch sind:
$A :=$ Menge der geraden natürlichen Zahlen, $B :=$ Menge der natürlichen Zahlen, deren Quadrate gerade sind, $C :=$ Menge der natürlichen Zahlen, die Summe zweier ungerader natürlicher Zahlen sind.

**Übung 1.17:** Prüfen Sie, welche der Mengen identisch sind: $M$ sei die Menge aller konvexen Vierecke, bei denen die Summen der Gegenseiten jeweils übereinstimmen, $SV$ die Menge aller Sehnenvierecke und $TV$ die Menge aller Tangentenvierecke.

**Beispiel 1.26:** Es seien:
$V$ – Menge aller (konvexen) Vierecke,
$SV$ – Menge aller Sehnenvierecke,
$T$ – Menge aller Trapeze,
$TV$ – Menge aller Tangentenvierecke,
$GT$ – Menge aller gleichschenkligen Trapeze[6],
$P$ – Menge aller Parallelogramme,
$DV$ – Menge aller Drachenvierecke,
$RE$ – Menge aller Rechtecke,
$RA$ – Menge aller Rauten (Rhomben),
$Q$ – Menge aller Quadrate.
Das zugehörige Hasse-Diagramm hat dann nebenstehendes Aussehen (s. Bild 1.4).

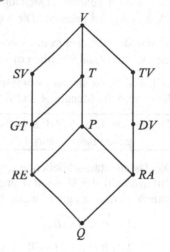

**Übung 1.18:** Stellen Sie ein Hasse-Diagramm für die folgenden Intervalle reeller Zahlen auf:
$[a, b]$, $[a, b)$, $(a, b]$ und $(a, b)$ mit $a, b \in \mathbf{R}$!

Bild 1.4

**Übung 1.19:** Beweisen Sie $A \subseteq B \Leftrightarrow \mathfrak{P}(A) \subseteq \mathfrak{P}(B)$!

**Übung 1.20:** Stellen Sie ein Hasse-Diagramm für alle Teilmengen der Zweiermenge $\{1, 2\}$ auf!

---

[6] Der Name „gleichschenkliges Trapez" hat sich eingebürgert (s. Fußnote S. 21); *gleichwinkliges* oder *symmetrisches Trapez* oder *Sehnentrapez* wären bessere Bezeichnungen. Ein Viereck ist genau dann ein gleichschenkliges Trapez, wenn es eine Symmetrieachse besitzt, die seine (parallelen) Seiten schneidet.

### 1.7.3   Durchschnitt und Vereinigung

Neben der *Inklusion* (als einer zweistelligen Relation zwischen Mengen; s. Kap. 1.7.1, S. 20) sind *Durchschnitt* und *Vereinigung* die entscheidenden Operationen in der Mengenalgebra. Sie bieten uns die Möglichkeit, Mengen miteinander zu verknüpfen. In Würdigung der Arbeiten von GEORGE BOOLE (1815 – 1864) nennt man diese Mengenoperationen auch *Boolesche Operationen*.

Es seien $A$, $B$ beliebige Mengen über demselben Grundbereich.

---

**Definition 1.6:** Der **Durchschnitt** $A \cap B$ zweier Mengen $A$ und $B$ ist (definitionsgemäß) die Menge aller Elemente, die sowohl Element von $A$ als auch von $B$ sind.

$A \cap B := \{x \mid x \in A \wedge x \in B\}$.

Die **Vereinigung** $A \cup B$ zweier Mengen $A$ und $B$ ist (definitionsgemäß) die Menge aller Elemente, die in $A$ oder in $B$ liegen.

$A \cup B := \{x \mid x \in A \vee x \in B\}$.

---

$A \cap B$ wird gelesen: „Der Durchschnitt von $A$ mit $B$" oder einfach „$A$ geschnitten mit $B$". $A \cup B$ wird gelesen: „Die Vereinigung von $A$ mit $B$" oder „$A$ vereinigt mit $B$".

So wie das Zeichen $\cap$ an $\wedge$ erinnert („**u**nd" / **u**nten offen), so erinnert analog das Zeichen $\cup$ an $\vee$ („**o**der" / **o**ben offen).

Es hat sich als sinnvoll erwiesen, den Begriff des Durchschnittes auch dann anzuwenden, wenn die Mengen $A$ und $B$ kein Element gemeinsam haben:

---

**Definition 1.7:** $A$ und $B$ heißen (definitionsgemäß) **disjunkt**[1] (oder **elementfremd**) genau dann, wenn $A \cap B = \varnothing$ gilt.

---

Da das nichtausschließende „oder" den Fall „$x \in A$ *und* $x \in B$" einschließt, ist der Durchschnitt der Mengen $A$ und $B$ trivialerweise stets in der Vereinigung von $A$ und $B$ enthalten, d. h., es gilt (für alle Mengen $A$, $B$):

•     $A \cap B \subseteq A \cup B$.               Das lässt sich sofort ergänzen zu:

•     $A \cap B \subseteq A \subseteq A \cup B$    und    $A \cap B \subseteq B \subseteq A \cup B$.

Die Analogie zwischen den mengentheoretischen Operationen $\cap$ und $\cup$ einerseits und den Grundrechenarten $\cdot$ und $+$ andererseits ist augenfällig; neben vielen Gemeinsamkeiten (s. S. 42 sowie Kap. 1.8) gibt es allerdings auch eine Reihe von Unterschieden (s. S. 40). Die Tatsache, dass zwei Mengen $A$ und $B$ disjunkt sind ($A \cap B = \varnothing$), lässt z. B. nicht darauf schließen, dass wenigstens eine der beiden Mengen selbst leer sein muss. Für das Produkt zweier reeller Zahlen $a$ und $b$ gilt dagegen:
Wenn $a \cdot b = 0$, so $a = 0$ oder $b = 0$.

---

[1]   disiunctus (lat.) = getrennt, geschieden.

**Beispiel 1.27:** Jedes Viereck, das sowohl ein Rechteck als auch eine Raute (Rhombus) ist, ist ein Quadrat. Mit den Bezeichnungen aus Beispiel 1.26, S. 25, lässt sich das auch so ausdrücken: $RE \cap RA = Q$, d. h., die Mengen $RE$ und $RA$ sind nicht disjunkt.

**Übung 1.21:** (vgl. Beispiel 1.26, S. 25) Beschreiben Sie die Mengen $V \cap P$, $V \cap RE$, $GT \cap DV$, $P \cap DV$, $P \cap GT$, $P \cap Q$, $RE \cap RA$, $RE \cap DV$.

**Beispiel 1.28:** $A$ sei die Menge aller einstelligen Primzahlen, $B$ die Menge aller einstelligen durch 3 teilbaren Zahlen, d. h., $A = \{2, 3, 5, 7\}$ und $B = \{0, 3, 6, 9\}$. Der Durchschnitt der beiden Mengen ist eine Einermenge, nämlich die Menge aller einstelligen Zahlen, die Primzahlen sind und durch 3 teilbar sind: $A \cap B = \{3\}$; die Vereinigung der beiden Mengen ist eine Siebenermenge, nämlich die Menge aller einstelligen Zahlen, die Primzahlen sind oder durch 3 teilbar sind: $A \cup B = \{0, 2, 3, 5, 6, 7, 9\}$.

**Beispiel 1.29:** Für einige Zahlbereiche bilden wir Durchschnitt und Vereinigung:

$$\mathbf{Q}_+ \cap \mathbf{Z} = \mathbf{N}, \; \mathbf{Q} \cap \mathbf{Z} = \mathbf{Z}, \; \mathbf{Z}_+ \cap \mathbf{N} = \mathbf{N}, \; \mathbf{Z}_- \cap \mathbf{N} = \{0\}, \; \mathbf{Z}_- \cap \mathbf{N}^* = \varnothing,$$

$$\mathbf{R}^* \cap \mathbf{R}_+ = \mathbf{R}_+^* = \{x \mid x \in \mathbf{R} \wedge x > 0\}, \; \mathbf{R}^* \cap \mathbf{R}_- = \mathbf{R}_-^* = \{x \mid x \in \mathbf{R} \wedge x < 0\},$$

$$\mathbf{N} \cup \mathbf{Z}_- = \mathbf{Z}, \; \mathbf{Z}_+ \cup \mathbf{Z}_- = \mathbf{Z}, \; \mathbf{Q}_+ \cup \mathbf{Q}_- = \mathbf{Q}, \; \mathbf{R}_+ \cup \mathbf{R}_- = \mathbf{R}, \; \mathbf{R}_+^* \cup \{0\} = \mathbf{R}_+.$$

**Beispiel 1.30:** Zwei voneinander verschiedene Geraden $g_1$ und $g_2$ schneiden sich entweder in genau einem Punkt, ihrem Schnittpunkt $S$, oder gar nicht. Fasst man – wie es in der Schule üblich ist – eine Gerade als Menge von Punkten auf, kann man im ersten Fall schreiben: $g_1 \cap g_2 = \{S\}$, im zweiten Fall: $g_1 \cap g_2 = \varnothing$.

**Übung 1.22:** Bilden Sie den Durchschnitt zweier Kreise $k_1$ und $k_2$. Berücksichtigen Sie alle möglichen Fälle!

**Beispiel 1.31:** (vgl. Beispiel 1.19, S. 21) Für Teilermengen gelten z. B. folgende Beziehungen: Das größte Element des Durchschnitts $\mathbf{T}(12) \cap \mathbf{T}(30) = \mathbf{T}(6) = \mathbf{T}(ggT(12, 30))$ ist gerade der *größte gemeinsame Teiler* von 12 und 30: $ggT(12, 30) = 6$; allgemein gilt:

- $$\bigwedge_{a,b \in \mathbf{N}} \mathbf{T}(a) \cap \mathbf{T}(b) = \mathbf{T}(ggT(a, b)).$$

Das kleinste Element des Durchschnitts $\mathbf{V}(12) \cap \mathbf{V}(30) = \mathbf{V}(60) = \mathbf{V}(kgV(12, 30))$ ist gerade das *kleinste gemeinsame Vielfache* von 12 und 30: $kgV(12, 30) = 60$; allgemein:

- $$\bigwedge_{a,b \in \mathbf{N}} \mathbf{V}(a) \cap \mathbf{V}(b) = \mathbf{V}(kgV(a, b)).$$

**Übung 1.23:** Bilden Sie $\mathbf{T}(24) \cap \mathbf{T}(60)$, $\mathbf{T}(24) \cup \mathbf{T}(60)$, $\mathbf{V}(24) \cap \mathbf{V}(60)$, $\mathbf{V}(24) \cup \mathbf{V}(60)$!

**Übung 1.24:** Inwiefern wird beim Lösen eines linearen[2] Gleichungssystems, etwa (I) $x + y = 12$ und (II) $25x + 15y = 210$, der Durchschnitt von Mengen gebildet?

**Übung 1.25:** Inwiefern wird beim Lösen einer quadratischen Gleichung die Vereinigung von Mengen gebildet? Wählen Sie z. B. die Gleichung $x^2 + x - 6 = 0$.

**Übung 1.26:** Prüfen Sie, ob die folgenden Beziehungen erfüllt sind:
a) $\mathfrak{P}(A \cap B) = \mathfrak{P}(A) \cap \mathfrak{P}(B)$, b) $\mathfrak{P}(A \cup B) = \mathfrak{P}(A) \cup \mathfrak{P}(B)$.

---

[2] linearis (lat.) = aus Linien bestehend.

### 1.7.4  Symmetrische Differenz, Differenz und Komplement

Die *symmetrische Differenz*[1] ist eine Mengenoperation, die einerseits ergänzendes Gegenstück zur Vereinigung ist, andererseits aber auch Eigenschaften besitzt, die sonst keine der anderen Mengenverknüpfungen hat[2].

Es seien $A$, $B$ beliebige Mengen über demselben Grundbereich.

---

**Definition 1.8:** Die **symmetrische Differenz** $A \triangle B$ zweier Mengen $A$ und $B$ ist (definitionsgemäß) die Menge aller Elemente, die entweder in $A$ oder in $B$ liegen.

$$A \triangle B := \{x \mid x \in A \veebar x \in B\}.$$

---

$A \triangle B$ wird gelesen: „Die symmetrische Differenz von $A$ mit $B$" oder „$A$ Delta $B$". Der Name „symmetrische Differenz" wird erst später verständlich.

Hier tritt das ausschließende „oder" auf. Deshalb ist unmittelbar klar, daß $A \triangle B$ genau diejenigen Elemente enthält, die in genau einer der beiden Mengen $A$, $B$ liegen. Das sind diejenigen Elemente, die zu $A \cup B$ gehören, aber nicht in $A \cap B$ enthalten sind.

---

**Definition 1.9:** Die **Differenz(menge)** $A \setminus B$ von $A$ und $B$ (oder das *relative Komplement*[3] $A \setminus B$ von $B$ bezüglich $A$) ist (definitionsgemäß) die Menge aller Elemente aus $A$, die nicht in $B$ liegen.

$$A \setminus B := \{x \mid x \in A \wedge x \notin B\}.$$

---

$A \setminus B$ wird gelesen: „Die Differenz von $A$ mit (bzw. und) $B$" oder einfach „$A$ minus $B$" bzw. „$A$ ohne $B$". Statt *Differenzmenge* findet man auch die Bezeichnungen *Mengendifferenz* oder einfach kurz *Differenz*. Weitere Schreibweisen für $A \setminus B$ sind: $\complement_A B$ oder $A - B$. Letzteres meist für den Fall $B \subseteq A$.

$A \setminus B$ ist also eine Teilmenge von $A$, enthält aber dabei kein Element aus $B$. Es wird nicht vorausgesetzt, dass der Fall $B \subseteq A$ vorliegt.

Wird das Komplement bezüglich einer festen Grundmenge $G$ betrachtet, d. h. die Differenz $G \setminus B$ gebildet, schreibt man statt $\complement_G B$ einfach nur $\complement B$ (oder $\overline{B}$ oder[4] $B'$ ) und spricht vom **Komplement** (oder *Ergänzungsmenge* oder *Restmenge*) von $B$.

Beim Komplementbegriff kann man nicht ganz auf die Grundmenge $G$ verzichten. Würde man z. B. $x \in \complement B$ einfach per $x \notin B$ definieren, käme man im Falle $B = \varnothing$ zu dem widersprüchlichen Begriff der „Allmenge".

---

[1] Auch *Boolesche Summe* (nach GEORGE BOOLE) oder *Entflechtung* genannt.

[2] Da $\triangle$ eine *abelsche Gruppenoperation* in der jeweiligen Potenzmenge ist, ist der Name „Boolesche *Summe*" berechtigt. Zum Begriff der abelschen Gruppe vgl. Kap. 3.4, S. 104, und GÖTHNER, P.: Elemente der Algebra. Leipzig: Teubner 1997, S. 14.

[3] complementum (lat.) = Vervollständigung, Ergänzung.

[4] DIN 5473 „Zeichen und Begriffe der Mengenlehre" (1976) erlaubt neben $\complement B$ nur noch die Schreibweise $-B$.

**Beispiel 1.32:** (vgl. Beispiel 1.28, S. 27) Mit $A = \{2, 3, 5, 7\}$ und $B = \{0, 3, 6, 9\}$ bilden wir die Mengen $A \cap B, B \cap A, A \cup B, B \cup A, A \Delta B, B \Delta A, A \setminus B = C_A B, B \setminus A = C_B A$:

$A \cap B = B \cap A = \{3\}$;  $A \cup B = B \cup A = \{0, 2, 3, 5, 6, 7, 9\}$;

$A \Delta B = B \Delta A = \{0, 2, 5, 6, 7, 9\}$;  $A \setminus B = C_A B = \{2, 5, 7\}$;  $B \setminus A = C_B A = \{0, 6, 9\}$.

**Beispiel 1.33:** (vgl. Beispiele 1.19 und 1.31, S. 21 bzw. 27) Mit den Teilermengen $\mathbf{T}(12) = \{1, 2, 3, 4, 6, 12\}$, $\mathbf{T}(30) = \{1, 2, 3, 5, 6, 10, 15, 30\}$ bilden wir die neuen Mengen

$\mathbf{T}(12) \cap \mathbf{T}(30) = \mathbf{T}(30) \cap \mathbf{T}(12) = \{1, 2, 3, 6\} = \mathbf{T}(6)$;

$\mathbf{T}(12) \cup \mathbf{T}(30) = \mathbf{T}(30) \cup \mathbf{T}(12) = \{1, 2, 3, 4, 5, 6, 10, 12, 15, 30\}$;

$\mathbf{T}(12) \Delta \mathbf{T}(30) = \mathbf{T}(30) \Delta \mathbf{T}(12) = \{4, 5, 10, 12, 15, 30\}$;

$\mathbf{T}(12) \setminus \mathbf{T}(30) = \{4, 12\}$;  $\mathbf{T}(30) \setminus \mathbf{T}(12) = \{5, 10, 15, 30\}$.

**Übung 1.27:** Bestimmen Sie a) $\mathbf{V}(12) \Delta \mathbf{V}(30), \mathbf{V}(12) \setminus \mathbf{V}(30), \mathbf{V}(30) \setminus \mathbf{V}(12)$,
b) $\mathbf{T}(24) \Delta \mathbf{T}(60), \mathbf{T}(24) \setminus \mathbf{T}(60), \mathbf{T}(60) \setminus \mathbf{T}(24)$,
c) $\mathbf{V}(24) \Delta \mathbf{V}(60), \mathbf{V}(24) \setminus \mathbf{V}(60), \mathbf{V}(60) \setminus \mathbf{V}(24)$!

**Beispiel 1.34:** Mit den Bezeichnungen aus den Beispielen 1.26 und 1.27 (S. 25, 27) ist $RE \cap RA = Q$, $RE \cup RA$ enthält alle Rechtecke oder Rauten, $RE \Delta RA$ enthält alle Rechtecke oder Rauten, aber ohne die Quadrate, $RE \setminus RA$ ist die Menge der Rechtecke, die keine Quadrate sind, und $RA \setminus RE$ ist die Menge der Rauten, die keine Quadrate sind.

**Beispiel 1.35:** Mit $A = \{4\}$, $B = \{-3; 4\}$ und $C = \{-3; -0,5; 4\}$ gelten $A \subset B \subset C$; $A \cap B = B \cap A = A \cap C = C \cap A = \{4\}$; $B \cap C = C \cap B = B = \{-3; 4\}$;

$A \cup B = B \cup A = B = \{-3; 4\}$; $A \cup C = C \cup A = B \cup C = C \cup B = C = \{-3; -0,5; 4\}$;

$A \Delta B = B \Delta A = B \setminus A = \{-3\}$; $A \Delta C = C \Delta A = C \setminus A = \{-3; -0,5\}$;

$B \Delta C = C \Delta B = C \setminus B = \{-0,5\}$; $A \setminus B = A \setminus C = B \setminus C = \varnothing$.

**Beispiel 1.36:** $\mathbf{N}^* = \mathbf{N} \setminus \{0\}$, $\mathbf{Q}^* = \mathbf{Q} \setminus \{0\}$, $\mathbf{R}^* = \mathbf{R} \setminus \{0\}$.

**Beispiel 1.37:** I sei die Menge aller irrationalen Zahlen. Es ist $\mathbf{Q} \cap \mathbf{I} = \varnothing$, $\mathbf{Q} \cup \mathbf{I} = \mathbf{R}$, $\mathbf{Q} \Delta \mathbf{I} = \mathbf{R}$, $\mathbf{Q} \setminus \mathbf{I} = \mathbf{Q}$, $\mathbf{I} \setminus \mathbf{Q} = \mathbf{I}$, $\mathbf{Q} \cap \mathbf{R} = \mathbf{Q}$, $\mathbf{Q} \cup \mathbf{R} = \mathbf{R}$, $\mathbf{Q} \Delta \mathbf{R} = \mathbf{I}$, $\mathbf{Q} \setminus \mathbf{R} = \varnothing$, $\mathbf{R} \setminus \mathbf{Q} = C_{\mathbf{R}} \mathbf{Q} = \mathbf{I}$, $\mathbf{I} \cap \mathbf{R} = \mathbf{I}$, $\mathbf{I} \cup \mathbf{R} = \mathbf{R}$, $\mathbf{I} \Delta \mathbf{R} = \mathbf{Q}$, $\mathbf{I} \setminus \mathbf{R} = \varnothing$, $\mathbf{R} \setminus \mathbf{I} = C_{\mathbf{R}} \mathbf{I} = \mathbf{Q}$.

**Übung 1.28:** (vgl. Beispiel 1.2, S. 11) **G** und **U** sind die Mengen aller geraden bzw. ungeraden natürlichen Zahlen, **P** die Menge aller Primzahlen.
Bilden Sie (mit **N** als Grundmenge) a) $\mathbf{N} \Delta \mathbf{G}, \mathbf{N} \Delta \mathbf{U}, \mathbf{N} \Delta \mathbf{P}$,  b) $\mathbf{N} \setminus \mathbf{G}, \mathbf{N} \setminus \mathbf{U}, \mathbf{N} \setminus \mathbf{P}$,
c) $C_{\mathbf{N}} \mathbf{G}, C_{\mathbf{N}} \mathbf{U}, C_{\mathbf{N}} \mathbf{P}$.

**Übung 1.29:** Bestimmen Sie für die Mengen $A = \{x \mid x \in \mathbf{R} \wedge x^2 > 1\}$ und $B = \{x \mid x \in \mathbf{R} \wedge |x + 0,5| < 1\}$ die Mengen $A \cap B, A \cup B, A \Delta B, A \setminus B$ und $B \setminus A$ !

**Beispiel 1.38:** Die durch $A \nabla B := \{x \mid x \notin A \; \dot{\vee} \; x \in B\}$ definierte Mengenoperation heißt *Verflechtung* der Mengen $A$ und $B$.
Zwischen *Entflechtung* (symmetrischer Differenz) $A \Delta B$ und *Verflechtung* $A \nabla B$ der Mengen $A$ und $B$ besteht (bzgl. der Grundmenge $G$) folgender Zusammenhang:

- $A \nabla B = C A \Delta B$  bzw.  $A \Delta B = C A \nabla B$.

Mit den Mengen aus Beispiel 1.32 und $G = A \cup B$ gilt z. B. $A \nabla B = B \nabla A = \{3\}$.

### 1.7.5  Geordnetes Paar und kartesisches Produkt

Während bei der Angabe der Elemente einer Menge deren Reihenfolge keine Rolle spielt, ist das für die Begriffe *geordnetes Paar* und *kartesisches*[1] *Produkt* wesentlich. Es gibt verschiedene Möglichkeiten, den Begriff des *geordneten Paares* $(a, b)$ aus vorgegebenen Objekten $a$ und $b$ mengentheoretisch zu definieren.

---

**Definition 1.10:**  Es seien $a$ und $b$ zwei beliebige Elemente einer Menge $M$. Das durch
$(a, b) := \{\{a, b\}, \{a\}\}$ definierte Objekt  heißt das **geordnete Paar** $(a, b)$;[2]
$a$ heißt seine **erste Komponente** oder **erstes Glied** oder **erste Koordinate**,
$b$ seine **zweite Komponente** oder **zweites Glied** oder **zweite Koordinate**.

---

Dieser Ansatz, ein geordnetes Paar als Menge zweiter Stufe zu definieren, geht auf NORBERT WIENER (1894 – 1964) zurück. KAZIMIERZ KURATOWSKI (1896 – 1980) gab ihr die obige Form, die auf den ersten Blick vielleicht etwas ungewöhnlich erscheinen mag[3]. Entscheidend ist, dass aufgrund dieser Definition die geordneten Paare $(a_1, b_1)$ und $(a_2, b_2)$ genau dann gleich sind, wenn sie komponentenweise übereinstimmen, d. h., wenn sowohl $a_1 = a_2$ als auch $b_1 = b_2$ ist:

- $\quad (a_1, b_1) = (a_2, b_2) \quad \Leftrightarrow \quad a_1 = a_2 \wedge b_1 = b_2.$

Für viele Sachverhalte reicht der Begriff des geordneten Paares nicht aus. Deshalb bilden wir in Analogie zu Definition 1.10 den Begriff des *geordneten Tripels*[4]. Mithilfe einer rekursiven[5] Definition gelangen wir allgemeiner zum Begriff des *geordneten n-Tupels*[6].

Es seien $a$, $b$, $c$ bzw. $a_1, a_2, ... , a_n$ ($n \in \mathbf{N}$, $n \geq 2$) Elemente einer Menge $M$. Das durch

- $\quad (a, b, c) := ((a, b), c)$

definierte Objekt  heißt das **geordnete Tripel** $(a, b, c)$; das durch

- $\quad (a_1, a_2, ... , a_n) := ((a_1, a_2, ... , a_{n-1}), a_n)$

definierte Objekt  heißt das **geordnete n-Tupel** $(a_1, a_2, ... , a_n)$,

wobei für $n = 1$ als 1-Tupel $(a_1)$ einfach das Objekt $a_1$ selbst zu nehmen ist.

$a_i$ heißt *i*-te **Komponente** (*i-tes Glied*, *i-te Koordinate*) des geordneten n-Tupels $(a_1, a_2, ... , a_n)$ mit $1 \leq i \leq n$.

Die Gleichheit zweier geordneter Tripel $(a_1, b_1, c_1) = (a_2, b_2, c_2)$ ist also genau dann gegeben, wenn sie komponentenweise übereinstimmen:

$(a_1, b_1, c_1) = (a_2, b_2, c_2) \quad \Leftrightarrow \quad ((a_1, b_1), c_1) = ((a_2, b_2), c_2) \quad \Leftrightarrow$
$(a_1, b_1) = (a_2, b_2) \wedge c_1 = c_2 \quad \Leftrightarrow \quad a_1 = a_2 \wedge b_1 = b_2 \wedge c_1 = c_2.$

---

[1]  Nach RENÉ DESCARTES (1596 – 1650), RENATUS CARTESIUS ist die latinisierte Namensform.
[2]  Weitere Schreibweisen sind $( a \mid b )$, $[ a, b ]$ oder $< a, b >$.
[3]  $(a, b) := \{\{a, b\}, \{b\}\}$ leistete natürlich dieselben Dienste.
[4]  triple (franz.) = dreifach.
[5]  Zurückgehend (bis zu bekannten Werten); von recurrere (lat.) = zurücklaufen.
[6]  Kunstwort; neben *n-Tupel* findet man auch die Schreibweise *n-tupel*.

**Beispiel 1.39:** Werden bei einer Rettungsaktion die geographischen Koordinaten eines Schiffes, das sich in Seenot befindet, weitergegeben, so ist die korrekte Reihenfolge der beiden Zahlen eventuell lebensrettend. Zuerst wird stets die geographische Länge $\lambda$, dann die geographische Breite $\varphi$ genannt. Im Allgemeinen ist also $(\lambda, \varphi) \neq (\varphi, \lambda)$.

Ebenso wird die Lage eines Punktes $P$ im ebenen (oder räumlichen) kartesischen Koordinatensystem eindeutig durch seine Koordinaten $x$ und $y$ von $P$ (bzw. durch seine Koordinaten $x$, $y$ und $z$ von $P$) festgelegt. Die Punkte $P(2; 3)$[7] und $Q(3; 2)$ sind z. B. voneinander verschieden.

**Beispiel 1.40:** Während zwar $\{a, b\} = \{b, a\}$ gilt, sind die Paare $(a, b)$ und $(b, a)$ im Allgemeinen voneinander verschieden. Es ist $(a, b) \neq (b, a)$ genau dann, wenn $a \neq b$ ist. $(a, a)$ und $(b, b)$ sind natürlich ebenfalls geordnete Paare, während $\{a, a\}$ eine Einermenge ist: $\{a, a\} = \{a\}$. Demzufolge ist strikt zu unterscheiden zwischen dem geordneten Paar $(a, b)$ und der Zweiermenge $\{a, b\}$.

Die Reihenfolge der beiden Elemente $a$ und $b$ wird für das geordnete Paar $(a, b)$ in Definition 1.10 durch eine reine Mengenbildung erklärt, also ohne Bezugnahme auf den Ordnungsbegriff; $b$ zeichnet sich gegenüber $a$ aber dadurch aus, dass es nur in der Zweiermenge $\{a, b\}$ vorkommt, während $a$ zusätzlich noch in der Einermenge $\{a\}$ erscheint.

**Beispiel 1.41:** Jeder *Bruch* $\dfrac{a}{b}$ ist ein geordnetes Paar natürlicher Zahlen $a$ und $b$; die erste Komponente heißt der *Zähler*, die zweite Komponente der *Nenner* des Bruches. Für den Nenner wird die Null ausgeschlossen.

**Übung 1.30:** Zeigen Sie, dass die Mengensysteme $M_1 = \{\{a_1, b_1\}, \{a_1\}\}$ und $M_2 = \{\{a_2, b_2\}, \{a_2\}\}$ genau dann gleich sind, wenn $a_1 = a_2$ und $b_1 = b_2$ ist.

**Übung 1.31:** Formulieren Sie eine Bedingung für die Gleichheit zweier geordneter $n$-Tupel $(a_1, a_2, \dots, a_n)$ und $(b_1, b_2, \dots, b_n)$ ($n$ natürliche Zahl mit $n \geq 2$)!

- In Definition 1.10 wird vorausgesetzt, dass $a$ und $b$ Elemente ein und derselben Menge $M$ sind. Mitunter erweist es sich aber als nützlich, dass die Komponenten $a$ und $b$ *verschiedenen* Mengen $A$ und $B$ (eventuell sogar über verschiedenen Grundbereichen) angehören dürfen. Wird Definition 1.10 in diesem Sinne erweitert, muss das durch die Objekte $a$ ($a \in A$) und $b$ ($b \in B$) definierte neue Objekt $(a, b)$ die oben genannte Eigenschaft (zur Gleichheit zweier Paare) besitzen.

Demnach sind z. B. zwei *Gruppen*[8] $(G, +)$ und $(H, \times)$ dann und nur dann gleich, wenn die ersten Komponenten der beiden geordneten Paare, also die beiden *Trägermengen* $G$ und $H$, übereinstimmen, aber auch ihre zweiten Komponenten gleich sind, also die beiden zweistelligen *Operationen* $+$ und $\times$.

---

[7] Als Trennzeichen zwischen den Komponenten fungiert das Komma. Besteht die Gefahr, das Komma als Dezimalkomma zu interpretieren, werden wir auch das Semikolon benutzen.

[8] Zum Begriff *Gruppe* vgl. Kap. 3.4, S. 104, und GÖTHNER, P.: Elemente der Algebra. Leipzig: Teubner 1997, S. 12.

Es seien $A$ und $B$ beliebige Mengen (über eventuell verschiedenen Grundbereichen).

---

**Definition 1.11:** Das **kartesische Produkt** (oder *Kreuzprodukt*) $A \times B$ von $A$ und $B$ ist (definitionsgemäß) die Menge aller geordneten Paare $(a, b)$, deren erste Komponente $a$ ein Element aus $A$ und deren zweite Komponente $b$ ein Element aus $B$ ist.

$A \times B := \{(a, b) \mid a \in A \wedge b \in B\}$.

---

$A \times B$ wird gelesen: „$A$ Kreuz $B$". Statt *kartesisches Produkt* oder *Kreuzprodukt* findet man in der Literatur auch noch die Bezeichnungen *direktes Produkt*, *Produktmenge*, *Kreuzmenge*, *Paarmenge* oder *Verbindungsmenge*.

Das kartesische Produkt $A \times B$ ist eine Menge geordneter Paare, enthält also Mengen zweiter Stufe als Elemente und ist deshalb selbst eine Menge dritter Stufe (immer vorausgesetzt, dass $A$ und $B$ Mengen erster Stufe sind).

Die Definition des kartesischen Produktes $A \times B$ lässt sich auf drei und mehr, allgemein auf $n$ Mengen erweitern. Anstelle der geordneten Paare werden dann *geordnete Tripel* bzw. *geordnete n-Tupel* ($n$ natürliche Zahl, $n \geq 2$) zugrunde gelegt.

- $A_1 \times A_2 \times \ldots \times A_n := \{(a_1, a_2, \ldots, a_n) \mid a_1 \in A_1 \wedge a_2 \in A_2 \wedge \ldots \wedge a_n \in A_n\}$

Im Falle von $A_1 = A_2 = \ldots = A_n = A$ schreibt man statt $A \times A \times \ldots \times A$ auch $A^n$, also speziell $A^2$ für $A \times A$.

Wenn $A$ eine endliche Menge ist, die aus $n$ Elementen besteht, dann besteht $A^2$ aus $n^2$ geordneten Paaren.

Ist also z. B. $A$ eine Einermenge, d. h. $A = \{a\}$, dann ist auch $A \times A = A^2$ eine Einermenge: $A \times A = A^2 = \{(a, a)\}$.

- Wenn $A$, $B$ endliche Mengen sind, dann gilt:   $|A \times B| = |A| \cdot |B|$.

Wenn $A$ unendlich ist, dann besteht $A^2$ aus unendlich vielen geordneten Paaren.

Die Elemente des kartesischen Produktes $A \times B$ lassen sich als Punktmenge darstellen, wenn $A$ und $B$ beschränkte Teilmengen von **R** sind. Dazu fassen wir die Komponenten $a$ und $b$ des geordneten Paares $(a, b)$ als $x$- bzw. $y$-Koordinate des Punktes $P(a, b)$ im kartesischen Koordinatensystem auf, sodass sich auf diese Weise alle geordneten Paare von $A \times B$ als Punkte innerhalb eines Rechtecks darstellen lassen (s. Bild 1.5).

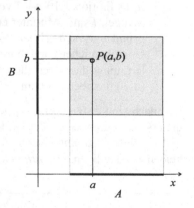

Sind $A$ und $B$ keine beschränkten (reellwertigen) Intervalle, sondern endliche Mengen aus $m$ bzw. $n$ Elementen, so erhalten wir ein Punktgitter, das aus $m \cdot n$ (diskreten) Punkten besteht.                                    Bild 1.5[1]

---

[1]   Die Graphiken sind zum großen Teil mithilfe der Software *The Geometer's Sketchpad* erstellt worden.

**Beispiel 1.42:** (vgl. Beispiel 1.19, S. 21) Mit $T(4) = \{1, 2, 4\}$ und $T(6) = \{1, 2, 3, 6\}$ enthält $T(4) \times T(6)$ genau 12 Elemente; $T(4) \times T(6) = \{(1, 1), (1, 2), (1, 3), (1, 6), (2, 1),$ $(2, 2), (2, 3), (2, 6), (4, 1), (4, 2), (4, 3), (4, 6)\}$.

**Übung 1.32:** Bestimmen Sie a) $T(12) \times T(30)$, b) $\{a\} \times M$ mit $M = \{1, 2, 3\}$!

**Beispiel 1.43:** Mit $A = B = \mathbf{R}$ erhalten wir für $A \times B = \mathbf{R} \times \mathbf{R} = \mathbf{R}^2$ die Menge aller geordneten Paare reeller Zahlen. Wenn man in einer Ebene $\varepsilon$ ein Koordinatensystem auszeichnet, lässt sich die Lage jedes Punktes $P$ dieser Ebene eindeutig umkehrbar durch das geordnete Paar $(x, y)$ seiner kartesischen Koordinaten festlegen. (Daher hat das kartesische Produkt seinen Namen „kartesisch".) Durch diese eineindeutige Zuordnung (vgl. Kap. 3.8, S. 128) zwischen der Menge der Punkte der Ebene $\varepsilon$ und der Menge $\mathbf{R}^2$ der geordneten Zahlenpaare lassen sich geometrische Probleme rechnerisch behandeln. Das ist Gegenstand der analytischen Geometrie. (Analog sichert ein räumliches kartesisches Koordinatensystem eine eindeutig umkehrbare Zuordnung zwischen der Menge $\mathbf{R}^3$ der geordneten Zahlentripel und der Menge der Punkte des Raumes.)

**Beispiel 1.44:** Es seien $A = \{a_1, a_2, a_3\}$ und $B = \{b_1, b_2\}$. Dann ist

$$A \times B = \{(a_1, b_1), (a_1, b_2), (a_2, b_1), (a_2, b_2), (a_3, b_1), (a_3, b_2)\} \text{ (s. Bild 1.6).}$$

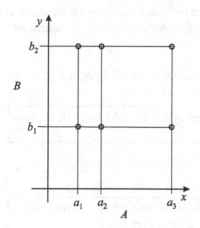

**Beispiel 1.45:** Kann das kartesische Produkt zweier Mengen $A$ und $B$ aus genau 7 geordneten Paaren $(a, b)$ mit $a \in A$ und $b \in B$ bestehen?
Ja.
Wenn $A$, $B$ endliche Mengen sind, die aus $m$ bzw. $n$ Elementen bestehen, dann besteht $A \times B$ aus $m \cdot n$ Elementen; d. h., die einzigen Fälle sind $m = 1$ und $n = 7$ bzw. $m = 7$ und $n = 1$.

Bild 1.6

**Übung 1.33:** Zeichnen Sie das kartesische Produkt $A \times B$ der Mengen $A$ und $B$!
a) $A = \{x \mid x \in [1; 3] \vee x = 4\}$ und $B = \{y \mid y \in [1; 2] \vee y = 3\}$,
b) $A = \{1, 2, 3\}$ und $B = [1; 3) \cup \{4\}$,
c) $A = [1; 2] \cup (3; 4)$ und $B = [0; 1] \cup [3; 4)$.

*Anmerkung*: Die mengentheoretischen Operationen $\cap$, $\cup$, $\Delta$, $\setminus$ und $\times$ nennen wir der Kürze halber auch einfach *Durchschnitt, Vereinigung, symmetrische Differenz, Differenz* bzw. *kartesisches Produkt* (oder *Kreuzprodukt*). Korrekter müssten wir eigentlich von der Durchschnitts*bildung* $\cap$, der Vereinigungs*bildung* $\cup$ usw. sprechen.

## 1.7.6  Weitere Eigenschaften der Inklusion

In der Mengenalgebra werden die Gesetzmäßigkeiten der Mengenrelation $\subseteq$ und der Mengenoperationen $\cap$, $\cup$, $\Delta$, \ und $\times$ untersucht. Die im Folgenden betrachteten Eigenschaften ergeben sich zumeist unmittelbar aus den Gesetzen der Aussagenlogik. Das verwundert auch nicht, werden die Inklusion und die Mengenoperationen doch mithilfe der Junktoren (*nicht*; *und*; *oder*; *wenn ..., so ...*; *genau dann, wenn ...*) definiert.

Aus der Definition 1.6, S. 26, des Durchschnitts folgt unmittelbar, dass der Durchschnitt zweier Mengen $A$ und $B$ sowohl Teilmenge von $A$ als auch von $B$ ist:

- $\quad A \cap B \subseteq A \quad$ und $\quad A \cap B \subseteq B$.

Analog folgt, dass die Vereinigung zweier Mengen $A$ und $B$ sowohl die Menge $A$ als auch die Menge $B$ umfasst:

- $\quad A \subseteq A \cup B \quad$ und $\quad B \subseteq A \cup B$.

Es seien $A$, $B$, $C$ beliebige Mengen über demselben Grundbereich.

---

**Satz 1.6:** Der Durchschnitt $A \cap B$ von $A$ und $B$ ist bezüglich der Inklusion die größte gemeinsame Teilmenge von $A$ und $B$.

---

**Beweis:** Um dies zu zeigen, nehmen wir an, $M$ sei eine beliebige gemeinsame Teilmenge von $A$ und $B$. Dann müssen wir zeigen, dass $M$ in $A \cap B$ enthalten ist, d. h., zu zeigen ist:

- $\quad \bigwedge\limits_{M} (M \subseteq A \wedge M \subseteq B \Rightarrow M \subseteq A \cap B)$.

Es sei also $M \subseteq A$ und $M \subseteq B$ sowie $x$ ein beliebiges Element aus $M$. Wegen $M \subseteq A$ ist dann $x \in A$, wegen $M \subseteq B$ ist entsprechend $x \in B$. Also ist $x \in A \cap B$. ∎

---

**Satz 1.7:** Die Vereinigung $A \cup B$ von $A$ und $B$ ist bezüglich der Inklusion die kleinste gemeinsame Obermenge von $A$ und $B$.

---

In Analogie zu Satz 1.6 ist zu zeigen:

- $\quad \bigwedge\limits_{M} (A \subseteq M \wedge B \subseteq M \Rightarrow A \cup B \subseteq M)$.

---

**Satz 1.8** (Monotonie[1] von Durchschnitt und Vereinigung bezüglich der Inklusion):
$A \subseteq B \Rightarrow A \cap C \subseteq B \cap C \quad$ und $\quad A \subseteq B \Rightarrow A \cup C \subseteq B \cup C$.

---

**Beweis:** Es sei $x \in A \cap C$, d. h., $x \in A$ und $x \in C$. Wegen $A \subseteq B$ ist mit $x \in A$ außerdem $x \in B$, also $x \in B \cap C$. Analog beweist man die zweite Eigenschaft. ∎

---

**Satz 1.9** (Rechtsseitige Monotonie der Differenz bezüglich der Inklusion):
$A \subseteq B \Rightarrow A \setminus C \subseteq B \setminus C$.

---

**Beweis:** Es sei $x \in A \setminus C$, d. h., $x \in A$ und $x \notin C$. Wegen $A \subseteq B$ ist auch $x \in B$, d. h., es gilt $x \in B$ und $x \notin C$, also $x \in B \setminus C$. ∎

---

[1] monótonos (spätgriech.) = mit immer gleicher Spannung; gleichförmig.

**Übung 1.34:** Zeigen Sie:  a) $A \cap B = A \cup B \Leftrightarrow A = B$,   b) $A \subseteq B \Leftrightarrow A \setminus B = \emptyset$.

**Übung 1.35:** Zeigen Sie, dass der Durchschnitt $A \cap B$ die einzige Menge ist, die die Bedingungen $A \cap B \subseteq A$, $A \cap B \subseteq B$ und $\bigwedge_M (M \subseteq A \wedge M \subseteq B \Rightarrow M \subseteq A \cap B)$ erfüllt.

Hinweis: Zum Beweis nehmen Sie an, es sei $D$ eine beliebige Menge mit

(\*) $D \subseteq A, D \subseteq B$  und  (\*\*) $\bigwedge_M (M \subseteq A \wedge M \subseteq B \Rightarrow M \subseteq D)$.

**Übung 1.36:** Zeigen Sie, dass die Vereinigung $A \cup B$ die einzige Menge ist, die die Bedingungen $A \subseteq A \cup B$, $B \subseteq A \cup B$ und $\bigwedge_M (A \subseteq M \wedge B \subseteq M \Rightarrow A \cup B \subseteq M)$ erfüllt.

**Übung 1.37:** Beweisen Sie das *Modulgesetz*: $A \subseteq B \Rightarrow A \cup (C \cap B) = (A \cup C) \cap B$. Gilt auch die Umkehrung?

**Beispiel 1.46:** Durchschnitt und Vereinigung sind bezüglich der echten Inklusion nicht monoton. Mit $A = \{a\}$, $B = \{a, b\}$, $C = \{a\}$ bzw. $A = \{a\}$, $B = \{a, b\}$, $C = \{a, b\}$ liegt jeweils ein Gegenbeispiel vor: $A \cap C \not\subset B \cap C$ bzw. $A \cup C \not\subset B \cup C$.

Die Differenz(bildung) \ ist bezüglich der Inklusion $\subseteq$ nicht linksseitig monoton.

**Übung 1.38:** Beweisen Sie, dass stattdessen gilt: $A \subseteq B \Rightarrow C \setminus B \subseteq C \setminus A$ !

**Übung 1.39:** Welche der Beziehungen gelten für alle Mengen $M_1, M_2, N_1$ und $N_2$?

a)   $M_1 \subseteq N_1 \wedge M_2 \subseteq N_2 \Rightarrow M_1 \cap M_2 \subseteq N_1 \cap N_2$,

b)   $M_1 \subseteq N_1 \wedge M_2 \subseteq N_2 \Rightarrow M_1 \cup M_2 \subseteq N_1 \cup N_2$,

c)   $M_1 \subseteq N_1 \wedge M_2 \subseteq N_2 \Rightarrow M_1 \times M_2 \subseteq N_1 \times N_2$,

d)   $M_1 \subseteq N_1 \wedge M_2 \subseteq N_2 \Rightarrow M_1 \setminus M_2 \subseteq N_1 \setminus N_2$.

**Beispiel 1.47:** Für zwei beliebige reelle Zahlen $a$ und $b$ mit $a \leq b$ gilt für Intervalle $(a, b) \subseteq [a, b] \subseteq \mathbf{R} \Rightarrow (a, b) \times (a, b) \subseteq [a, b] \times [a, b] \subseteq \mathbf{R} \times \mathbf{R}$.

Die Inklusion lässt sich allein mithilfe von Durchschnitt oder Vereinigung ausdrücken.

**Übung 1.40:** Beweisen Sie:  a) $A \subseteq B \Leftrightarrow A \cap B = A$,  b) $A \subseteq B \Leftrightarrow A \cup B = B$.

Aber ebenso lässt sich die Inklusion mithilfe von Durchschnitt und Komplement bzw. mithilfe von Vereinigung und Komplement ausdrücken.

**Übung 1.41:** Beweisen Sie, dass für alle Mengen $A, B, C$ (über der Grundmenge $G$) gilt:
a) $A \subseteq B \Leftrightarrow \complement B \subseteq \complement A$,   b) $A = B \Leftrightarrow \complement A = \complement B$,   c) $A = \emptyset \Leftrightarrow \complement A = G$,
d) $A = G \Leftrightarrow \complement A = \emptyset$,   e) $A \subseteq B \Leftrightarrow A \cap \complement B = \emptyset$,   f) $A \subseteq B \Leftrightarrow \complement A \cup B = G$,
g) $A \subseteq \complement B \Leftrightarrow A \cap B = \emptyset$,   h) $\complement A \subseteq B \Leftrightarrow A \cup B = G$.

**Übung 1.42:** (Monotonie des kartesischen Produktes bezüglich der Inklusion) Beweisen Sie:  a) $A \subseteq B \Rightarrow A \times C \subseteq B \times C$  und  b) $A \subseteq B \Rightarrow C \times A \subseteq C \times B$.

**Übung 1.43:** Unter welcher zusätzlichen Voraussetzung gilt die Umkehrung der Aussagen in Übung 1.42?

### 1.7.7  Venn-Diagramme

Zur Veranschaulichung der Teilmengenbeziehungen und der Mengenoperationen (und damit zur leichteren Erfassung der mengentheoretischen Zusammenhänge) können wir *Venn-Diagramme* (nach JOHN VENN, 1834 – 1923) oder *Eulersche Kreise* (nach LEONHARD EULER, 1707 – 1783) heranziehen[1]. Man nennt diese Illustrationen auch einfach nur *Mengendiagramme*. Die Gleichheit zweier Mengen drückt sich dabei durch die Identität von Flächenstücken aus. Es wird nichts darüber vereinbart, zu welchen Teilflächen die Randpunkte gehören. Das stieße nämlich bei der Differenz(bildung) auf Schwierigkeiten. Im Falle des kartesischen Produktes $A \times B$ versagt diese Methode.

In den nachfolgenden Venn-Diagrammen sind die Mengen $A \cap B$, $A \cup B$, $A \, \Delta \, B$, $B \setminus A$, $A \setminus B$, $\complement A \, (= G \setminus A)$ dargestellt und durch Schattierung hervorgehoben:

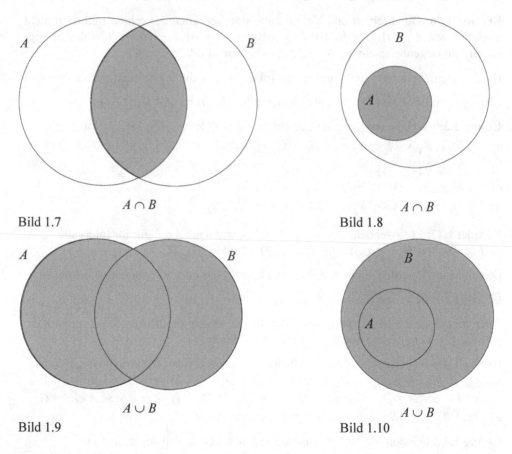

Bild 1.7             $A \cap B$                    Bild 1.8              $A \cap B$

Bild 1.9             $A \cup B$                    Bild 1.10             $A \cup B$

---

[1]  Werden anstelle von Kreisen (oder krummlinig geschlossenen Linien) Rechtecke als Veranschaulichung der jeweiligen Menge herangezogen, spricht man von *Karnaugh-Diagrammen* (1952 eingeführt von EDWARD W. VEITCH (1924 – 2013), 1953 modifiziert von MAURICE KARNAUGH, geb. 1924). Letztere sind allerdings für mehr als zwei Mengen schwer lesbar.

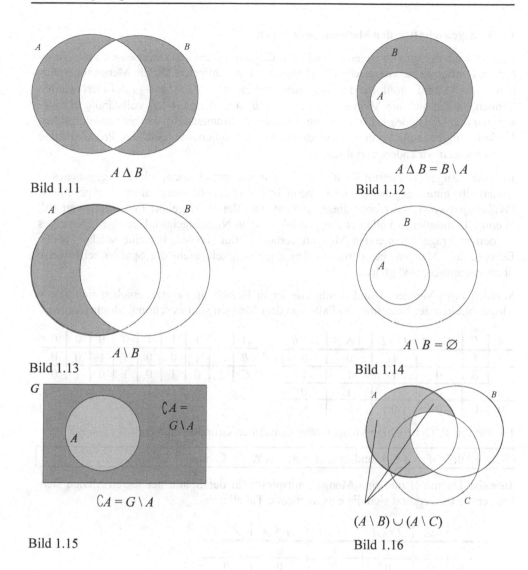

$A \Delta B$

Bild 1.11

$A \Delta B = B \setminus A$

Bild 1.12

$A \setminus B$

Bild 1.13

$A \setminus B = \emptyset$

Bild 1.14

$\complement A = G \setminus A$

Bild 1.15

$(A \setminus B) \cup (A \setminus C)$

Bild 1.16

**Beispiel 1.48:** (s. Bild 1.16) Für drei Mengen $A$, $B$ und $C$, die sich paarweise *teilweise einander überdecken* (d. h., je zwei sind nicht disjunkt, und jede der Mengen besitzt mindestens ein weiteres Element, das nicht zu der anderen Menge gehört), veranschaulichen wir im Venn-Diagramm die Menge $(A \setminus B) \cup (A \setminus C)$.

**Übung 1.44:** Veranschaulichen Sie mittels Venn-Diagramm die Menge $A \setminus (B \cap C)$.

**Übung 1.45:** Für $A \neq \emptyset$ und $B \neq \emptyset$ tritt stets genau einer der folgenden fünf Fälle auf: $A = B, A \subset B, B \subset A, A \cap B = \emptyset$ oder $(A \cap B \neq \emptyset \wedge A \neq B \wedge A \not\subset B \wedge B \not\subset A)$. Zeichnen Sie Venn-Diagramme für die genannten 5 Fälle!

### 1.7.8   Eigenschaften der Mengenoperationen

Zum Beweis der im Folgenden betrachteten Gesetzmäßigkeiten erweisen sich die *Wahrheitstafeln* der aussagenlogischen Verknüpfungen als hilfreich. Da die Mengenoperationen $\cap$, $\cup$, $\Delta$ und $\setminus$ mithilfe der logischen Junktoren $\wedge$, $\vee$, $\dot\vee$ und $\neg$ definiert werden können, lassen sich die Mengen $A \cap B$, $A \cup B$, $A \Delta B$ und $A \setminus B$ vollständig mithilfe sogenannter *Zugehörigkeitstafeln*, die auf die Wahrheitstafeln der aussagenlogischen Verknüpfungen zurückgehen, charakterisieren. Lediglich im Falle der Produktmenge $A \times B$ müssen wir anders verfahren.

In einer Zugehörigkeitstafel ist jeweils nur zu entscheiden, ob ein gegebenes $x$ (innerhalb eines gegebenen Grundbereiches $G$) ein Element einer Menge $M$ ist (Wahrheitswert 1) oder aber dieses $x$ nicht zur Menge $M$ gehört (Wahrheitswert 0)[1]. Wenn alle möglichen Fälle der Zugehörigkeit bzw. Nichtzugehörigkeit eines Elementes zu den in Frage kommenden Mengen berücksichtigt werden, hat eine solche Tabelle Beweiskraft. Mengen, bei denen in den Zugehörigkeitstafeln die Spalten zeilenweise übereinstimmen, sind gleich.

Werden zwei Mengen $A$ und $B$ miteinander in Beziehung gesetzt, ergeben sich also 4 Möglichkeiten der Belegung; im Falle von drei Mengen sind es schon 8 Möglichkeiten:

| $A$ | $B$ | $A \cap B$ | $A \cup B$ | $A \Delta B$ | $A \setminus B$ |
|---|---|---|---|---|---|
| 1 | 1 | 1 | 1 | 0 | 0 |
| 1 | 0 | 0 | 1 | 1 | 1 |
| 0 | 1 | 0 | 1 | 1 | 0 |
| 0 | 0 | 0 | 0 | 0 | 0 |

| $A$ | 1 | 1 | 1 | 1 | 0 | 0 | 0 | 0 |
|---|---|---|---|---|---|---|---|---|
| $B$ | 1 | 1 | 0 | 0 | 1 | 1 | 0 | 0 |
| $C$ | 1 | 0 | 1 | 0 | 1 | 0 | 1 | 0 |

Es seien $A, B, C$ beliebige Mengen über demselben Grundbereich $G$.

**Satz 1.10:**   $A \cap A = A$ und $A \cup A = A$,   $A \Delta A = \varnothing$ und $A \setminus A = \varnothing$.

**Beweis:** Da mit $A$ nur eine Menge „mitspielt" (in der Spalte der leeren Menge steht immer die 0), verkürzt sich die entsprechende Tabelle:

| $A$ | $\varnothing$ | $A \cap A$ | $A \cup A$ | $A \Delta A$ | $A \setminus A$ |
|---|---|---|---|---|---|
| 1 | 0 | 1 | 1 | 0 | 0 |
| 0 | 0 | 0 | 0 | 0 | 0 |

Analog lassen sich auf die gleiche Weise weitere Eigenschaften gewinnen:

**Satz 1.11:**

$$A \cap \varnothing = \varnothing, \qquad A \cap G = A, \qquad A \cap \complement A = \varnothing,$$
$$A \cup \varnothing = A, \qquad A \cup G = G, \qquad A \cup \complement A = G,$$
$$A \Delta \varnothing = A, \qquad A \Delta G = G \setminus A, \qquad A \Delta \complement A = G,$$
$$A \setminus \varnothing = A, \qquad A \setminus G = \varnothing, \qquad A \setminus \complement A = A.$$

---

[1]  Anstelle von 1 und 0 schreibt man oft auch W (wahr) und F (falsch) bzw. $\in$ und $\notin$.

Satz 1.10 und Teile von Satz 1.11 lassen sich auch wie folgt formulieren:

Durchschnitt und Vereinigung sind *idempotent*[2]; symmetrische Differenz und Differenz sind *unipotent*[3] (Satz 1.10). Die leere Menge $\varnothing$ ist *neutrales*[4] *Element* bezüglich der Mengenoperationen $\cup$ und $\Delta$; bezüglich $\setminus$ ist sie nur rechtsseitig neutral, da $\varnothing \setminus A = A$ nur für $A = \varnothing$ gilt; die Grundmenge $G$ ist neutrales Element bezüglich $\cap$. Auf der anderen Seite ist die leere Menge $\varnothing$ *absorbierendes*[5] *Element* bezüglich $\cap$, während die Grundmenge $G$ absorbierendes Element bezüglich $\cup$ ist (Satz 1.11) – vgl. S. 100.
Die Beziehungen $A \cap \complement A = \varnothing$ und $A \cup \complement A = G$ heißen *Komplementarität*[6] von $\cap$ und $\cup$.

**Übung 1.46:** Beweisen Sie die Eigenschaften $\complement\complement A = A$, $\complement\varnothing = G$ und $\complement G = \varnothing$!
Die Eigenschaft $\complement\complement A = A$ nennt man auch *Involutionsgesetz*[7].

**Übung 1.47:** Beweisen Sie: $A \cup B = \varnothing \Leftrightarrow (A = \varnothing \wedge B = \varnothing)$.

Für den Durchschnitt fehlt eine entsprechende Eigenschaft. Hier gibt es stattdessen den Begriff der disjunkten Mengen.

Da im Falle des kartesischen Produktes nicht mithilfe der Zugehörigkeitstafeln argumentiert werden kann, beweisen wir eine Eigenschaft dieser Operation, die wir vom Produkt reeller Zahlen kennen.

**Beispiel 1.49:**   $A \times B = \varnothing \Leftrightarrow (A = \varnothing \vee B = \varnothing)$.

**Beweis:** ($\Rightarrow$) Es sei $A \times B = \varnothing$, d. h., $A \times B$ enthält keine Elemente, d. h. keine Paare. Da im Falle $A \neq \varnothing$ und $B \neq \varnothing$ das kartesische Produkt $A \times B$ nicht leer ist, kommen nur drei Fälle in Frage:   1. $A \neq \varnothing$ und $B = \varnothing$,
                                                          2. $A = \varnothing$ und $B \neq \varnothing$,
                                                          3. $A = \varnothing$ und $B = \varnothing$, d. h., es gilt insgesamt $A = \varnothing \vee B = \varnothing$.
($\Leftarrow$) Es sei $A = \varnothing \vee B = \varnothing$. Dann ist per definitionem $A \times B = \varnothing$, da im Falle $A = \varnothing$ keine ersten Komponenten für die zu bildenden Paare zur Verfügung stehen, analog für $B = \varnothing$ keine zweiten Komponenten.                                                    ∎

**Beispiel 1.50:** $A \times C \subseteq B \times C \wedge C \neq \varnothing \Rightarrow A \subseteq B$ und $C \times A \subseteq C \times B \wedge C \neq \varnothing \Rightarrow A \subseteq B$.

**Beweis:** (vgl. Übung 1.42, S. 35) Es sei $x \in A$.   1. Fall: $A = \varnothing$: Dann gilt trivialerweise $A \subseteq B$.   2. Fall: $B = \varnothing$: Dann gilt $B \times C = \varnothing$. Da nach Voraussetzung $A \times C \subseteq B \times C$ ist, muss auch $A \times C = \varnothing$ gelten. Mit $C \neq \varnothing$ muss also $A = \varnothing$ sein, d. h., $A \subseteq B$.
3. Fall: $A \neq \varnothing \wedge B \neq \varnothing (\wedge C \neq \varnothing)$: Es sei $(x, y) \in A \times C$; nach Voraussetzung gilt dann auch $(x, y) \in B \times C$, d. h., mit $x \in A$ (und $y \in C$) ist dann auch $x \in B$ (und $y \in C$), also $A \subseteq B$. Analog zeigt man die zweite Beziehung.                                        ∎

---

[2]   idempotent (lat.) = von derselben Mächtigkeit; idem (lat.) = derselbe, dasselbe.
[3]   uni zu: unus (lat.) = einer, ein einziger.
[4]   neutralis (mittellat.) = keiner Partei angehörend.
[5]   absorbere (lat.) = verschlingen, aufsaugen, in sich aufnehmen.
[6]   complere (lat.) = ausfüllen, vervollständigen, ergänzen.
[7]   involutio (lat.) = Einwicklung, Einhüllung.

Vergleicht man die Eigenschaften der Mengenoperationen mit denen der Grundrechen-arten, so fallen neben Gemeinsamkeiten auch Unterschiede auf. Zu den folgenden beiden Sätzen gibt es beim Rechnen mit Zahlen z. B. keine vergleichbaren Gesetzmäßigkeiten.

---

**Satz 1.12** (Verschmelzungssätze oder Adjunktivität[1]):
$$A \cap (A \cup B) = A \text{ und } A \cup (A \cap B) = A.$$

---

**Beweis:**

| $A$ | $B$ | $A \cap B$ | $A \cup B$ | $A \cap (A \cup B)$ | $A \cup (A \cap B)$ |
|---|---|---|---|---|---|
| 1 | 1 | 1 | 1 | 1 | 1 |
| 1 | 0 | 0 | 1 | 1 | 1 |
| 0 | 1 | 0 | 1 | 0 | 0 |
| 0 | 0 | 0 | 0 | 0 | 0 |

∎

---

**Satz 1.13** (de Morgansche Regeln – nach AUGUSTUS DE MORGAN (1806 – 1871)):
$$A \setminus (B \cap C) = (A \setminus B) \cup (A \setminus C) \quad \text{bzw.} \quad \complement(A \cap B) = \complement A \cup \complement B \quad \text{und}$$
$$A \setminus (B \cup C) = (A \setminus B) \cap (A \setminus C) \quad \text{bzw.} \quad \complement(A \cup B) = \complement A \cap \complement B.$$

---

**Beweis:**

| $A$ | $B$ | $C$ | $B \cap C$ | $B \cup C$ | $A \setminus B$ | $A \setminus C$ | $A \setminus (B \cap C)$ | $(A \setminus B) \cup (A \setminus C)$ | $A \setminus (B \cup C)$ | $(A \setminus B) \cap (A \setminus C)$ |
|---|---|---|---|---|---|---|---|---|---|---|
| 1 | 1 | 1 | 1 | 1 | 0 | 0 | 0 | 0 | 0 | 0 |
| 1 | 1 | 0 | 0 | 1 | 0 | 1 | 1 | 1 | 0 | 0 |
| 1 | 0 | 1 | 0 | 1 | 1 | 0 | 1 | 1 | 0 | 0 |
| 1 | 0 | 0 | 0 | 0 | 1 | 1 | 1 | 1 | 1 | 1 |
| 0 | 1 | 1 | 1 | 1 | 0 | 0 | 0 | 0 | 0 | 0 |
| 0 | 1 | 0 | 0 | 1 | 0 | 0 | 0 | 0 | 0 | 0 |
| 0 | 0 | 1 | 0 | 1 | 0 | 0 | 0 | 0 | 0 | 0 |
| 0 | 0 | 0 | 0 | 0 | 0 | 0 | 0 | 0 | 0 | 0 |

∎

Zum Beweis dieser Gesetzmäßigkeiten kann man die Venn-Diagramme nicht ohne wei-teres heranziehen. Aber sie können eine Vermutung plausibel erscheinen lassen bzw. wichtige Hinweise geben, wie ein solcher Beweis auch ohne die Zugehörigkeitstafel zu führen wäre[2].

Die de Morganschen Regeln drücken die *Dualität* zwischen den beiden mengentheoreti-schen Operationen ∩ und ∪ aus. Ersetzen wir nämlich die Operationszeichen ∩ und ∪ wechselseitig durcheinander, dann gehen auch die beiden Regeln ineinander über. Diese Dualität setzt sich weiter fort (vgl. Kap.1.7.9, S. 44).

---

[1]  adiunctus (lat.) = eng verbunden.
[2]  Wenn gesichert ist, dass jeder mögliche Fall durch ein eigenes Gebiet vertreten ist, besitzen die Venn-Dia-gramme sogar Beweiskraft.

*Veranschaulichung der de Morganschen Regel* $A \setminus (B \cap C) = (A \setminus B) \cup (A \setminus C)$:

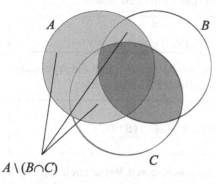
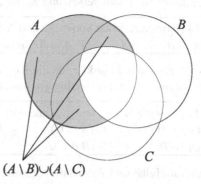

$A \setminus (B \cap C)$                              $(A \setminus B) \cup (A \setminus C)$

Bild 1.17

**Übung 1.48:** Zeigen Sie, dass die Eigenschaften $(A \setminus B) \cup A = A$, $(A \setminus B) \cap A = A \setminus B$, $A \setminus (A \cap B) = A \setminus B$, $A \setminus (A \cup B) = \varnothing$, $(A \setminus B) \cap A = A \setminus (A \cap B)$ unmittelbare Folgerungen aus den de Morganschen Regeln sind!

**Beispiel 1.51:** $A \setminus B = A \cap \complement B$.

Der Beweis für diese Eigenschaft lässt sich mithilfe der nebenstehenden Zugehörigkeitstafel führen.

**Übung 1.49:** Prüfen Sie, welche der Eigenschaften gelten:

a)  $(A \setminus B) \cup B = A$,   b)  $A \setminus B = A \cap (A \setminus B)$.

| $A$ | $B$ | $A \setminus B$ | $\complement B$ | $A \cap \complement B$ |
|---|---|---|---|---|
| 1 | 1 | 0 | 0 | 0 |
| 1 | 0 | 1 | 1 | 1 |
| 0 | 1 | 0 | 0 | 0 |
| 0 | 0 | 0 | 1 | 0 |

**Übung 1.50:** Beweisen Sie die *Kürzungsregeln* für das kartesische Produkt:
a)  $A \times C = B \times C \wedge C \neq \varnothing \Rightarrow A = B$,      b)  $C \times A = C \times B \wedge C \neq \varnothing \Rightarrow A = B$.

**Übung 1.51:** Untersuchen Sie, welche Mengenoperation $\otimes \in \{\cap, \cup, \Delta, \setminus\}$ *kürzbar* ist! (Für alle Mengen $A$, $B$ und $C$ gilt: Wenn $A \otimes C = B \otimes C$, so $A = B$ – s. Kap. 3.4, S. 100.)

**Beispiel 1.52:** Wir untersuchen, ob die Gleichung $A \otimes X = B$ mit $\otimes \in \{\cap, \cup, \Delta, \setminus\}$ in der Potenzmenge $\mathfrak{P}(M)$ der Menge $M = \{1, 2\}$ eindeutig lösbar ist, wenn $A$ und $B$ beliebige Elemente von $\mathfrak{P}(M)$ sind: a) $A \cap X = B$, b) $A \cup X = B$, c) $A \Delta X = B$, d) $A \setminus X = B$.

a) Die Gleichung $A \cap X = B$ hat genau eine Lösung, nämlich $X = B$ für $B \subset A$ bzw. $X = M$ für $A = B = M$, mehrere Lösungen für $A = B \neq M$ oder keine Lösung (sonst).

b) Nur im Falle $A \subseteq B$ besitzt die Gleichung $A \cup X = B$ eine Lösung, die allerdings nur für $A = \varnothing$ eindeutig bestimmt ist.

c) Die Gleichung $A \Delta X = B$ hat die eindeutige Lösung $X = A \Delta B$. Im Falle $A \subseteq B$ ist $X = B \setminus A$ die Lösung, im Falle $B \subseteq A$ ist $X = A \setminus B$ die Lösung, und im Falle $A = B$ ist $X = \varnothing$ die Lösung der Gleichung (vgl. Beispiel 1.53, S. 43).

d) Nur im Falle $B \subseteq A$ besitzt die Gleichung $A \setminus X = B$ eine Lösung. Sie ist eindeutig bestimmt für $B \subset A$ und $A = M$ bzw. für $B = A$ und $A \neq \varnothing$.

Die *Kommutativität*[1] erlaubt das Vertauschen der Reihenfolge der Mengen, die *Assoziativität*[2] gestattet, die Klammersetzung zu ändern bzw. ganz fallen zu lassen.

---

**Satz 1.14** (Kommutativität von $\cap$, $\cup$ und $\Delta$):

$$A \cap B = B \cap A, \qquad A \cup B = B \cup A, \qquad A \, \Delta \, B = B \, \Delta \, A.$$

---

Der Beweis ist unmittelbar klar, da die Konjunktion, die Alternative und die Antivalenz ihrerseits kommutativ sind. Analog gilt das auch im Falle der Assoziativität:

---

**Satz 1.15** (Assoziativität von $\cap$, $\cup$ und $\Delta$):

$$(A \cap B) \cap C = A \cap (B \cap C), \qquad (A \cup B) \cup C = A \cup (B \cup C),$$
$$(A \, \Delta \, B) \, \Delta \, C = A \, \Delta \, (B \, \Delta \, C).$$

---

Die Kommutativität und Assoziativität von $\cap$ und $\cup$ sowie deren Verschmelzungssätze bringen zum Ausdruck, dass jedes System von Mengen, das mit $A$ und $B$ auch $A \cap B$ und $A \cup B$ enthält, in Bezug auf diese beiden Mengenoperationen einen *Mengenverband* darstellt. Allgemein versteht man unter einem *Verband* jede Menge $V$, in der zwei mit $\sqcap$ und $\sqcup$ bezeichnete Operationen so erklärt sind, dass mit $x, y \in V$ stets auch $x \sqcap y \in V$ und $x \sqcup y \in V$ gilt, und dass ferner diese Operationen den Gesetzen der Kommutativität, der Assoziativität und der Verschmelzung genügen.

Ist eine Operation kommutativ, brauchen wir nicht zwischen *linksseitiger* und *rechtsseitiger Distributivität*[3] bezüglich einer anderen Verknüpfung zu unterscheiden.

---

**Satz 1.16** (Distributivität):

$$A \cup (B \cap C) = (A \cup B) \cap (A \cup C) \quad \text{(Distributivität von } \cup \text{ bezüglich } \cap\text{),}$$
$$A \cap (B \cup C) = (A \cap B) \cup (A \cap C) \quad \text{(Distributivität von } \cap \text{ bezüglich } \cup\text{),}$$
$$A \cap (B \, \Delta \, C) = (A \cap B) \, \Delta \, (A \cap C) \quad \text{(Distributivität von } \cap \text{ bezüglich } \Delta\text{),}$$
$$A \cap (B \setminus C) = (A \cap B) \setminus (A \cap C) \quad \text{(Distributivität von } \cap \text{ bezüglich } \setminus\text{).}$$

---

**Beweis:** Wir lassen Zwischenschritte und die vierte Aussage in der Tabelle weg:

| $A$ | $B$ | $C$ | $A\cup(B\cap C)$ | $(A\cup B)\cap(A\cup C)$ | $A\cap(B\cup C)$ | $(A\cap B)\cup(A\cap C)$ | $A\cap(B\Delta C)$ | $(A\cap B)\Delta(A\cap C)$ |
|---|---|---|---|---|---|---|---|---|
| 1 | 1 | 1 | 1 | 1 | 1 | 1 | 0 | 0 |
| 1 | 1 | 0 | 1 | 1 | 1 | 1 | 1 | 1 |
| 1 | 0 | 1 | 1 | 1 | 1 | 1 | 1 | 1 |
| 1 | 0 | 0 | 1 | 1 | 0 | 0 | 0 | 0 |
| 0 | 1 | 1 | 1 | 1 | 0 | 0 | 0 | 0 |
| 0 | 1 | 0 | 0 | 0 | 0 | 0 | 0 | 0 |
| 0 | 0 | 1 | 0 | 0 | 0 | 0 | 0 | 0 |
| 0 | 0 | 0 | 0 | 0 | 0 | 0 | 0 | 0 ■ |

Weder die Differenz(bildung) noch das kartesische Produkt sind kommutativ oder assoziativ.

---

[1] commutare (lat.) = umbewegen, vertauschen.
[2] associare (lat.) = verbinden, verbünden.
[3] distribuere (lat.) = verteilen.

Es gilt aber z. B. für beliebige Mengen $A$, $B$:

**Übung 1.52:** $A \setminus B = B \setminus A \Leftrightarrow A = B$ und $A \times B = B \times A \Leftrightarrow (A = B \vee A = \varnothing \vee B = \varnothing)$.

**Beispiel 1.53:** Sei $M$ eine nichtleere Menge. Dann ist $(\mathfrak{P}(M), \Delta)$ eine *abelsche Gruppe*[4]! Die symmetrische Differenz $\Delta$ ist eine zweistellige Operation in $\mathfrak{P}(M)$. $\Delta$ ist assoziativ und kommutativ (vgl. Sätze 1.14, 1.15). Die leere Menge $\varnothing$ ist das neutrale Element, d. h., für alle Teilmengen $A$ von $M$ gilt $A \Delta \varnothing = \varnothing \Delta A = A$. Jedes Element der Potenzmenge ist zu sich selbst invers ($A = A^{-1}$): $A \Delta A^{-1} = A^{-1} \Delta A = A \Delta A = \varnothing$.

**Beispiel 1.54:** $(\mathbf{N}, \sqcap, \sqcup)$ mit $x \sqcap y := ggT(x, y)$ und $x \sqcup y := kgV(x, y)$ ist ein Verband.

Die Verschmelzungssätze sind eine unmittelbare Folgerung aus Satz 1.16. Während die Vereinigung $\cup$ weder bezüglich $\Delta$ noch bezüglich $\setminus$ distributiv ist, ist die Differenz ihrerseits rechtsseitig distributiv bezüglich $\cap$ und $\cup$.

**Übung 1.53:** Beweisen Sie die folgenden Gesetzmäßigkeiten:

a) $(A \cup B) \setminus A = B \setminus A$,   b) $(A \cup B) \setminus B = A \setminus B$,

c) $A \Delta B = (A \cup B) \setminus (A \cap B)$,   d)[5] $A \Delta B = (A \setminus B) \cup (B \setminus A)$,

e) $A \cap (A \Delta B) = A \Delta (A \cap B)$,   f) $A \setminus (B \setminus C) = (A \setminus B) \cup (A \cap C)$,

g) $\complement A \setminus \complement B = B \setminus A$,   h) $\complement A \Delta \complement A = A \Delta B$.

**Beispiel 1.55:** Das kartesische Produkt $\times$ ist bezüglich $\cap$ distributiv!
$$A \times (B \cap C) = (A \times B) \cap (A \times C) \quad \text{und} \quad (A \cap B) \times C = (A \times C) \cap (B \times C).$$
Beweis der ersten Beziehung. Mit Satz 1.3, S. 24, genügt es zu zeigen, dass einerseits $A \times (B \cap C) \subseteq (A \times B) \cap (A \times C)$, andererseits $(A \times B) \cap (A \times C) \subseteq A \times (B \cap C)$ gilt.

a) Es sei $(x, y) \in A \times (B \cap C)$, also $x \in A$ und $y \in B \cap C$, d. h., $x \in A$ und ($y \in B$ und $y \in C$), also $(x, y) \in A \times B$ und $(x, y) \in A \times C$. Folglich ist $(x, y) \in (A \times B) \cap (A \times C)$ und somit $A \times (B \cap C) \subseteq (A \times B) \cap (A \times C)$.

b) Es sei $(x, y) \in (A \times B) \cap (A \times C)$, also $(x, y) \in A \times B$ und $(x, y) \in A \times C$, d. h., $x \in A$ und ($y \in B$ und $y \in C$), also $x \in A$ und $y \in B \cap C$, sodass $(x, y) \in A \times (B \cap C)$ ist. Also ist $(A \times B) \cap (A \times C) \subseteq A \times (B \cap C)$. Der zweite Beweis verläuft analog.   ■

**Übung 1.54:** Das kartesische Produkt $\times$ ist bezüglich $\cup$ und $\setminus$ distributiv!

**Übung 1.55:** Beweisen Sie die Beziehung $(A \cap B) \times (C \cap D) = (A \times C) \cap (B \times D)$!

**Beispiel 1.56:** Im nebenstehenden Bild 1.18 haben wir die Beziehung $(A \cap B) \times (C \cap D) = (A \times C) \cap (B \times D)$ veranschaulicht.

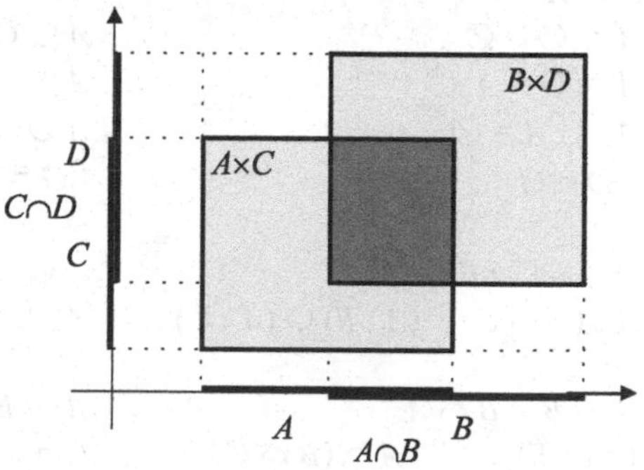

Bild 1.18

---

[4]  Vgl. Kap. 3.4.2, S. 104, und GÖTHNER, P.: Elemente der Algebra. Leipzig: Teubner 1997, S. 14.

[5]  Die Beziehung $A \Delta B = (A \setminus B) \cup (B \setminus A)$ ist der Grund, warum $A \Delta B$ *symmetrische Differenz* heißt.

### 1.7.9  Duale Eigenschaften in der Mengenalgebra

Die Mengenalgebra zeigt einen viel höheren Grad an Symmetrie als das Rechnen mit Zahlen. Wir haben bereits eine Reihe von Sätzen kennen gelernt, die paarweise vorkommen. Vertauschen wir in einer der Eigenschaften (Gesetzmäßigkeiten) jeweils

  1) die Relationen $\subseteq$ und $\supseteq$,

  2) die Operationen $\cap$ und $\cup$ sowie

  3) die (ausgezeichneten) Mengen $\varnothing$ und $G$,

dann geht diese Eigenschaft in die hierzu **duale Eigenschaft** über. Tritt jedoch darüber hinaus in einer Eigenschaft auch die Operation \ auf, gilt diese Dualität nur in gewissen Fällen. So hatten wir z. B. die de Morganschen Regeln bereits als zueinander duale Beziehungen ausgewiesen (Satz 1.13, S. 40).

*Duale Eigenschaften der Mengenalgebra*

| | | |
|---|---|---|
| $\varnothing \subseteq A$ | $G \supseteq A$ | |
| $A \subseteq A$ | $A \supseteq A$ | Reflexivität |
| $(A \subseteq B \wedge B \subseteq C) \Rightarrow A \subseteq C$ | $(A \supseteq B \wedge B \supseteq C) \Rightarrow A \supseteq C$ | Transitivität |
| $(A \subseteq B \wedge B \subseteq A) \Rightarrow A = B$ | $(A \supseteq B \wedge B \supseteq A) \Rightarrow A = B$ | Antisymmetrie |
| $A \cap B \subseteq A \subseteq A \cup B$ | $A \cup B \supseteq A \supseteq A \cap B$ | |
| $\bigwedge\limits_{M} (M \subseteq A \wedge M \subseteq B \Rightarrow M \subseteq A \cap B)$ | $\bigwedge\limits_{M} (M \supseteq A \wedge M \supseteq B \Rightarrow M \supseteq A \cup B)$ | |
| $A \subseteq B \Rightarrow (A \cap C \subseteq B \cap C)$ | $A \supseteq B \Rightarrow (A \cup C \supseteq B \cup C)$ | Monotonie |
| $A \subseteq B \Rightarrow (A \setminus C \subseteq B \setminus C)$ | $A \supseteq B \Rightarrow (A \setminus C \supseteq B \setminus C)$ | Monotonie |
| $A \subseteq B \Leftrightarrow A \cap B = A$ | $A \supseteq B \Leftrightarrow A \cup B = A$ | |
| $A \subseteq B \Leftrightarrow CB \subseteq CA$ | $A \supseteq B \Leftrightarrow CB \supseteq CA$ | |
| $A = \varnothing \Leftrightarrow CA = G$ | $A = G \Leftrightarrow CA = \varnothing$ | |
| $A \subseteq B \Leftrightarrow A \cap CB = \varnothing$ | $A \supseteq B \Leftrightarrow A \cup CB = G$ | |
| $A \subseteq CB \Leftrightarrow A \cap B = \varnothing$ | $A \supseteq CB \Leftrightarrow A \cup B = G$ | |
| | | |
| $A \cap A = A$ | $A \cup A = A$ | Idempotenz |
| $A \cap \varnothing = \varnothing$ | $A \cup G = G$ | absorb. Element |
| $A \cap G = A$ | $A \cup \varnothing = A$ | neutral. Element |
| $A \cap CA = \varnothing$ | $A \cup CA = G$ | Komplementarität |
| $C\varnothing = G$ | $CG = \varnothing$ | |
| | | |
| $A \cap (A \cup B) = A$ | $A \cup (A \cap B) = A$ | Verschmelzung |
| $A \setminus (B \cap C) = (A \setminus B) \cup (A \setminus C)$ | $A \setminus (B \cup C) = (A \setminus B) \cap (A \setminus C)$ | Morgan-Regeln |
| | | |
| $A \cap B = B \cap A$ | $A \cup B = B \cup A$ | Kommutativität |
| $(A \cap B) \cap C = A \cap (B \cap C)$ | $(A \cup B) \cup C = A \cup (B \cup C)$ | Assoziativität |
| $A \cap (B \cup C) = (A \cap B) \cup (A \cap C)$ | $A \cup (B \cap C) = (A \cup B) \cap (A \cup C)$ | L-Distributivität |
| $(A \cup B) \cap C = (A \cap C) \cup (B \cap C)$ | $(A \cap B) \cup C = (A \cup C) \cap (B \cup C)$ | R-Distributivität |
| $(A \cap B) \setminus C = (A \setminus C) \cap (B \setminus C)$ | $(A \cup B) \setminus C = (A \setminus C) \cup (B \setminus C)$ | R-Distributivität |

Keine duale Entsprechung besitzen dagegen z. B. die folgenden Eigenschaften:

$(A \setminus B) \cup A = A$, denn es gilt $(A \setminus B) \cap A = A \setminus B \neq A$;

$A \setminus (A \cap B) = A \setminus B$, denn es gilt $A \setminus (A \cup B) = \emptyset \neq A \setminus B$;

$A \setminus (B \setminus C) = (A \setminus B) \cup (A \cap C)$, denn es gilt $(A \setminus B) \cap (A \cup C) = A \setminus B \neq A \setminus (B \setminus C)$.

Die Dualität ist ein wirkungsvolles Prinzip in der Mengenalgebra. Eine ähnliche Dualität kennen wir aus der Geometrie.

Interessanterweise lassen sich alle Sätze der Mengenalgebra z. B. allein aus den folgenden drei Eigenschaften ableiten:

(1) $A \cup B = B \cup A$,

(2) $(A \cup B) \cup C = A \cup (B \cup C)$ und

(3) $\complement(\complement A \cup \complement B) \cup \complement(\complement A \cup B) = A$.

Legt man diese drei Aussagen als Axiome zugrunde und definiert man vermöge

(4) $A \cap B := \complement(\complement A \cup \complement B)$,

(5) $A \subseteq B :\Leftrightarrow A \cup B = B$,

(6) $G := A \cup \complement A$ und

(7) $\emptyset := A \cap \complement A$

den Durchschnitt $\cap$, die Inklusion $\subseteq$, die Grundmenge $G$ sowie die leere Menge $\emptyset$, so lässt sich die Mengenalgebra als eine rein deduktive Theorie aufbauen.

**Beispiel 1.57:** Die Beziehung $(A \cap B) \times (C \cap D) = (A \times C) \cap (B \times D)$ haben wir in Beispiel 1.56 veranschaulicht. Eine analoge Beziehung zwischen Vereinigung und kartesischem Produkt gibt es nicht. Stattdessen gilt (s. Bild 1.19) für alle Mengen $A, B, C, D$

$(A \times C) \cup (B \times D) \subseteq (A \cup B) \times (C \cup D)$.

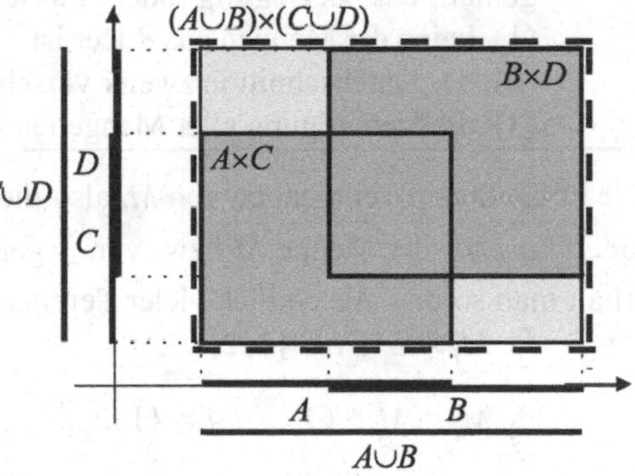

Wir betrachten zwei weitere Beziehungen, in denen das kartesische Produkt eine Rolle spielt:

$\complement_{G \times G} A \times B = \complement_G A \times \complement_G B$ und

$\complement_{G \times G} A \times B = (\complement_G A \times G) \cup (G \times \complement_G B)$.

Die erste Beziehung ist nicht allgemeingültig, was sich anhand eines Gegenbeispiels zeigen lässt. Die zweite Beziehung ist dagegen stets erfüllt:

Bild 1.19

**Beweis:** Mit

$\complement_{G \times G} A \times B = (G \times G) \setminus (A \times B)$, $(\complement_G A \times G) \cup (G \times \complement_G B) = ((G \setminus A) \times G) \cup (G \times (G \setminus B))$

gilt $(x, y) \in (G \times G) \setminus (A \times B) \Leftrightarrow (x, y) \in G \times G \wedge (x, y) \notin A \times B \Leftrightarrow$

$(x, y) \in G \times G \wedge (x \notin A \vee y \notin B) \Leftrightarrow (x \in G \wedge y \in G \wedge x \notin A) \vee (x \in G \wedge y \in G \wedge y \notin B)$

$\Leftrightarrow (x, y) \in (G \setminus A) \times G \vee (x, y) \in G \times (G \setminus B) \Leftrightarrow (x, y) \in ((G \setminus A) \times G) \cup (G \times (G \setminus B))$. ∎

**Übung 1.56:** Beweisen Sie die Eigenschaft $A \setminus (A \setminus B) = A \cap B$!

## 1.7.10 Durchschnitt und Vereinigung von Mengensystemen

Wegen der Assoziativität der beiden Mengenoperationen $\cap$ und $\cup$ (Satz 1.15) können wir auf die Klammern in $(A \cap B) \cap C = A \cap (B \cap C)$ und $(A \cup B) \cup C = A \cup (B \cup C)$ verzichten. Die Definition von $\cap$ und $\cup$ kann deshalb ohne Mühe von zwei auf endlich viele Mengen ausgedehnt werden. Ist $\mathfrak{M}$ ein Mengensystem, so heißen

• $\quad \bigcap \mathfrak{M} := \{x \mid \bigwedge_{X} (X \in \mathfrak{M} \Rightarrow x \in X)\}$ und $\bigcup \mathfrak{M} := \{x \mid \bigvee_{X} (X \in \mathfrak{M} \Rightarrow x \in X)\}$

der **Durchschnitt** bzw. die **Vereinigung des Mengensystems** $\mathfrak{M}$. Sind je zwei Mengen $A$ und $B$ eines Mengensystems $\mathfrak{M}$ disjunkt, so nennt man $\mathfrak{M}$ selbst **disjunkt** (oder *elementfremd*). Statt $\bigcap \mathfrak{M}$ schreibt man oft auch $\bigcap_{X \in \mathfrak{M}} X$ ; im Falle von $\mathfrak{M} = \{A_1, A_2, \ldots, A_n\}$

ist auch die Bezeichnungsweise $\bigcap_{i=1}^{n} A_i$ üblich. Analog schreibt man $\bigcup \mathfrak{M} = \bigcup_{X \in \mathfrak{M}} X = \bigcup_{i=1}^{n} A_i$ .

Beide Begriffsbildungen lassen sich auf Mengensysteme ausdehnen, die aus unendlich vielen Mengen bestehen. Im Falle abzählbar unendlicher Mengen (s. Definition 2.20, S. 80) schreiben wir auch $\bigcap \mathfrak{M} = \bigcap_{i=1}^{\infty} A_i$ bzw. $\bigcup \mathfrak{M} = \bigcup_{i=1}^{\infty} A_i$ .

Sowohl der *Durchschnitt* als auch die *Vereinigung eines Mengensystems* $\mathfrak{M}$ sind ihrerseits, wie auch die Elemente von $\mathfrak{M}$, Mengen 1. Stufe. Mithilfe dieser beiden Begriffe lässt sich ein weiterer wichtiger Begriff einführen:

---

**Definition 1.12:** Ein Mengensystem $\mathfrak{Z}$ von Teilmengen einer Menge $M$ ist (definitionsgemäß) eine **Zerlegung** (oder **Klasseneinteilung**[1]) von $M$ genau dann, wenn
    (1) keine der Mengen aus $\mathfrak{Z}$ leer ist,
    (2) der Durchschnitt je zweier verschiedener Mengen aus $\mathfrak{Z}$ leer ist und
    (3) die Vereinigung aller Mengen aus $\mathfrak{Z}$ die Menge $M$ ist.

---

Die betrachteten Teilmengen von $M$, also die Elemente von $\mathfrak{Z}$, werden auch die **Klassen** (oder *Fasern*) der Menge $M$ bzw. von $\mathfrak{Z}$ genannt. Mit $\mathfrak{Z} = \{M_1, M_2, \ldots, M_n\}$ ($n \in \mathbf{N}^*$) erhält man so im Falle endlich vieler Teilmengen von $M$

(1) $\quad \bigwedge_{i} M_i \neq \emptyset$ ; $i \in \{1, 2, \ldots, n\}$,

(2) $\quad \bigwedge_{i,j} M_i \cap M_j = \emptyset$ ; $i, j \in \{1, 2, \ldots, n\}$, $i \neq j$ ,

(3) $\quad M = M_1 \cup M_2 \cup \ldots \cup M_n \, (= \bigcup \mathfrak{Z} = \bigcup_{i=1}^{n} M_i )$.

Für abzählbar unendlich viele Teilmengen von $M$ erhält man mit $\mathfrak{Z} = \{M_1, M_2, \ldots\}$ dann

(1) $\bigwedge_{i \in \mathbf{N}^*} M_i \neq \emptyset$ ,       (2) $\bigwedge_{i,j \in \mathbf{N}^*} M_i \cap M_j = \emptyset$ ; $i \neq j$ ,       (3) $M = \bigcup \mathfrak{Z} = \bigcup_{i=1}^{\infty} M_i$ .

---

[1] Oder *Partition* [ partio (lat.) = Aufteilung ] oder *Faserung*.

**Beispiel 1.58:** Es sei $P$ die Menge aller Parallelogramme, $DV$ die Menge aller Drachenvierecke und $GT$ die Menge aller gleichschenkligen Trapeze. Dann ist das Mengensystem $\mathfrak{M} = \{P, DV, GT\}$ nicht disjunkt. Es ist $\bigcap \mathfrak{M} = Q$, wobei $Q$ die Menge aller Quadrate ist. $\bigcup \mathfrak{M}$ ist eine echte Teilmenge der Menge $V$ aller Vierecke.

**Beispiel 1.59:** Es sei $n$ eine natürliche Zahl, $A_n := \{x \mid x \in \mathbf{Q} \wedge |x| < \frac{1}{n}\}$ und

$B_n := \{x \mid x \in \mathbf{Q}_+^* \wedge x < \frac{1}{n}\}$. Es ist $\bigcap_{n=1}^{\infty} A_n = \{0\}$, aber $\bigcap_{n=1}^{\infty} B_n = \varnothing$.

**Beispiel 1.60:** Es seien $M = \mathbf{N}^*$, $M_1 = \{1\}$, $M_2 = \mathbf{P}$ ($=$ Menge der Primzahlen) und $M_3 =$ Menge der zusammengesetzten Zahlen, also $M_3 = \{x \mid \bigvee\limits_{a \in \mathbf{P}} \bigvee\limits_{b \in \mathbf{N}^* \setminus \{1\}} a \cdot b = x\}$. Dann ist

$\mathfrak{Z} = \{M_1, M_2, M_3\}$ eine Zerlegung von $M$. Mit $M_1 = \{1\}$, $M_2 = \{2, 3, 5, 7, 11, 13, 17, \ldots\}$, $M_3 = \{4, 6, 8, 9, 10, 12, 14, \ldots\}$ sind die Eigenschaften (1), (2) und (3) erfüllt:

$M_i \neq \varnothing$, $M_i \cap M_j = \varnothing$ ($i, j \in \{1, 2, 3\}$, $i \neq j$) und $M = M_1 \cup M_2 \cup M_3 = \mathbf{N}^*$.

**Beispiel 1.61:** Wir betrachten das Mengensystem $\mathfrak{M} = \{H_0, H_1, H_2, H_3, H_4, H_5\}$ mit den Elementen $H_i := 6\mathbf{Z} + i := \{x \mid \bigvee\limits_{y \in \mathbf{Z}} x = 6y + i\}$. $H_i$ ist also die Menge (1. Stufe) der ganzen Zahlen, die bei Division durch 6 den Rest $i$ lassen ($i = 0, 1, 2, \ldots, 5$). $\mathfrak{M}$ ist eine Zerlegung der Menge $\mathbf{Z}$ der ganzen Zahlen. Denn für alle $i, j$ ($i, j = 0, 1, 2, \ldots, 5$; $i \neq j$) ist $H_i \neq \varnothing$, $H_i \cap H_j = \varnothing$. Ferner ist $\bigcup \mathfrak{M} = H_0 \cup H_1 \cup H_2 \cup H_3 \cup H_4 \cup H_5 =$

$\{\ldots, -18, -12, -6, 0, 6, 12, 18, \ldots\} \cup \{\ldots, -17, -11, -5, 1, 7, 13, 19, \ldots\} \cup$
$\{\ldots, -16, -10, -4, 2, 8, 14, 20, \ldots\} \cup \{\ldots, -15, -9, -3, 3, 9, 15, 21, \ldots\} \cup$
$\{\ldots, -14, -8, -2, 4, 10, 16, 22, \ldots\} \cup \{\ldots, -13, -7, -1, 5, 11, 17, 23, \ldots\} = \mathbf{Z}$.

Die Klassen $H_0, H_1, H_2, H_3, H_4$ und $H_5$ werden die *Restklassen modulo 6* genannt.

**Beispiel 1.62:** In $M = \mathbf{N} \times \mathbf{N}^*$ wird eine Klasse dadurch ausgezeichnet, dass sie jeweils alle diejenigen Brüche enthält, die durch Kürzen, Erweitern oder einer Kombination von beiden auseinander hervorgehen; man sagt auch: die Elemente ein und derselben Klasse sind „quotientengleich": $\frac{a}{b} =_Q \frac{c}{d} :\Leftrightarrow a \cdot d = b \cdot c$. Z. B. ist $M_1 = \{\frac{1}{2}, \frac{2}{4}, \frac{3}{6}, \ldots\}$ eine solche Klasse, nämlich die *gebrochene Zahl* (oder *Bruchzahl*) $\frac{1}{2}$. $M_2 = \{\frac{2}{3}, \frac{4}{6}, \frac{6}{9}, \ldots\}$ ist eine weitere solche Klasse, nämlich die *gebrochene Zahl* $\frac{2}{3}$. Alle diese (unendlich vielen) Klassen bilden eine Zerlegung $\mathfrak{Z} = \{M_1, M_2, \ldots\}$ der Menge $M = \mathbf{N} \times \mathbf{N}^*$.

➢ Für jede Zerlegung $\mathfrak{Z}$ einer Menge $M$ gilt:
Jedes Element aus $M$ kommt in genau einer Klasse vor (wegen (2) und (3));
$\mathfrak{Z}$ ist eine echte Teilmenge der Potenzmenge $\mathfrak{P}(M)$ von $M$: $\mathfrak{Z} \subset \mathfrak{P}(M)$.

**Übung 1.57:** Geben Sie eine Zerlegung der Menge der ganzen Zahlen in drei Klassen an!

## 1.8  Zahlbereiche

In der Mathematik werden die Zahlen entweder *genetisch* (Schule) oder *axiomatisch* (Hochschule) eingeführt. Dabei stützt sich die genetische Einführung der Zahlen auf die Elemente der Mengenlehre, wie wir sie in Kap. 1 kennen gelernt haben. Dabei hat es sich als vorteilhaft erwiesen, bei bestimmten Aufgaben oder mathematischen Über-legungen unterschiedliche Zahlbereiche zugrunde zu legen. Bei den Rechenoperationen muss genau beachtet werden, ob sie uneingeschränkt ausführbar sind oder nicht (vgl. Kap. 3.4.3, S. 109). Auch beim Lösen von Gleichungen ist es wichtig zu wissen, in welchem Zahlbereich gearbeitet wird. Ziel ist es – etwas salopp gesprochen –, die Zahlbereiche so zu erweitern, dass immer mehr Gleichungen lösbar werden.

Beginnend mit den *natürlichen Zahlen* werden die jeweiligen Zahlbereiche schrittweise erweitert, d. h., wir erhalten so die *gebrochenen, ganzen, rationalen, reellen* und *komplexen Zahlen*[1]. In der Schule verläuft dieser Prozess zumeist wie folgt:

$$\mathbf{N} \longrightarrow \mathbf{Q}_+ (\longrightarrow \mathbf{Z}) \longrightarrow \mathbf{Q} \longrightarrow \mathbf{R} (\longrightarrow \mathbf{C}).$$

### 1.8.1  Natürliche Zahlen

Am Anfang stehen also die *natürlichen Zahlen*. In dieser Menge $\mathbf{N} = \{0, 1, 2, 3, \dots\}$ sind nur die Addition und die Multiplikation uneingeschränkt ausführbar. Für das Potenzieren gilt dies auch für die Menge $\mathbf{N}^*$ aller von null verschiedenen natürlichen Zahlen.

Gleichungen wie $5 + x = 3$, $5 \cdot x = 3$, $x^3 = 5$ oder $5^x = 3$ haben in $\mathbf{N}$ keine Lösung.

Die Subtraktion ist genau dann durchführbar, wenn der Subtrahend kleiner ist als der Minuend. Nur in Sonderfällen kann dividiert werden, nämlich in denen der Dividend ein Vielfaches des Divisors ist.

Die natürlichen Zahlen haben ein erstes (kleinstes) Element, die Null. Jede natürliche Zahl $n$ besitzt einen unmittelbaren Nachfolger, nämlich $n + 1$. Die natürlichen Zahlen lassen sich auf dem *Zahlenstrahl* darstellen, wobei benachbarte Punkte den Abstand 1 besitzen. Man sagt, sie liegen *diskret* (getrennt) und *äquidistant* (mit gleichem Abstand). Das hat zur Folge, dass zwischen zwei beliebigen, verschiedenen natürlichen Zahlen entweder keine Zahl (falls die beiden Zahlen unmittelbar benachbart sind) oder sonst *endlich viele* Zahlen liegen.

Es gibt *unendlich viele* natürlichen Zahlen, aber keine größte natürliche Zahl.

Eine natürliche Zahl ist entweder *gerade* oder *ungerade* (s. Beispiel 1.2, S. 11). Obwohl die Mengen $\mathbf{G}$ und $\mathbf{U}$ der geraden bzw. ungeraden Zahlen echte Teilmengen von $\mathbf{N}$ sind, sind alle drei Mengen zueinander *gleichmächtig* (s. Kap. 2.3.1, S. 78).

Auch die echte Teilmenge $\mathbf{P}$ der *Primzahlen* von $\mathbf{N}$ ist gleichmächtig zur Menge $\mathbf{N}$.

---

[1]  Für eine ausführliche Darstellung des Aufbaus der Zahlbereiche sei auf KRAMER, J.; v. PIPPICH, A.-M.: Von den natürlichen Zahlen zu den Quaternionen. Basiswissen Zahlbereiche und Algebra. Wiesbaden: Springer Spektrum 2013, verwiesen.

### 1.8.2   Gebrochene Zahlen

Um uneingeschränkt dividieren zu können, erweitern wir den Zahlbereich $\mathbf{N}$ zur Menge $\mathbf{Q_+}$ aller *gebrochenen Zahlen* (oder auch *Bruchzahlen*)[2], d. h., wir konstruieren diese neuen Zahlen mithilfe der natürlichen Zahlen:

$$\mathbf{Q_+} := \{ x \mid x = \frac{m}{n} \wedge m, n \in \mathbf{N} \wedge n \neq 0 \}.$$

Die gebrochenen Zahlen der Gestalt $\frac{m}{1}$ lassen sich als natürliche Zahlen auffassen[3], sodass diese eine (echte) Teilmenge der gebrochenen Zahlen sind: $\mathbf{N} \subset \mathbf{Q_+}$.

In der Menge $\mathbf{Q_+}$ sind die Addition und die Multiplikation weiterhin uneingeschränkt ausführbar; für die Division ist nur noch die Einschränkung auf die Menge $\mathbf{Q_+^*}$ der von null verschiedenen gebrochenen Zahlen nötig.

Gleichungen wie $5 + x = 3$, $x^3 = 5$ oder $5^x = 3$ haben auch in $\mathbf{Q_+}$ keine Lösung. Ist in $\mathbf{N}^*$ das Produkt $a \cdot b$ ($a, b \neq 1$) stets größer als jeder der beiden Faktoren, muss dies in $\mathbf{Q_+}$ nicht mehr der Fall sein. Analog muss der Quotient $a : b$ ($b \neq 1$) zweier gebrochener Zahlen nicht (wie in $\mathbf{N}^* \setminus \{1\}$) notwendigerweise kleiner sein als der Dividend $a$.

Die gebrochenen Zahlen haben ein erstes (kleinstes) Element, die Null. (In der Menge $\mathbf{Q_+^*}$ gibt es dagegen keine kleinste gebrochene Zahl.) Die Nachfolgereigenschaft wie auch die Diskretheit der natürlichen Zahlen gehen verloren. Aber viele der uns aus $\mathbf{N}$ vertrauten Rechengesetze bleiben gültig (s. Kap. 3.4.3, S. 109), da alle Grundrechenoperationen in $\mathbf{Q_+}$ sogenannte *Fortsetzungen*[4] der entsprechenden Operationen in $\mathbf{N}$ sind.

Es gibt unendlich viele gebrochene Zahlen, aber keine größte gebrochene Zahl. Die Menge $\mathbf{Q_+}$ ist *abzählbar unendlich* und folglich *gleichmächtig* zur Menge $\mathbf{N}$ der natürlichen Zahlen (s. Satz 2.21, S. 80). Die gebrochenen Zahlen liegen auf dem Zahlenstrahl *dicht*, d. h., zwischen zwei gebrochenen Zahlen liegt stets eine weitere gebrochene Zahl. (Es sind sogar unendlich viele.)

In der Menge $\mathbf{Q_+^*}$ der von null verschiedenen gebrochenen Zahlen ist die Multiplikation eine abelsche Gruppenoperation (vgl. Kap. 3.4.2, S. 104), folglich ist hier die Division uneingeschränkt ausführbar.

---

[2]   In der Schule wird $\mathbf{Q_+}$ deshalb oft auch mit $\mathbf{B}$ bezeichnet.

[3]   Genauer identifiziert man die Menge $\mathbf{N}$ der natürlichen Zahlen mit der Menge $\{ \frac{m}{1} \mid m \in \mathbf{N} \}$.

[4]   Das bedeutet: Beschränken wir uns in dem neu konstruierten Bereich $\mathbf{Q_+}$ wieder auf die natürlichen Zahlen $\mathbf{N}$, so sollen die Grundrechenoperationen und die <-Relation in $\mathbf{Q_+}$ voll und ganz mit den entsprechenden Rechenoperationen und der Ordnungsrelation in $\mathbf{N}$ übereinstimmen.

### 1.8.3   Rationale Zahlen

Um nun auch uneingeschränkt subtrahieren zu können, erweitern wir den Zahlbereich $\mathbf{Q}_+$ zur Menge $\mathbf{Q}$ aller *rationalen Zahlen*, d. h., wir konstruieren diese neuen Zahlen mithilfe der gebrochenen Zahlen, indem wir zu jeder gebrochenen Zahl eine entsprechende *negative* Zahl bilden. Geometrisch bedeutet dies eine Spiegelung des Zahlenstrahls an der Null (Nullpunkt); die Null wird dabei auf sich selbst abgebildet. Aus dem *Zahlenstrahl* entsteht so eine *Zahlengerade* und wir erhalten auf diese Weise

$$\mathbf{Q} := \mathbf{Q}_+ \cup \mathbf{Q}_- = \{x \mid x \in \mathbf{Q}_+ \vee x \in \mathbf{Q}_-\}.$$

Die nichtnegativen rationalen Zahlen sind dann gerade die gebrochenen Zahlen: $\mathbf{Q}_+ \subset \mathbf{Q}$.

In der Menge $\mathbf{Q}$ sind die Addition, die Subtraktion und die Multiplikation uneingeschränkt ausführbar; für die Division ist nur die Einschränkung auf die Menge $\mathbf{Q}^*$ der von null verschiedenen rationalen Zahlen nötig.

Gleichungen wie $x^3 = 5$ oder $5^x = 3$ haben auch in $\mathbf{Q}$ keine Lösung. In $\mathbf{Q}$ muss die Summe $a + b$ ($a, b \neq 0$) nicht notwendigerweise größer sein als jeder der beiden Summanden.

Die rationalen Zahlen haben kein erstes (kleinstes) und kein letztes (größtes) Element.

Auch bei dieser Erweiterung bleiben viele der aus $\mathbf{Q}_+$ vertrauten Rechengesetze gültig (s. Kap. 3.4.3, S. 109), da alle Grundrechenoperationen in $\mathbf{Q}$ *Fortsetzungen* der entsprechenden Operationen in $\mathbf{Q}_+$ sind.

---

**Definition 1.13:** Der **Betrag** (oder der **Absolutbetrag**) $|a|$ einer rationalen Zahl $a$ ist (definitionsgemäß) die Zahl $a$, wenn $a \geq 0$, und die Zahl $-a$, wenn $a < 0$ ist;

$$|a| := \begin{cases} a \\ -a \end{cases}, \text{ wenn } \begin{matrix} a \geq 0 \\ a < 0 \end{matrix}.$$

---

Den Betrag einer Zahl $a$ kann man anschaulich deuten als den *Abstand* dieser Zahl $a$ vom Nullpunkt der Zahlengeraden (vgl. Übung 3.7, S. 95).

Für alle $a, b \in \mathbf{Q}$ gelten dann die folgenden Aussagen:

(1) $|0| = 0$,

(2) $|a| = |-a|$,

(3) $|a| > 0$ für $a \neq 0$,

(4) $a \leq |a|$ und $-a \leq |a|$,

(5) $|a| < b \Leftrightarrow -b < a < b$,

(6) $|a - b| = |b - a|$,

(7) $|a + b| \leq |a| + |b|$ (*Dreiecksungleichung*).

Die rationalen Zahlen liegen auf der Zahlengeraden *dicht*. Die Menge $\mathbf{Q}$ ist *abzählbar unendlich* und folglich *gleichmächtig* zur Menge $\mathbf{N}$ der natürlichen Zahlen und zur Menge der gebrochenen Zahlen (s. Satz 2.22, S. 81). Obwohl also die Teilmengenbeziehungen $\mathbf{N} \subset \mathbf{Q}_+ \subset \mathbf{Q}$ gelten, unterscheiden sich die natürlichen, gebrochenen und rationalen Zahlen *nicht* hinsichtlich ihrer *Mächtigkeit*.

In der Menge $\mathbf{Q}$ der rationalen Zahlen ist die Addition eine abelsche Gruppenoperation; schließen wir die Null aus, ist es auch die Multiplikation (vgl. Kap. 3.4.2, S. 104). Noch allgemeiner lässt sich zeigen, dass $(\mathbf{Q}, +, \cdot, <)$ ein *angeordneter Körper* ist[1].

### 1.8.4   Ganze Zahlen

Durch Spiegelung des Zahlenstrahls an der Null erhält man die „negativen natürlichen" Zahlen $\mathbf{N}_- := \{\ldots, -3, -2, -1, 0\}$. Damit lassen sich (also unabhängig von der Konstruktion der rationalen Zahlen) die *ganzen Zahlen* gewinnen:

$$\mathbf{Z} := \mathbf{N} \cup \mathbf{N}_- = \{x \mid x \in \mathbf{N} \vee x \in \mathbf{N}_-\} = \{\ldots, -3, -2, -1, 0, 1, 2, 3, \ldots\}.$$

Die nichtnegativen ganzen Zahlen sind dann gerade die natürlichen Zahlen: $\mathbf{N} \subset \mathbf{Z}$. Die ganzen Zahlen liegen *diskret* und *äquidistant*[2] (mit dem Abstand 1).

Gleichungen wie $5 \cdot x = 3$, $x^3 = 5$ oder $5^x = 3$ haben in $\mathbf{Z}$ keine Lösung.
In $\mathbf{Z}$ muss für $a, b \neq 0$ die Summe $a + b$ nicht notwendigerweise größer sein als jeder der beiden Summanden. Auch muss die Differenz $a - b$ nicht kleiner sein als Minuend oder Subtrahend.

In der Menge $\mathbf{Z}$ der ganzen Zahlen ist die Addition eine abelsche Gruppenoperation (vgl. Kap. 3.4.2, S. 104), folglich ist die Subtraktion uneingeschränkt ausführbar.
Mithilfe von $\mathbf{Z}$ lässt sich die Menge $\mathbf{Q}$ der rationalen Zahlen auch wie folgt gewinnen:

$$\mathbf{Q} := \{r \mid r = \frac{a}{b} \wedge a, b \in \mathbf{Z} \wedge b \neq 0\}.$$

Identifiziert man die Menge $\mathbf{Z}$ der ganzen Zahlen mit der Menge $\{\frac{a}{1} \mid a \in \mathbf{Z}\}$, ist die (echte) Teilmengenbeziehung $\mathbf{N} \subset \mathbf{Z} \subset \mathbf{Q}$ gegeben. Die Menge $\mathbf{Z}$ ist *abzählbar unendlich* und folglich *gleichmächtig* zur Menge $\mathbf{N}$ (s. Satz 2.20, S. 80).

### 1.8.5   Reelle Zahlen

Obwohl die rationalen Zahlen dicht liegen, ist es im ersten Moment überraschend, dass es auf der Zahlengeraden dennoch Punkte gibt, denen keine rationale Zahl zugeordnet werden kann. M. a. W., auf der Zahlengeraden liegen *mehr* Punkte als es rationale Zahlen gibt. Es bleiben sogar mehr Lücken als schon (rationale) Punkte vorhanden sind. Ziel ist es, diese Lücken zu füllen.

Man kann die *reellen Zahlen* aus den rationalen Zahlen konstruieren. Dabei kann man sich z. B. auf *Intervallschachtelungen* (vgl. Kap. 3.12, S. 134) stützen. Im Ergebnis dieser Zahlbereichserweiterung ist in vielen Fällen das Radizieren möglich – wenn auch nicht uneingeschränkt.

---

[1]   Siehe z. B. KRAMER, J.; v. PIPPICH, A.-M.: Von den natürlichen Zahlen zu den Quaternionen. Basiswissen Zahlbereiche und Algebra. Wiesbaden: Springer Spektrum 2013.
[2]   aequidistans (spätlat.) = gleich weit voneinander entfernt.

Zunächst macht man sich klar, dass Gleichungen wie $x^2 = 2$ oder $x^3 = 5$ keine Lösung in **Q** haben, dass es also m. a. W. keine rationalen Zahlen gibt, deren Quadrat gleich 2 oder deren dritte Potenz[1] gleich 5 ist.

Die Lücken auf der (rationalen) Zahlengeraden werden durch die nichtrationalen Zahlen, das sind die *irrationalen*[2] *Zahlen* (wie z. B. $\sqrt{2}$ oder $\sqrt[3]{5}$ ), ausgefüllt. So erweitern wir den Zahlbereich **Q** mithilfe der Menge **I** der irrationalen Zahlen zur Menge **R** aller *reellen Zahlen*: **R := Q ∪ I**.

Gleichungen wie $x^2 + 4 = 0$ oder $x^3 + 8 = 0$ haben auch in **R** keine Lösung.

Die reellen Zahlen haben kein erstes (kleinstes) und kein letztes (größtes) Element.

Auch bei dieser Erweiterung bleiben viele der aus **Q** vertrauten Rechengesetze gültig (s. Kap. 3.4.3, S. 109), da alle Grundrechenoperationen in **R** *Fortsetzungen* der entsprechenden Operationen in **Q** sind. Die Definition 1.13 (*Betrag einer rationalen Zahl*, S. 50) wird auf die Menge **R** ausgedehnt.

In der Menge **R** der reellen Zahlen ist die Addition eine abelsche Gruppenoperation; schließen wir die Null aus, ist es auch die Multiplikation (vgl. Kap. 3.4.2, S. 104).

Die rationalen Zahlen lassen sich als Brüche darstellen, die irrationalen Zahlen nicht. Aber für jede rationale als auch für jede irrationale Zahl gibt es eine eindeutige *Dezimaldarstellung*[3] (*Dezimalbruchentwicklung ohne Neunerperiode*). Mithilfe der Dezimalbruchentwicklung reeller Zahlen lässt sich zeigen, dass die Menge **R** (und damit auch **I**) *überabzählbar unendlich* ist (s. Satz 2.22, S. 81). Die Gleichmächtigkeit zur Menge **N**, die alle vorigen Zahlbereiche noch auszeichnete, geht also verloren.

Die Menge der reellen Zahlen ist *vollständig*. Die Vollständigkeit von **R** lässt sich durch verschiedene (äquivalente[4]) Eigenschaften beschreiben – wie z. B. das *Intervallschachtelungsprinzip*[5]. Anschaulich bedeutet dies gerade die Lückenlosigkeit der Zahlengeraden. Noch allgemeiner lässt sich zeigen, dass (**R**, +, ·, <) ein *vollständiger angeordneter Körper* ist[5].

Neben rationalen und irrationalen Zahlen unterscheidet man noch zwischen *algebraischen* und *transzendenten*[6] *Zahlen*. Man nennt eine Zahl x *algebraisch,* wenn sie eine reelle Lösung der Gleichung

$$a_n x^n + a_{n-1} x^{n-1} + \ldots + a_1 x + a_0 = 0 \text{ mit rationalen Koeffizienten } a_i \ (i = 0, 1, \ldots, n) \ (*)$$

ist. Alle rationalen Zahlen sind auch algebraisch. Aber auch viele irrationale Zahlen sind algebraisch. Zum Beispiel ist $\sqrt{2}$ eine algebraische Zahl, denn sie genügt der Gleichung $x^2 - 2 = 0$. Diejenigen reellen Zahlen, die nicht algebraisch sind, nennt man *transzendent*.

---

[1] potentia (lat.) = Macht, Vermögen, Fähigkeit.

[2] irrationalis (lat.) = unvernünftig.

[3] decimalis (mittellat.) [zu decem (lat.) = zehn] auf die Grundzahl 10 bezogen.

[4] aequus (lat.) = gleich; valere (lat.) = wert sein.

[5] Siehe z. B. KRAMER, J.; v. PIPPICH, A.-M.: Von den natürlichen Zahlen zu den Quaternionen. Basiswissen Zahlbereiche und Algebra. Wiesbaden: Springer Spektrum 2013.

[6] transcendens (lat.) = die Grenzen der Erfahrung übersteigend.

D. h., eine transzendente Zahl ist nie Lösung einer Gleichung (*) mit rationalen Koeffizienten[7]. Berühmte transzendente Zahlen sind die *Eulersche Zahl* e = 2,718281828..., aber auch die *Kreiszahl* π = 3,141592653...

Die Vereinigung der Menge der algebraischen Zahlen mit der Menge der transzendenten Zahlen liefert die reellen Zahlen. Überraschenderweise ist es so, dass „fast jede" reelle Zahl transzendent ist. Die Menge der algebraischen Zahlen ist nämlich nur abzählbar (unendlich), die der transzendenten aber überabzählbar (unendlich).

### 1.8.6    Komplexe Zahlen

Um uneingeschränkt radizieren zu können, erweitern wir den Zahlbereich **R** zur Menge **C** aller *komplexen Zahlen*. Sie lassen sich mithilfe der reellen Zahlen konstruieren:

$$\mathbf{C} := \{z \mid z = x + yi \wedge x, y \in \mathbf{R} \wedge i^2 = -1\},$$

wobei i die *imaginäre Einheit*, $x$ der *Realteil*[8] und $y$ der *Imaginärteil*[8] von $z$ heißt. Die komplexen Zahlen mit dem Imaginärteil $y = 0$ lassen sich dann als die reellen Zahlen auffassen.

Auch bei dieser Erweiterung bleiben viele der aus **R** vertrauten Rechengesetze noch gültig, da alle Grundrechenoperationen in **C** *Fortsetzungen* der entsprechenden Operationen in **R** sind. Die *Kleiner-Relation* schert hier leider aus. Sie ließe sich zwar fortsetzen, wäre aber mit den Rechenoperationen dann nicht mehr verträglich. Dafür lassen sich jetzt aus negativen Zahlen Wurzeln ziehen (s. Kap. 3.4.3, S. 108). Damit kommen die Zahlbereichserweiterungen zu einem gewissen Abschluss, da in **C** *jede* algebraische Gleichung (*) – mit komplexen Koeffizienten $a_i$ – lösbar ist.

Die Menge **C** der komplexen Zahlen ist überabzählbar (unendlich).

Man kann die komplexen Zahlen als Punkte in einer Ebene, der sogenannten *Gaußschen Zahlenebene*[9], darstellen (vgl. Kap. 3.4.3, S. 106). Auch die Rechenoperationen lassen sich darin gut veranschaulichen. Die komplexen Zahlen bilden – wie auch schon die rationalen und reellen Zahlen – einen *Körper*[10].

### 1.8.7    Maschinenzahlen

Auf die Menge **M** aller Maschinenzahlen weisen wir an dieser Stelle nur hin; mit diesen *Gleitkommazahlen* (s. auch Kap. 3.5.1, S. 120) haben wir es sowohl beim Taschenrechner als auch beim Computer zu tun. Diese Menge **M** ist eine echte Teilmenge der (endlichen) Menge der abbrechenden Dezimalbrüche mit höchstens $k$ Dezimalen ($k$ feste natürliche Zahl), d. h. eine diskrete und endliche Menge mit einem ersten (kleinsten) und einem letzten (größten) Element. Statt mit reellen Zahlen wird also stets mit rationalen Näherungswerten gerechnet. Einige Rechengesetze (wie z. B. die Assoziativität und die Distributivität) dieser Gleitkommaarithmetik werden außer Kraft gesetzt.

---

[7]  coefficiens (lat.) = bewirkend.
[8]  realis (mittellat.) = sachlich, wirklich; imaginarius (lat.) = bildhaft, nur in der Einbildung bestehend.
[9]  Nach CARL FRIEDRICH GAUß (1777 – 1855).
[10]  Siehe z. B. KRAMER, J.; v. PIPPICH, A.-M.: Von den natürlichen Zahlen zu den Quaternionen. Basiswissen Zahlbereiche und Algebra. Wiesbaden: Springer Spektrum 2013.

# 2 Relationen

*Was ist eine Relation[1]?*

Beim Studium etwa der natürlichen Zahlen interessieren uns weniger die Zahlen als isolierte Objekte als vielmehr die Beziehungen zwischen ihnen. Das sind solche Beziehungen wie „ist ein Teiler von", „ist kleiner als", „ist Nachfolger von" usw. Diese sogenannten *Relationen* machen gerade das Wesentliche in unserer Kenntnis von den natürlichen Zahlen aus. Das gilt generell. Für Mengen haben wir bereits die Inklusion, die ja auch Enthaltenseins*beziehung* oder Teilmengen*beziehung* genannt wird, als eine wichtige Relation kennen gelernt. In der Geometrie ist die einfachste Relation die Inzidenz[2], mit der ausgedrückt wird, dass ein geometrisches Objekt „in einem anderen liegt". Der Begriff der Relation ist also für die Mathematik von zentraler Bedeutung.

## 2.1 Der Begriff der *n*-stelligen Relation

Sind $A$ und $B$ beliebige Mengen (über eventuell verschiedenen Grundbereichen $G_1$ bzw. $G_2$), so ist das *kartesische Produkt* $A \times B := \{(a, b) \mid a \in A \wedge b \in B\}$ dieser Mengen $A$ und $B$ eine Menge dritter Stufe (vgl. Definition 1.11).

---

**Definition 2.1:** $R$ ist (definitionsgemäß) eine zweistellige **Relation zwischen** $A$ **und** $B$ genau dann, wenn $R$ eine Teilmenge des kartesischen Produktes $A \times B$ ist.

$R \subseteq A \times B.$

---

Andere Sprechweisen: „$R$ ist eine *Relation aus A in (nach) B*" bzw. „*auf (über) $A \times B$*". Darüber hinaus definieren wir:

- $D(R) := \{x \mid \bigvee_y (x, y) \in R\}$ heißt der **Definitionsbereich** (oder *Vorbereich*[3]) und

- $W(R) := \{y \mid \bigvee_x (x, y) \in R\}$ der **Wertebereich** (oder *Nachbereich*[3]) von $R$.

Ist $R \subseteq A \times B$, also $R$ eine Relation zwischen $A$ und $B$, und setzt man $C := A \cup B$, so kann man $R$ als Teilmenge von $C \times C$ auffassen.

Will man jede Menge von geordneten $n$-Tupeln ($n$ natürliche Zahl) als Relation auffassen, so benötigt man den Begriff der *n-stelligen Relation*.

- $R$ ist ***n*-stellige Relation auf** $A_1 \times A_2 \times ... \times A_n :\Leftrightarrow R \subseteq A_1 \times A_2 \times ... \times A_n$.

Gewöhnlich interessieren uns jedoch vor allem solche Mengen von geordneten $n$-Tupeln, deren Komponenten Elemente ein und derselben Menge $M$ sind. Gilt also

$M := A_1 = A_2 = ... = A_n$,

so ist $R$ eine $n$-stellige Relation auf $M^n$ oder schlichter eine $n$-stellige Relation *in M*:

- $R$ ist ***n*-stellige Relation in** $M :\Leftrightarrow R \subseteq M^n$.

---

[1]  relation (franz.) = Beziehung, Verhältnis; aus: relatio (lat.) = Bericht(erstattung), das Zurücktragen.
[2]  incidere (lat.) = begegnen, in/auf etwas fallen.
[3]  Davon abweichend werden mitunter auch die Mengen $A$ und $B$ selbst so genannt.

Für eine zweistellige Relation zwischen *A* und *B* gilt:

➤ $D(R) \subseteq A$ und $W(R) \subseteq B$.

Die Vereinigung beider Bereiche heißt das *Feld F(R)* von *R*: $F(R) := D(R) \cup W(R)$.

**Beispiel 2.1:** Sind *A* und *B* die Mengen aller Punkte bzw. Geraden einer Ebene, so ist die *Inzidenz I* zwischen Punkten und Geraden eine zweistellige Relation auf $A \times B$.
Ist $(P, g) \in I$, so schreibt man dafür auch *P I g* und sagt „(der Punkt) *P inzidiert mit* (der Geraden) *g*" oder „*P liegt auf g*" oder „*g geht durch P*" oder auch „*g inzidiert mit P*". (Fasst man – wie in der Schule üblich – *B* als Menge von Punktmengen auf, so ist darüber hinaus auch die Schreibweise $P \in g$ erlaubt.)

**Beispiel 2.2:** In der euklidischen Geometrie (nach EUKLID 3. Jhd. v. Chr.) ist eine *Fahne* ein geordnetes Tripel $(O, \bar{s}, \bar{\lambda})$, wobei $\bar{s}$ ein Strahl mit dem Anfangspunkt *O* und $\bar{\lambda}$ eine offene Halbebene sind; die Randgerade *s* der Halbebene $\bar{\lambda}$ ist dabei die Trägergerade des Strahls $\bar{s}$. Sind $A_1$, $A_2$ und $A_3$ die Mengen aller Punkte, Strahlen bzw. offenen Halbebenen des Raumes, so bilden alle Fahnen eine 3-stellige Relation auf $A_1 \times A_2 \times A_3$.

**Beispiel 2.3:** In der Menge aller Punkte des euklidischen Raumes ist die Zwischenbeziehung *ZW* eine dreistellige Relation. Ist $(P, Q, R) \in ZW$, so sagt man „(der Punkt) *Q* liegt auf der Geraden *PR zwischen* (den Punkten) *P* und *R*". Die Eigenschaften dieser Zwischenbeziehung *ZW* werden dann gegebenenfalls durch Anordnungsaxiome festgelegt.

Für eine *n*-stellige Relation *R* in einer Menge *M* verabreden wir:
Ist $(x_1, x_2, \dots, x_n) \in R$, so sagt man, dass die Relation *R* auf das *n*-Tupel *zutrifft* bzw. dass *die Elemente* $x_1, x_2, \dots, x_n$ (in dieser Reihenfolge genommen) *in der Relation R stehen*.

**Beispiel 2.4:** Drei natürliche Zahlen *a*, *b* und *c* bilden ein *pythagoreisches*[4] *Zahlentripel* genau dann, wenn $a^2 + b^2 = c^2$ gilt. Auf diese Weise wird in **N** eine dreistellige Relation *PZT* definiert: $PZT := \{(a, b, c) \mid a, b, c \in \mathbf{N} \wedge a^2 + b^2 = c^2\}$. Es ist $PZT \subseteq \mathbf{N}^3$ mit $(3, 4, 5) \in PZT$, $(5, 12, 13) \in PZT$, aber $(2, 3, 4) \notin PZT$. Will man – auch mit Blick auf die geometrische Interpretation – triviale Lösungen der Gleichung $a^2 + b^2 = c^2$ ausschließen, wie z. B. das Tripel $(0, 5, 5)$, wird die Relation nicht in **N**, sondern in $\mathbf{N}^*$ definiert.

**Beispiel 2.5:** Verallgemeinert man die in Beispiel 2.4 betrachtete Relation *PZT*, indem die Gleichung $a^n + b^n = c^n$ mit $n > 2$ ($n \in \mathbf{N}$) zugrunde gelegt wird, so ist die Relation $FZT := \{(a, b, c) \mid a, b, c \in \mathbf{N}^* \wedge a^n + b^n = c^n \wedge n \in \mathbf{N} \wedge n > 2\}$, die alle derartigen Fermatschen[5] Zahlentripel umfasst, die leere Menge[6]. Dass die Fermatsche Vermutung aus dem Jahre 1637, die Gleichung $a^n + b^n = c^n$ sei für $n > 2$ unlösbar, zutrifft, wissen wir erst seit wenigen Jahren. 1993/94 löste ANDREW J. WILES (geb. 1953) dieses berühmte Problem – assistiert von RICHARD L. TAYLOR (geb. 1962).

---

[4] Nach dem Satz des Pythagoras; PYTHAGORAS VON SAMOS (etwa 580(560) bis etwa 500(480) v. Chr.).
[5] Nach PIERRE DE FERMAT (1607 – 1665).
[6] Also die Relation, die nie gilt.

## 2.2   Zweistellige Relationen in einer Menge

So wie unter den Operationen die *zweistelligen* oder *binären*[1] *Operationen* in einer Menge $M$ (vgl. Kap. 3.4, S. 100ff.) eine besondere Rolle spielen (wie z. B. die Grundrechenarten), so nehmen unter den Relationen die *zweistelligen* oder *binären Relationen* in einer Menge $M$ eine ebensolche besondere Stellung ein. So ergibt sich mit $M := A = B$ in Definition 2.1, S. 54:

---
**Definition 2.2:** $R$ ist (*2-stellige*) *Relation in M* $:\Leftrightarrow R \subseteq M^2$.
---

Den Zusatz „*2-stellig*" lassen wir künftig fort. Sollte die *Stellenzahl* von Bedeutung sein, werden wir darauf hinweisen.

Eine Relation $R$ in $M$ ist also eine Menge geordneter Paare, deren beide Komponenten aus derselben Menge $M$ sind. Ist $(x, y) \in R$, so schreibt man dafür auch $x\,R\,y$ und sagt „$x$ steht in Relation zu $y$"[2]; dabei gehört $x$ zum Definitionsbereich und $y$ zum Wertebereich von $R$. Die auch vorkommende Schreibweise $R(x, y)$ schlägt eine Brücke zum Funktionsbegriff, der seinerseits auf den Begriff der *Zuordnung* zurückgeht. Danach ist eine Relation $R$ in einer Menge $M$ dasselbe wie eine *Zuordnung aus M in M* (s. Kap. 3.2, S. 96).

Eine spezielle Relation in $M$ ist die *identische Zuordnung* $id_M$, die jedes Element $x$ von $M$ auf sich selbst abbildet. In der Sprache der Relationen nennt man $id_M$ die *identische Relation* (*Identitätsrelation* oder *Diagonale* $\Delta$) in $M$; sie ist folgendermaßen definiert:

- $id_M := \{(x, x) \mid x \in M\}$.

Da jede Relation $R$ in einer Menge selbst eine Menge ist, lässt sich ihr Komplement in Bezug auf eine Grundmenge bilden:

Ist $R$ eine Relation in einer Menge $M$, so heißt das Komplement $\complement R$ von $R$ (bezüglich der Menge $M \times M$) die **Komplementärrelation** der Relation $R$.

Neben der Komplementärbildung spielt eine weitere einstellige Operation eine wichtige Rolle. Das ist die *Inversenbildung*[3]. Ist $R$ eine Relation in einer Menge $M$, so heißt die Menge aller geordneten Paare $(y, x)$, für die $(x, y) \in R$ gilt:

- $R^{-1} := \{(y, x) \mid (x, y) \in R\}$ bzw. $R^{-1} := \{(y, x) \mid x\,R\,y\}$,

die zu $R$ **inverse Relation** (oder *Umkehrrelation* von $R$). Folglich gilt:

- $D(R^{-1}) = W(R)$ und $W(R^{-1}) = D(R)$.

Offensichtlich ist mit $R$ auch $R^{-1}$ eine Teilmenge von $M^2$, folglich eine Relation in $M$:

- $R \subseteq M^2 \Rightarrow R^{-1} \subseteq M^2$.

---

[1]   binarius (lat.) = zwei enthaltend.
[2]   Man geht also von der mengentheoretischen Schreibweise $(x, y) \in R$ (Postfix-Notation) zur prädikativen Schreibweise $x\,R\,y$ (Infix-Notation) über; bei höherer Stelligkeit wird im Allgemeinen die Präfix-Notation $R(x, y, ...)$ bevorzugt.
[3]   inversus (lat.) = umgekehrt; mitunter *konverse Relation* genannt; conversus (lat.) = umgekehrt, gegenteilig.

**Beispiel 2.6:** Die Kleiner-Gleich-Relation $\leq$ ist in $\mathbf{N}$ wie folgt definiert:

- $\quad \leq \; := \{(x, y) \mid x, y \in \mathbf{N} \wedge \bigvee_{n \in \mathbf{N}} y = x + n\}$,

d. h., es gilt $x \leq y$ genau dann, wenn eine natürliche Zahl $n$ mit $y = x + n$ existiert.

**Beispiel 2.7:** Das multiplikative Analogon zur $\leq$-Relation in $\mathbf{N}$ ist die Teilbarkeit $\mid$ :

- $\quad \mid \; := \{(x, y) \mid x, y \in \mathbf{N} \wedge \bigvee_{n \in \mathbf{N}} y = x \cdot n\}$,

d. h., es gilt $x \mid y$ genau dann, wenn eine natürliche Zahl $n$ mit $y = x \cdot n$ existiert.

**Beispiel 2.8:** Ist $M$ eine zweielementige Menge, so sind 16 Relationen möglich, ist $M$ eine Einermenge $\{a\}$, sind 2 Relationen möglich, die leere Relation und die (All-) Relation $R = M \times M = \{(a, a)\}$.

**Übung 2.1:** Wie viele Relationen gibt es in einer Menge $M$ mit $n$ Elementen ($n \in \mathbf{N}$)?

**Beispiel 2.9:** Die Komplementärrelation $CR$ zu einer gegebenen Relation $R$ in einer Menge $M$ mit $M \times M$ als Grundmenge hat folgende Gestalt:

- $\quad CR = C_{M \times M} R = (M \times M) \setminus R$.

**Übung 2.2:** Geben Sie die Komplementärrelation
a) der Teilbarkeitsrelation $\mid$ in $\mathbf{N}$,   b) der $<$-Relation in $\mathbf{R}$ an!

**Beispiel 2.10:** Die Komplementärrelation $CR$ der Teilbarkeit $R := \{(x, y) \mid \bigvee_{z \in M} x \cdot z = y\}$

in $M = \{0, 1, 2, 3, 4, 5, 6\}$ ist $CR = \{(x, y) \mid \bigwedge_{z \in M} x \cdot z \neq y\} = \{(0, 1), (0, 2), (0, 3), (0, 4),$
$(0, 5), (0, 6), (2, 1), (2, 3), (2, 5), (3, 1), (3, 2), (3, 4), (3, 5), (4, 1), (4, 2), (4, 3), (4, 5),$
$(4, 6), (5, 1), (5, 2), (5, 3), (5, 4), (5, 6), (6, 1), (6, 2), (6, 3), (6, 4), (6, 5)\}$.

**Beispiel 2.11:** Die inverse Relation $\mid^{-1}$ der Teilbarkeitsrelation $\mid$ in $\mathbf{N}$ ist die Relation $VF$, die vermöge $x \, VF \, y : \Leftrightarrow x$ ist *Vielfaches* von $y$ für alle $x, y \in \mathbf{N}$ definiert ist:

- $\quad VF := \{(x, y) \mid x, y \in \mathbf{N} \wedge \bigvee_{n \in \mathbf{N}} x = y \cdot n\}$.

**Übung 2.3:** Geben Sie die inverse Relation
a) der $<$-Relation in $\mathbf{R}$,   b) der Relation $R$ aus Beispiel 2.10 an!

Unmittelbar aus der Definition der inversen Relation folgt, dass die zu $R^{-1}$ inverse Relation mit der ursprünglichen Relation $R$ in einer Menge $M$ zusammenfällt:

- $\quad (R^{-1})^{-1} = R$.

**Übung 2.4:** Beweisen Sie! Sind $R^{-1}$ und $CR$ die inverse bzw. die Komplementärrelation einer Relation $R$ in einer Menge $M$, so gilt:

- $\quad C(R^{-1}) = (CR)^{-1}$.

## 2.2.1   Verknüpfungen zweistelliger Relationen

Da Relationen Mengen sind, lassen sich mithilfe der ein- und zweistelligen Men-genoperationen weitere Einsichten über Relationen gewinnen. Es ist also sofort klar, wie etwa der Durchschnitt zweier Relationen $R$ und $S$ zu bilden ist: Ein Element $x$ aus einer Menge $M$ steht in der Relation $R \cap S$ zu einem Element $y$ aus $M$ genau dann, wenn $x\,R\,y$ und $x\,S\,y$ gelten. Neben der Inklusion, der Komplementärbildung, der Inversenbildung und den zweistelligen Verknüpfungen ($\cap$, $\cup$, $\Delta$, $\setminus$, $\times$) lernen wir jetzt mit der *Nachein-anderausführung von Relationen* eine weitere zweistellige Operation kennen.

Es seien $R$ und $S$ Relationen in $M$. Unter der **Nacheinanderausführung** (oder der *Verkettung*[1]) $S \circ R$ (gelesen: $S$ nach $R$) versteht man die Menge aller geordneten Paare $(x, z)$ mit $x$ und $z$ aus $M$, für die es ein $y$ (in $M$) gibt, sodass das Paar $(x, y)$ zur Relation $R$ und das Paar $(y, z)$ zur Relation $S$ gehört:

- $$S \circ R := \{(x, z) \mid \bigvee_y (x\,R\,y \wedge y\,S\,z)\}^{2}.$$

Offensichtlich gilt: $S \circ R \subseteq M^2$, d. h., mit $S$ und $R$ ist auch $S \circ R$ eine Relation in $M$.

Es seien $M$ eine nichtleere Menge, $R$, $S$ und $T$ (2-*stellige*) *Relationen in M*.

| **Satz 2.1:** $(S \circ R)^{-1} = R^{-1} \circ S^{-1}$. | (Inversionsgesetz) |
|---|---|

**Beweis:** Mit $(x, z) \in (S \circ R)^{-1}$ ist $(z, x) \in S \circ R$ (nach Definition der inversen Relation). Also gibt es ein $y$ mit $(z, y) \in R$ und $(y, x) \in S$. D. h., es ist $(x, y) \in S^{-1}$ und $(y, z) \in R^{-1}$, sodass nach Definition der Nacheinanderausführung $(x, z) \in R^{-1} \circ S^{-1}$ ist. Folglich ist $(S \circ R)^{-1} \subseteq R^{-1} \circ S^{-1}$. Analog zeigt man $R^{-1} \circ S^{-1} \subseteq (S \circ R)^{-1}$, sodass wegen der Anti-symmetrie der Inklusion die Gleichheit der beiden Mengen gezeigt ist.   ∎

| **Satz 2.2:** | $(R \cap S)^{-1} = R^{-1} \cap S^{-1},$ | $(R \cup S)^{-1} = R^{-1} \cup S^{-1},$ |
|---|---|---|
| | $(R \Delta S)^{-1} = R^{-1} \Delta S^{-1},$ | $(R \setminus S)^{-1} = R^{-1} \setminus S^{-1},$ |
| | $R \circ (S \circ T) = (R \circ S) \circ T,$ | |
| | $R \circ (S \cup T) = (R \circ S) \cup (R \circ T),$ | $(S \cup T) \circ R = (S \circ R) \cup (T \circ R),$ |
| | $R \circ (S \cap T) \subseteq (R \circ S) \cap (R \circ T),$ | $(S \cap T) \circ R \subseteq (S \circ R) \cap (T \circ R),$ |
| | $(R \circ S) \setminus (R \circ T) \subseteq R \circ (S \setminus T),$ | $(S \circ R) \setminus (T \circ R) \subseteq (S \setminus T) \circ R.$ |

**Beweis:** Stellvertretend beweisen wir die Eigenschaft $(R \cup S)^{-1} = R^{-1} \cup S^{-1}$:
Für beliebiges $(x, y) \in M \times M$ ist $(x, y) \in (R \cup S)^{-1} \Leftrightarrow (y, x) \in R \cup S \Leftrightarrow$
$(y, x) \in R \vee (y, x) \in S \Leftrightarrow (x, y) \in R^{-1} \vee (x, y) \in S^{-1} \Leftrightarrow (x, y) \in R^{-1} \cup S^{-1}$.   ∎

---

[1]  Auch *Hintereinanderausführung* oder *-schaltung*.

[2]  Vielfach wird in dieser Definition $S \circ R$ durch $R \circ S$ ersetzt. Mit Blick auf die Funktionen (s. Kap. 3, S. 92ff.) sollte man dann aber anstelle von $f(x)$ besser $x^f$ schreiben, also anstatt der Präfix-Notation die Postfix-Notation verwenden. Sind $f$ und $g$ Funktionen, ist deren Nacheinanderausführung durch $(g \circ f)(x) := g(f(x))$ definiert. Im Falle der umgekehrten Reihenfolge ergäbe sich dann $(f \circ g)(x) := g(f(x))$, sodass anstelle von $(f \circ g)(x)$ besser $x^{f \circ g} = (x^f)^g$ geschrieben werden sollte.

**Übung 2.5:** Beweisen Sie die restlichen Eigenschaften aus Satz 2.2!

**Beispiel 2.12:** Für eine Relation $R$ in einer Menge $M$ muss $R \circ R^{-1}$ (bzw. $R^{-1} \circ R$) nicht notwendig mit der identischen Relation $id_M$ zusammenfallen:

In $M = \{1, 2, 3\}$ sei $R = \{(1, 2), (2, 3), (3, 3)\}$. Mit $R^{-1} = \{(2, 1), (3, 2), (3, 3)\}$ ist

$R \circ R^{-1} = \{(2, 2), (3, 3)\} \neq id_M$ und $R^{-1} \circ R = \{(1, 1), (2, 2), (3, 3), (2, 3), (3, 2)\} \neq id_M$.

**Beispiel 2.13:** In $M = \{3, 7, 9\}$ sind zwei Relationen $R := \{(x, y) \mid x, y \in M \wedge x < y\}$ und $S := \{(x, y) \mid x, y \in M \wedge x \mid y\}$ gegeben, d. h., es ist $R = \{(3, 7), (3, 9), (7, 9)\}$ einerseits und $S = \{(3, 3), (3, 9), (7, 7), (9, 9)\}$ andererseits. Wir bilden die folgenden Relationen:
$M \times M, id_M, R^{-1}, S^{-1}, \complement R, \complement S, R \cap S, (R \cap S)^{-1}, R \cup S, (R \cup S)^{-1}, R \Delta S, (R \Delta S)^{-1},$
$R \setminus S, (R \setminus S)^{-1}, S \setminus R, (S \setminus R)^{-1}, S \circ R, (S \circ R)^{-1}, R \circ S, (R \circ S)^{-1}, R^{-1} \circ S^{-1}, S^{-1} \circ R^{-1},$
$R^{-1} \circ R, R \circ R^{-1}, S^{-1} \circ S, S \circ S^{-1}, (\complement R)^{-1}, \complement(R^{-1}), (\complement S)^{-1}, \complement(S^{-1})$.

$M \times M = \{(3, 3), (3, 7), (3, 9), (7, 3), (7, 7), (7, 9), (9, 3), (9, 7), (9, 9)\}$,
$id_M = \{(3, 3), (7, 7), (9, 9)\}$,
$R^{-1} = \{(7, 3), (9, 3), (9, 7)\}$,   $S^{-1} = \{(3, 3), (7, 7), (9, 3), (9, 9)\}$,
$\complement R = \{(3, 3), (7, 3), (7, 7), (9, 3), (9, 7), (9, 9)\}, \complement S = \{(3, 7), (7, 3), (7, 9), (9, 3), (9, 7)\}$,
$R \cap S = S \cap R = \{(3, 9)\}$,   $(R \cap S)^{-1} = R^{-1} \cap S^{-1} = \{(9, 3)\}$,
$R \cup S = S \cup R = \{(3, 3), (3, 7), (3, 9), (7, 7), (7, 9), (9, 9)\}$,
$(R \cup S)^{-1} = R^{-1} \cup S^{-1} = \{(3, 3), (7, 3), (7, 7), (9, 3), (9, 7), (9, 9)\}$,
$R \Delta S = S \Delta R = \{(3, 3), (3, 7), (7, 7), (7, 9), (9, 9)\}$,
$(R \Delta S)^{-1} = R^{-1} \Delta S^{-1} = \{(3, 3), (7, 3), (7, 7), (9, 7), (9, 9)\}$,
$R \setminus S = \{(3, 7), (7, 9)\}$,   $(R \setminus S)^{-1} = R^{-1} \setminus S^{-1} = \{(7, 3), (9, 7)\}$,
$S \setminus R = (S \setminus R)^{-1} = S^{-1} \setminus R^{-1} = \{(3, 3), (7, 7), (9, 9)\}$,
$S \circ R = R \circ S = \{(3, 7), (3, 9), (7, 9)\}$,
$(S \circ R)^{-1} = (R \circ S)^{-1} = R^{-1} \circ S^{-1} = S^{-1} \circ R^{-1} = \{(7, 3), (9, 3), (9, 7)\}$,
$R^{-1} \circ R = \{(3, 3), (3, 7), (7, 3), (7, 7)\}$,   $R \circ R^{-1} = \{(7, 7), (7, 9), (9, 7), (9, 9)\}$,
$S^{-1} \circ S = S \circ S^{-1} = \{(3, 3), (3, 9), (7, 7), (9, 3), (9, 9)\}$,
$(\complement R)^{-1} = \complement(R^{-1}) = \{(3, 3), (3, 7), (3, 9), (7, 7), (7, 9), (9, 9)\}$,
$(\complement S)^{-1} = \complement(S^{-1}) = \{(3, 7), (3, 9), (7, 3), (7, 9), (9, 7)\}$.

**Übung 2.6:** Ermitteln Sie für die Relationen $R$ und $S$, die in der Menge $M = \{1, 2, 3, 4, 5, 6\}$ vermöge $x \, R \, y : \Leftrightarrow x \mid y$ und $x \, S \, y : \Leftrightarrow y \mid x$ gegeben sind, $R \cap S, R \cup S, S \circ R, R \circ S, R^{-1}, S^{-1}, \complement R, \complement S$!

*Bemerkung:* Neben den hier vorrangig betrachteten 2-stelligen Relationen in einer Menge $M$ erhalten wir für $n = 1$ die 1-stelligen Relationen (Eigenschaften); das sind dann Teilmengen von $M$. Als 0-stellige Relationen fassen wir die Elemente von $M$ selbst auf.

Jede 2-stellige Operation $\circ$ in einer Menge $M$ ist dagegen ihrerseits eine 3-stellige Relation in $M$:

- $\circ = \{(a, b, c) \mid a, b, c \in M \text{ und } a \circ b = c\} \subseteq M^3$.

## 2.2.2 Relationsgraphen und Pfeildiagramme

Ist $R$ eine Relation in einer Teilmenge von $\mathbf{R}$ oder in einer endlichen Menge $M$, so lässt sich diese Relation in der Weise veranschaulichen, wie wir das schon im Falle kartesischer Produkte kennen gelernt haben (Beispiele 1.43 und 1.44, S. 33). Dazu fassen wir die Komponenten $a$ und $b$ des geordneten Paares $(a, b)$, das zu $R$ gehört, als $x$- bzw. $y$-Koordinate des Punktes $P(a, b)$ im kartesischen Koordinatensystem auf. Im Ergebnis erhalten wir den **Relationsgraphen**[1] (oder den **Graphen**) von $R$.

**Beispiel 2.14:** $M = \{0, 1, 2, 3, 4, 5, 6\}$ und $R := \{(x, y) \mid x, y \in M \wedge x \mid y\}$.

Dieser Relationsgraph (s. Bild 2.1) entspricht im Wesentlichen der Darstellung mithilfe einer **(0,1)-Matrix**[2]. Gehört das Paar $(x, y)$ zu $R$, wird in das entsprechende *Feld* eine Eins, anderenfalls eine Null gesetzt:

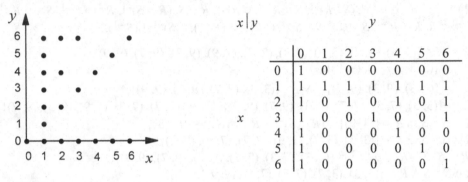

| $x \mid y$ | 0 | 1 | 2 | 3 | 4 | 5 | 6 |
|---|---|---|---|---|---|---|---|
| 0 | 1 | 0 | 0 | 0 | 0 | 0 | 0 |
| 1 | 1 | 1 | 1 | 1 | 1 | 1 | 1 |
| 2 | 1 | 0 | 1 | 0 | 1 | 0 | 1 |
| 3 | 1 | 0 | 0 | 1 | 0 | 0 | 1 |
| 4 | 1 | 0 | 0 | 0 | 1 | 0 | 0 |
| 5 | 1 | 0 | 0 | 0 | 0 | 1 | 0 |
| 6 | 1 | 0 | 0 | 0 | 0 | 0 | 1 |

Bild 2.1

Eine weitere Möglichkeit, speziell endliche Relationen auch zwischen verschiedenen Mengen $A$ und $B$ zu veranschaulichen, bieten die *Pfeildiagramme*[3]:
Die Elemente aus $A$ und $B$ werden als Punkte dargestellt. Steht ein Element $x$ aus $A$ in Relation zu einem Element $y$ aus $B$, so werden die zugehörigen Punkte $X$ und $Y$ durch einen Pfeil, der von $X$ nach $Y$ zeigt, miteinander verbunden.
Ist $A = B$, so lassen wir im Falle einer *Schleife* (oder eines *Ringpfeils*), das ist ein Pfeil, dessen *Anfangspunkt* mit seinem *Endpunkt* zusammenfällt, die Pfeilspitze weg. Üblicherweise bezeichnet man die Punkte (statt mit $X$, $Y$, ... ) gleich mit den Elementen $x, y, ...$ der Mengen $A$ und $B$ selbst.
Die Menge aller Pfeile (samt Punkten) ist das **Pfeildiagramm**, das die Relation $R$ darstellt.
Jedes Pfeildiagramm enthält also genau so viele Pfeile, wie die zugehörige Relation $R$ Elemente besitzt.

---

[1]　gráphein (griech.) = (ein-)ritzen, zeichnen, schreiben.
[2]　matrix (spätlat.) = öffentliches Verzeichnis, Stammrolle.
[3]　Die bereits benutzten Hasse-Diagramme sind Pfeildiagramme, in denen man die Pfeilspitzen weglässt. Wegen der Transitivität der Inklusion kann man darüber hinaus eine Reihe von Pfeilen (die so genannten Überbrückungspfeile) einsparen. Des Weiteren verzichtet man auf Schleifen (Pfeile, deren Anfangs- und Endpunkte zusammenfallen), da wegen der Reflexivität der Inklusion jeder Punkt eine Schleife besitzt.

Ist $R$ eine zweistellige Relation zwischen zwei
endlichen Mengen
$A = \{a_1, a_2, a_3, a_4, a_5\}$ und
$B = \{b_1, b_2, b_3, b_4, b_5, b_6, b_7\}$ mit
$R = \{(a_1, b_1), (a_1, b_2), (a_2, b_3), (a_3, b_3), (a_5, b_6)\}$,
$D(R) = \{a_1, a_2, a_3, a_5\}$, $W(R) = \{b_1, b_2, b_3, b_6\}$,
so hat das zugehörige Pfeildiagramm
nebenstehendes Aussehen (s. Bild 2.2).

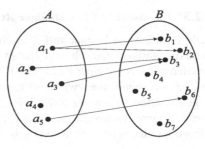

Bild 2.2

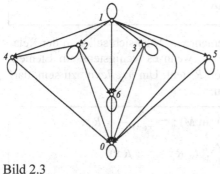

Bild 2.3

**Beispiel 2.15:** Wir kehren zu zweistelligen
Relationen in einer Menge $M (= A = B)$ zurück
und geben das Pfeildiagramm der Relation
$R := \{(x, y) \mid x, y \in M \wedge x \mid y\}$ in der Menge
$M = \{0, 1, 2, 3, 4, 5, 6\}$ aus Beispiel 2.14 an
(s. Bild 2.3).

**Übung 2.7:** Wie gewinnt man das Pfeildiagramm a) der inversen Relation $R^{-1}$, b) der
Komplementärrelation $CR$ einer Relation $R$?
(Vorausgesetzt das Pfeildiagramm von $R$ liege
bereits vor.)

**Beispiel 2.16:** Wir geben neben den Relationsgraphen der Relationen $R$ und $S$, die in der
Menge $M = \{1, 2, 3, 4, 5, 6\}$ vermöge $x\,R\,y :\Leftrightarrow x \mid y$ und $x\,S\,y :\Leftrightarrow y \mid x$ gegeben sind,
auch die Relationsgraphen von $R \cap S$, $R \cup S$, $S \circ R$, $R \circ S$, $R^{-1}$, $S^{-1}$, $CR$ und $CS$ an:

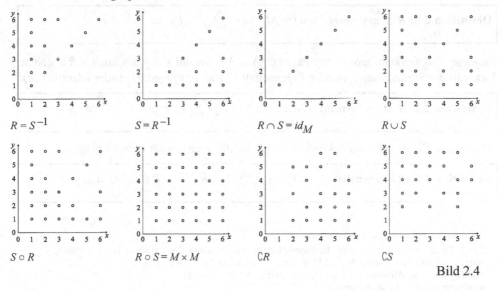

Bild 2.4

### 2.2.3   Eigenschaften zweistelliger Relationen

Jede Relation hat bestimmte Eigenschaften. So wissen wir bereits, dass die Inklusion reflexiv, antisymmetrisch und transitiv ist (Sätze 1.1 bis 1.3, S. 24). Im Folgenden werden wir uns mit einer Reihe von Eigenschaften zweistelliger Relationen beschäftigen und Zusammenhänge zwischen ihnen aufdecken. Diese Zusammenhänge zwischen Eigenschaften stellen wir abschließend in einem „Abhängigkeits"-Graphen dar. Einige dieser Eigenschaften haben in der Literatur unterschiedliche Namen; und zu allem Überfluss gibt es auch noch wechselseitige Vertauschungen in den Bezeichnungen.

Es seien $M$ eine nichtleere Menge und $R$ eine (2-*stellige*) *Relation in M*.

**Definition 2.3:** $R$ ist **reflexiv** (in $M$) [1] $: \Leftrightarrow \bigwedge_{x \in M} x \, R \, x$.

In einer reflexiven Relation $R$ steht also jedes Element $x \in M$ zu sich selbst in der Relation $R$. Eine Relation $R$ ist demnach *nicht* reflexiv, wenn es wenigstens ein Element $x \in M$ gibt, das *nicht* zu sich selbst in der Relation $R$ steht. Um *irreflexiv*[2] zu sein, darf *kein* $x \in M$ zu sich selbst in der Relation $R$ stehen:

**Definition 2.4:** $R$ ist **irreflexiv** (oder *antireflexiv*) (in $M$) $: \Leftrightarrow \bigwedge_{x \in M} \neg \; x \, R \, x$.

**Definition 2.5:** $R$ ist **symmetrisch** (in $M$) $: \Leftrightarrow \bigwedge_{x, y \in M} (x \, R \, y \Rightarrow y \, R \, x)$.

$R$ ist *nicht* symmetrisch, wenn wenigstens ein Element $x \in M$ in Relation zu einem Element $y \in M$ steht, dieses $y$ aber seinerseits nicht in Relation zu $x$ steht. Gilt mit $x \, R \, y$ aber in keinem Falle $y \, R \, x$, so sprechen wir von einer *asymmetrischen*[3] Relation:

**Definition 2.6:** $R$ ist **asymmetrisch** (in $M$) $: \Leftrightarrow \bigwedge_{x, y \in M} (x \, R \, y \Rightarrow \neg \, y \, R \, x)$.

Es kann also für kein geordnetes Paar $(x, y) \in M^2$ sowohl $x \, R \, y$ als auch $y \, R \, x$ gelten. Eine mit der Symmetrie verwandte Eigenschaft ist die *Antisymmetrie* (oder *Identitivität*):

**Definition 2.7:** $R$ ist **antisymmetrisch** (in $M$) $: \Leftrightarrow \bigwedge_{x, y \in M} (x \, R \, y \wedge y \, R \, x \Rightarrow x = y)$.

Als weitere Eigenschaft der Inklusion haben wir die Transitivität kennen gelernt:

**Definition 2.8:** $R$ ist **transitiv** (in $M$) $: \Leftrightarrow \bigwedge_{x, y, z \in M} (x \, R \, y \wedge y \, R \, z \Rightarrow x \, R \, z)$.

---

[1]  Dieser Zusatz ist notwendig, weil die Eigenschaften einer Relation $R$ nicht allein von der Paarmenge abhängen, sondern auch von der Menge $M$, in der $R$ definiert ist (vgl. Beispiel 2.18).
[2]  Nicht reflexiv; der Allquantor (*Für alle ...*) rechtfertigt die Vorsilbe „Ir-".
[3]  asýmmetros (griech.) = ohne Ebenmaß.

**Beispiel 2.17:** Zur Veranschaulichung zweistelliger Relationen haben wir Relationsgraphen und Pfeildiagramme kennen gelernt. Beide Werkzeuge bieten sich natürlich an, will man ausgewählte Eigenschaften dieser Relationen untersuchen. Deshalb gehen wir zunächst der Frage nach, wie sich diese Eigenschaften jeweils widerspiegeln. Dabei werden wir feststellen, dass sich die Vor- und Nachteile der beiden Varianten im Großen und Ganzen ausgleichen.

| Eigenschaft von $R$ in $M$ | Relationsgraph | Pfeildiagramm |
|---|---|---|
| reflexiv | Die HD[4] ist voll besetzt. | Jeder Punkt besitzt eine Schleife. |
| irreflexiv | Kein Feld der HD ist besetzt. | Kein Punkt besitzt eine Schleife. |
| symmetrisch | Alle besetzten Felder sind in Bezug auf die HD symmetrisch angeordnet. | Jeder Pfeil besitzt einen „Gegenpfeil"; beide zusammen bilden einen „Doppelpfeil". |
| asymmetrisch | Es gibt keine symmetrisch zur HD besetzten Felder. | Zu keinem Pfeil gibt es einen „Gegenpfeil"; es gibt also auch keine Schleife. |
| antisymmetrisch | Wenn es symmetrisch zur HD liegende Felder gibt, so sind es Felder der HD. | Zu keinem Pfeil zwischen zwei verschiedenen Punkten tritt ein „Gegenpfeil" auf. |
| transitiv | *Rechteckregel*: (s. Bild 2.5) In jedem Rechteck (dessen Seiten parallel zu den Achsen liegen), von dem ein Eckpunkt auf der HD liegt und die dazu benachbarten Eckpunkte zu $R$ gehören, gehört auch der 4. Eckpunkt zu $R$. | Zu jeder Pfeilkette aus zwei Pfeilen gibt es einen „Überbrückungspfeil". |

**Beispiel 2.18:** Die Relationen $R_1$ und $R_2$ mit
$R_1 = \{(0, 0), (1, 1), (2, 2)\}$ und
$R_2 = \{(0, 0), (1, 1), (2, 2)\}$
sind als (Paar-)Mengen identisch.
Während in der Menge $M_1 = \{0, 1, 2\}$ die Relation $R_1$ reflexiv ist, ist die Relation $R_2$ in der Menge $M_2 = \{0, 1, 2, 3\}$ nicht reflexiv. Aus diesem Grunde wird eine Relation $R$ in $M$ oft als geordnetes Paar $(M, R)$ angegeben.

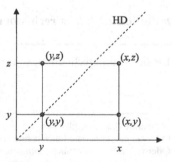

Bild 2.5

---

[4]   HD = von links unten nach rechts oben verlaufende Hauptdiagonale.

Der Transitivität sehr ähnlich ist die *Komparativität*[1] oder *Dritten„gleichheit"* :

---

**Definition 2.9:** $R$ ist **linkskomparativ** (in $M$) $: \Leftrightarrow \bigwedge_{x,\,y,\,z\in M} (x\,R\,y \wedge x\,R\,z \Rightarrow y\,R\,z)$.

**Definition 2.10:** $R$ ist **rechtskomparativ** (in $M$) $: \Leftrightarrow \bigwedge_{x,\,y,\,z\in M} (x\,R\,z \wedge y\,R\,z \Rightarrow x\,R\,y)$.

---

Ist $R$ links- und rechtskomparativ, so heißt $R$ **komparativ** (in $M$). Im Zusammenhang mit *Ordnungsrelationen* sind insbesondere noch die folgenden Eigenschaften wichtig:

---

**Definition 2.11:** $R$ ist **linear**[2] (in $M$) $: \Leftrightarrow \bigwedge_{x,\,y\in M} (x\,R\,y \vee y\,R\,x)$.

---

Mit anderen Worten, wenn $x$ nicht in Relation zu $y$ steht, so muss $y$ seinerseits in Relation zu $x$ stehen. Zwei beliebige Elemente $x$ und $y$ sind also stets durch $R$ *vergleichbar*.

---

**Definition 2.12:** $R$ ist **konnex**[3] (in $M$) $: \Leftrightarrow \bigwedge_{x,\,y\in M} (x\,R\,y \vee x = y \vee y\,R\,x)$.

**Definition 2.13:** $R$ ist **trichotom**[4] (in $M$) $: \Leftrightarrow \bigwedge_{x,\,y\in M} (x\,R\,y \veebar x = y \veebar y\,R\,x)$.

---

Will man einen Zusammenhang zwischen Relationen und Funktionen (s. Kap. 3.2, S. 96) herstellen, so sind vor allem noch folgende Eigenschaften von Interesse:

---

**Definition 2.14:** $R$ ist **linkseindeutig**[5] (in $M$) $: \Leftrightarrow \bigwedge_{x,\,y,\,z\in M} (x\,R\,y \wedge z\,R\,y \Rightarrow x = z)$.

**Definition 2.15:** $R$ ist **rechtseindeutig**[6] (in $M$) $: \Leftrightarrow \bigwedge_{x,\,y,\,z\in M} (x\,R\,y \wedge x\,R\,z \Rightarrow y = z)$.

---

Ist $R$ links- und rechtseindeutig, so heißt $R$ **eineindeutig**[7] (in $M$).

---

**Definition 2.16:** $R$ ist **linkstotal**[8] (in $M$) $: \Leftrightarrow \bigwedge_{x\in M} \bigvee_{y\in M} x\,R\,y$.

**Definition 2.17:** $R$ ist **rechtstotal** (in $M$) $: \Leftrightarrow \bigwedge_{y\in M} \bigvee_{x\in M} x\,R\,y$.

---

Ist $R$ links- und rechtstotal, so heißt $R$ **bitotal** (in $M$).

---

[1]  comparare (lat.) = vergleichen.
[2]  Oder *konnex*; conectere [auch connectere] (lat.) = verbinden.
[3]  Oder *vollständig*; oder auch *semikonnex*; semi (lat.) = halb.
[4]  trichotomia (spätgriech.) = Dreiteilung.
[5]  Oder *voreindeutig*.
[6]  Oder *nacheindeutig* oder *eindeutig*.
[7]  Oder *eindeutig umkehrbar* oder *injektiv*; iniectivus (lat.) = das Hineinwerfen betreffend.
[8]  totalis (mittellat.) = gänzlich.

**Beispiel 2.19:** In Fortsetzung von Beispiel 2.17, S. 63, geben wir an, wie sich die links angegebenen Eigenschaften in den Relationsgraphen und Pfeildiagrammen widerspiegeln. Die Komparativität lassen wir dabei wegen der großen Ähnlichkeit zur Transitivität aus.

| Eigenschaft von $R$ in $M$ | Relationsgraph | Pfeildiagramm |
|---|---|---|
| linear | Von zur HD symmetrisch liegenden Feldern ist mindestens ein Feld besetzt; folglich ist die gesamte HD besetzt. | Zwischen zwei Punkten gibt es wenigstens einen Pfeil (auch wenn beide Punkte zusammenfallen). |
| konnex | Von zwei verschiedenen Feldern, die zur HD symmetrisch liegen, ist wenigstens eines besetzt. Die Besetzung der HD ist nicht gesichert. | Zwischen zwei verschiedenen Punkten gibt es wenigstens einen Pfeil; die Existenz von Schleifen ist nicht gesichert. |
| trichotom | Von zwei verschiedenen Feldern, die zur HD symmetrisch liegen, ist genau eines besetzt; die HD ist leer. | Zwischen zwei verschiedenen Punkten gibt es genau einen Pfeil; es gibt keine Schleifen. |
| linkseindeutig | In jeder (waagerechten) Zeile ist höchstens ein Feld besetzt. | In jedem Punkt darf höchstens ein Pfeil enden. |
| rechtseindeutig | In jeder (senkrechten) Spalte ist höchstens ein Feld besetzt. | Von jedem Punkt darf höchstens ein Pfeil ausgehen. |
| linkstotal | In jeder Spalte ist mindestens ein Feld besetzt. | Von jedem Punkt geht mindestens ein Pfeil aus. |
| rechtstotal | In jeder Zeile ist mindestens ein Feld besetzt. | In jedem Punkt endet mindestens ein Pfeil. |

**Übung 2.8:** Wie spiegeln sich Links- und Rechtskomparativität einer Relation $R$ (in $M$) im zugehörigen a) Relationsgraphen und b) im zugehörigen Pfeildiagramm wider?

**Beispiel 2.20:** Die Relation $R$ mit $x\,R\,y : \Leftrightarrow x = y^2$ ist in **N** weder reflexiv noch irreflexiv, denn nur die Null und die Eins stehen zu sich selbst in dieser Relation, andere Zahlen nicht.

**Übung 2.9:** Eine Relation $R$ in einer Menge $M$ besitze für alle $x, y \in M$ die Eigenschaft: Wenn $x$ und $y$ voneinander verschieden sind, so steht $x$ in Relation zu $y$ oder $y$ in Relation zu $x$. Wie spiegelt sich diese Eigenschaft im zugehörigen Relationsgraphen und im zugehörigen Pfeildiagramm wider?

*Bemerkung: Eineindeutig, eindeutig umkehrbar* oder *injektiv* sind synonyme Begriffe. Die mitunter anzutreffende Bezeichnung „umkehrbar eindeutig" ist sprachlich ungenau und sollte deshalb nicht benutzt werden.

**Satz 2.3:** Es sei $R$ eine zweistellige Relation in einer Menge $M$. Dann sind die folgenden Beziehungen erfüllt ( $id_M := \{(x, x) \mid x \in M\}$ ):

| | | |
|---|---|---|
| $R$ ist reflexiv (in $M$)[1] | $\Leftrightarrow$ | $id_M \subseteq R$, |
| $R$ ist irreflexiv | $\Leftrightarrow$ | $R \cap id_M = \varnothing$, |
| $R$ ist symmetrisch | $\Leftrightarrow$ | $R \subseteq R^{-1} \Leftrightarrow R = R^{-1}$, |
| $R$ ist asymmetrisch | $\Leftrightarrow$ | $R \cap R^{-1} = \varnothing$, |
| $R$ ist antisymmetrisch | $\Leftrightarrow$ | $R \cap R^{-1} \subseteq id_M$, |
| $R$ ist transitiv | $\Leftrightarrow$ | $R \circ R \subseteq R$, |
| $R$ ist linkskomparativ | $\Leftrightarrow$ | $R \circ R^{-1} \subseteq R$, |
| $R$ ist rechtskomparativ | $\Leftrightarrow$ | $R^{-1} \circ R \subseteq R$, |
| $R$ ist komparativ | $\Leftrightarrow$ | $R \circ R^{-1} \subseteq R \wedge R^{-1} \circ R \subseteq R$, |
| $R$ ist linear | $\Leftrightarrow$ | $R \cup R^{-1} = M \times M$, |
| $R$ ist konnex | $\Leftrightarrow$ | $R \cup R^{-1} \cup id_M = M \times M$, |
| $R$ ist linkseindeutig | $\Leftrightarrow$ | $R^{-1} \circ R \subseteq id_M$, |
| $R$ ist rechtseindeutig | $\Leftrightarrow$ | $R \circ R^{-1} \subseteq id_M$, |
| $R$ ist eineindeutig | $\Leftrightarrow$ | $R^{-1} \circ R \subseteq id_M \wedge R \circ R^{-1} \subseteq id_M$, |
| $R$ ist linkstotal | $\Leftrightarrow$ | $D(R) = M$, |
| $R$ ist rechtstotal | $\Leftrightarrow$ | $W(R) = M$, |
| $R$ ist bitotal | $\Leftrightarrow$ | $D(R) = W(R) = M$. |

**Beweis:** Stellvertretend beweisen wir die folgenden Eigenschaften von $R$:

– $R$ ist irreflexiv in $M \Leftrightarrow R \cap id_M = \varnothing$ :

($\Rightarrow$) Da $R$ nach Voraussetzung kein Paar $(x, x)$ mit $x \in M$ enthält, sind $R$ und $id_M$ disjunkt; ($\Leftarrow$) wegen $R \cap id_M = \varnothing$ steht kein Element $x$ zu sich selbst in Relation.   ∎

– $R$ ist symmetrisch in $M \Leftrightarrow R \subseteq R^{-1} \Leftrightarrow R = R^{-1}$ :

Für alle $x, y \in M$ gilt: $(x \, R \, y \Leftrightarrow y \, R \, x) \Leftrightarrow (x \, R \, y \Leftrightarrow x \, R^{-1} y) \Leftrightarrow R = R^{-1}$.   ∎

– $R$ ist antisymmetrisch in $M \Leftrightarrow R \cap R^{-1} \subseteq id_M$ :

Für alle $x, y \in M$ gilt: $(x \, R \, y \wedge y \, R \, x \Rightarrow x = y) \Leftrightarrow (x \, R \, y \wedge x \, R^{-1} y \Rightarrow x = y) \Leftrightarrow$
$(x \, R \cap R^{-1} y \Rightarrow x = y) \Leftrightarrow R \cap R^{-1} \subseteq id_M$.   ∎

– $R$ ist linkseindeutig in $M \Leftrightarrow R^{-1} \circ R \subseteq id_M$ :

($\Rightarrow$) Es sei $x \, R^{-1} \circ R \, z$, d. h., es existiert ein $y \in M$ mit $x \, R \, y$ und $y \, R^{-1} z$. Folglich ist auch $z \, R \, y$. Nach Voraussetzung ist $x = z$, also $(x, z) = (x, x) \subseteq id_M$, d. h., $R^{-1} \circ R \subseteq id_M$.

($\Leftarrow$) Umgekehrt gelte $R^{-1} \circ R \subseteq id_M$, und es seien $x \, R \, y$ und $y \, R^{-1} z$ mit $x, y, z \in M$. Dann liefert die Nacheinanderausführung $x \, R^{-1} \circ R \, z$. Wegen $R^{-1} \circ R \subseteq id_M$ muss dann $x = z$ sein.   ∎

---

[1]  Siehe Fußnote 1 auf Seite 62.

**Beispiel 2.21:** Wir stellen einige wichtige zweistellige Relationen samt Eigenschaften in der folgenden Übersicht zusammen.

$x\,R_1\,y : \Leftrightarrow x < y$ in $\mathbf{N}$;         $x\,R_2\,y : \Leftrightarrow x \le y$ in $\mathbf{Z}$;         $x\,R_3\,y : \Leftrightarrow x\,|\,y$ in $\mathbf{N}$;

$x\,R_4\,y : \Leftrightarrow x\,TF\,y$ in $\mathbf{N}^*$, d. h., $x$ ist *teilerfremd* mit $y$ bzw. $ggT(x, y) = 1$;

$x\,R_5\,y : \Leftrightarrow x\,NF\,y$ in $\mathbf{N}$, d. h., $x$ ist *unmittelbarer Nachfolger* von $y$;

$x\,R_6\,y : \Leftrightarrow QS(x) = QS(y)$ in $\mathbf{N}$, d. h., $x$ hat dieselbe *Quersumme* wie $y$;

$x\,R_7\,y : \Leftrightarrow x \equiv_m y$ in $\mathbf{Z}$, d. h., $x$ hat denselben *Rest* wie $y$ bei Division durch $m$; $m \in \mathbf{N}^*$;

$x\,R_8\,y : \Leftrightarrow x =_Q y$ in $\mathbf{N} \times \mathbf{N}^*$, d. h., $x = (a, b) =_Q (c, d) = y : \Leftrightarrow a \cdot d = b \cdot c$, d. h.,

$\qquad\qquad$ $x$ ist *quotientengleich* zu $y$;

$X\,R_9\,Y : \Leftrightarrow X \subseteq Y$ in $\mathfrak{P}(M)$;         $X\,R_{10}\,Y : \Leftrightarrow X = \complement_{\mathfrak{P}(M)} Y$ in $\mathfrak{P}(M)$;

$x\,R_{11}\,y : \Leftrightarrow x \parallel y$, d. h., $x$ ist *parallel* zu $y$ in der Menge $G$ aller Geraden einer Ebene;

$x\,R_{12}\,y : \Leftrightarrow x \perp y$ in $G$, d. h., $x$ ist *senkrecht* zu $y$ in der Menge $G$;

$x\,R_{13}\,y : \Leftrightarrow x \cong y$, d. h., $x$ ist *kongruent* zu $y$ in der Menge $F$ aller geometrischen Figuren.

| Menge $M$ | $\mathbf{N}$ | $\mathbf{Z}$ | $\mathbf{N}$ | $\mathbf{N}^*$ | $\mathbf{N}$ | $\mathbf{N}$ | $\mathbf{Z}$ | $\mathbf{N} \times \mathbf{N}^*$ | $\mathfrak{P}(M)$ | $\mathfrak{P}(M)$ | $G$ | $G$ | $F$ |
|---|---|---|---|---|---|---|---|---|---|---|---|---|---|
| Relation $R$ | $R_1$ | $R_2$ | $R_3$ | $R_4$ | $R_5$ | $R_6$ | $R_7$ | $R_8$ | $R_9$ | $R_{10}$ | $R_{11}$ | $R_{12}$ | $R_{13}$ |
| Zeichen für $R$ | $<$ | $\le$ | $\|$ | $TF$ | $NF$ | $QS$ | $\equiv_m$ | $=_Q$ | $\subseteq$ | $\complement$ | $\parallel$ | $\perp$ | $\cong$ |
| reflexiv | 0 | 1 | 1 | 0 | 0 | 1 | 1 | 1 | 1 | 0 | 1 | 0 | 1 |
| irreflexiv | 1 | 0 | 0 | 0 | 1 | 0 | 0 | 0 | 0 | 1 | 0 | 1 | 0 |
| symmetrisch | 0 | 0 | 0 | 1 | 0 | 1 | 1 | 1 | 0 | 1 | 1 | 1 | 1 |
| asymmetrisch | 1 | 0 | 0 | 0 | 1 | 0 | 0 | 0 | 0 | 0 | 0 | 0 | 0 |
| antisymmetrisch | 1 | 1 | 1 | 0 | 1 | 0 | 0 | 0 | 1 | 0 | 0 | 0 | 0 |
| transitiv | 1 | 1 | 1 | 0 | 0 | 1 | 1 | 1 | 1 | 0 | 1 | 0 | 1 |
| linkskomparativ | 0 | 0 | 0 | 0 | 0 | 1 | 1 | 1 | 0 | 0 | 1 | 0 | 1 |
| rechtskomparativ | 0 | 0 | 0 | 0 | 0 | 1 | 1 | 1 | 0 | 0 | 1 | 0 | 1 |
| linear | 0 | 1 | 0 | 0 | 0 | 0 | 0 | 0 | 0 | 0 | 0 | 0 | 0 |
| konnex | 1 | 1 | 0 | 0 | 0 | 0 | 0 | 0 | 0 | 0 | 0 | 0 | 0 |
| trichotom | 1 | 0 | 0 | 0 | 0 | 0 | 0 | 0 | 0 | 0 | 0 | 0 | 0 |
| linkseindeutig | 0 | 0 | 0 | 0 | 1 | 0 | 0 | 0 | 0 | 1 | 0 | 0 | 0 |
| rechtseindeutig | 0 | 0 | 0 | 0 | 1 | 0 | 0 | 0 | 0 | 1 | 0 | 0 | 0 |
| linkstotal | 1 | 1 | 1 | 1 | 0 | 1 | 1 | 1 | 1 | 1 | 1 | 1 | 1 |
| rechtstotal | 0 | 1 | 1 | 1 | 1 | 1 | 1 | 1 | 1 | 1 | 1 | 1 | 1 |

### 2.2.4  Abhängigkeiten zwischen Eigenschaften zweistelliger Relationen

Relationen können gleichzeitig mehrere der zuvor definierten Eigenschaften besitzen. Allerdings können wir von einer Relation $R$ nicht willkürlich verlangen, dass sie diese oder jene Eigenschaft besitze. In einigen Fällen zieht eine Eigenschaft $E_1$ eine weitere Eigenschaft $E_2$ nach sich, in anderen Fällen lassen sich zwei Eigenschaften $E_1$ und $E_2$ nicht miteinander vereinbaren. Die im Folgenden skizzierten Abhängigkeiten zwischen einzelnen Eigenschaften einer Relation werfen damit in natürlicher Weise die Frage der gegenseitigen Ableitbarkeit bzw. Nichtableitbarkeit dieser Eigenschaften auf. Will man z. B. die Behauptung widerlegen, Reflexivität und Transitivität zögen die Antisymmetrie nach sich, so liefert die Parallelität von Geraden ein Gegenbeispiel. Damit ist die Behauptung vom Tisch! D. h., Nichtableitbarkeitsbeweise werden mithilfe des Modellbegriffes geführt. Neben der Frage nach den Abhängigkeiten, die zwischen den Eigenschaften e i n e r Relation $R$ bestehen, interessiert uns, ob und inwieweit diese Eigenschaften der Relation $R$ auf ihre inverse Relation $R^{-1}$ übertragen werden. Darüber hinaus stellt sich die Frage, ob die Nacheinanderausführung zweier Relationen bestimmte Eigenschaften der gegebenen Relationen konserviert.

---

**Satz 2.4:** Wenn $R$ eine Relation in $M$ ist, die reflexiv, irreflexiv, symmetrisch, asymmetrisch, antisymmetrisch, transitiv, komparativ, linear, konnex, trichotom, eineindeutig oder bitotal ist, so besitzt auch $R^{-1}$ diese Eigenschaft.

---

**Beweis:** Die Beweise ergeben sich unmittelbar anhand der Definition der jeweiligen Eigenschaft und der Definition der inversen Relation $R^{-1}$ von $R$. So gilt im Falle der *Transitivität* für alle $x, y, z$: Wenn $x\,R\,y$ und $y\,R\,z$, so $x\,R\,z$, d. h., wenn $y\,R^{-1}\,x$ und $z\,R^{-1}\,y$, so $z\,R^{-1}\,x$. Nach Vertauschen erhalten wir dann: wenn $z\,R^{-1}\,y$ und $y\,R^{-1}\,x$, so $z\,R^{-1}\,x$.  ∎

*Bemerkung*: Wenn $R$ linkskomparativ (rechtskomparativ, linkseindeutig, rechtseindeutig, linkstotal, rechtstotal) ist, so ist $R^{-1}$ rechtskomparativ (linkskomparativ, rechtseindeutig, linkseindeutig, rechtstotal, linkstotal).

Es seien $M$ eine nichtleere Menge und $R, S, T$ (2-*stellige*) *Relationen in M*.

---

**Satz 2.5:** Wenn $R$ und $S$ reflexiv sind, so ist auch $S \circ R$ reflexiv.

---

**Beweis:** Mit $x\,R\,x \wedge x\,S\,x$ gilt auch $x\,S \circ R\,x$ für alle $\in M$.  ∎

---

**Satz 2.6:** Wenn $R$ und $S$ linkseindeutig (rechtseindeutig) sind, so ist auch $S \circ R$ linkseindeutig (rechtseindeutig).

---

**Beweis:** Es sei $x\,S \circ R\,z \wedge y\,S \circ R\,z \Rightarrow \bigvee_{u \in M}(x\,R\,u \wedge u\,S\,z) \wedge \bigvee_{v \in M}(y\,R\,v \wedge v\,S\,z) \Rightarrow$

$\bigvee_{u \in M}\bigvee_{v \in M}(x\,R\,u \wedge y\,R\,v \wedge u\,S\,z \wedge v\,S\,z) \Rightarrow \bigvee_{u \in M}\bigvee_{v \in M}(x\,R\,u \wedge y\,R\,v \wedge u = v) \Rightarrow$

$\bigvee_{u \in M}(x\,R\,u \wedge y\,R\,u) \Rightarrow x = y$. Analog beweist man die Rechtseindeutigkeit.  ∎

**Übung 2.10:** Ermitteln Sie Eigenschaften der Relationen, die wie folgt definiert sind!

$x\,R_{14}\,y : \Leftrightarrow x > y$ in $\mathbf{Q}$;        $x\,R_{15}\,y : \Leftrightarrow x \geq y$ in $\mathbf{R}$;        $x\,R_{16}\,y : \Leftrightarrow x \neq y$ in $\mathbf{R}$;

$X\,R_{17}\,Y : \Leftrightarrow X \subset Y$ in $\mathfrak{P}(M)$;    $x\,R_{18}\,y : \Leftrightarrow x\,VF\,y$ in $\mathbf{N}$, d. h., $x$ ist ein *Vielfaches* von $y$;

$x\,R_{19}\,y : \Leftrightarrow x\,VG\,y$ in $\mathbf{N}$, d. h., $x$ ist *unmittelbarer Vorgänger* von $y$;

$x\,R_{20}\,y : \Leftrightarrow |x| = |y|$ in $\mathbf{Q}$;  $x\,R_{21}\,y : \Leftrightarrow x = y \vee x \cdot y = 1$ in $\mathbf{R}^*$;

$x\,R_{22}\,y : \Leftrightarrow x \approx y$ in $\mathbf{R}$, d. h.,        $x$ ist *näherungsweise gleich* $y$;

$x\,R_{23}\,y : \Leftrightarrow x =_{\mathrm{D}} y$ in $\mathbf{N} \times \mathbf{N}$, d. h., $x$ ist *differenzengleich* zu $y$:

$$x = (a, b) =_{\mathrm{D}} (c, d) = y : \Leftrightarrow a + d = b + c;$$

$x\,R_{24}\,y : \Leftrightarrow x \sim y$, d. h., $x$ ist *ähnlich* zu $y$ in der Menge $F$ aller geometrischen Figuren;

$x\,R_{25}\,y : \Leftrightarrow x\,KW\,y$, d. h., $x$ ist *Komplementwinkel* zu $y$ in der Menge $W$ aller Winkel (einer Ebene);

$x\,R_{26}\,y : \Leftrightarrow x\,Sp_g\,y$, d. h., $x$ ist *Spiegelpunkt* eines Punktes $y$ an einer festen Geraden $g$ in der Menge $P$ aller Punkte (einer Ebene).

**Beispiel 2.22:** In der Menge $\mathbf{N}$ der natürlichen Zahlen ist die Teilbarkeitsrelation antisymmetrisch; in der Menge $\mathbf{Z}$ der ganzen Zahlen dagegen nicht: $3 \,|\, (-3)$ und $(-3) \,|\, 3$, aber $3 \neq -3$.
Stattdessen gilt in der Menge $\mathbf{Z}$ der ganzen Zahlen:

- $\bigwedge_{x,y \in \mathbf{Z}} (x \,|\, y \wedge y \,|\, x \Rightarrow |x| = |y|)$.

**Übung 2.11:** Zeigen Sie, dass die Teilbarkeit $|$ in $\mathbf{N}$ antisymmetrisch ist!

Ist eine Relation $R$ symmetrisch und transitiv, so muss sie deshalb keineswegs auch reflexiv sein. Die Begründung: „Ist $(a, b)$ ein Paar der Relation, so wegen der Symmetrie auch $(b, a)$, also wegen der Transitivität auch $(a, a)$" lässt sich durch ein Gegenbeispiel sofort widerlegen. In der Menge $M = \{1, 2\}$ ist die Relation $R = \{(1, 1)\}$ symmetrisch und transitiv, aber nicht reflexiv. Zwar steht 1 in Relation zu sich selbst, nicht aber 2.

Der Trugschluss entsteht dadurch, dass angenommen wird, es gäbe für das (beliebig gewählte) Element $a$ mindestens ein Element $b$ mit $a\,R\,b$. Das muss jedoch gar nicht der Fall sein. D. h., $\bigwedge_{x,\,y \in M} (x\,R\,y \Rightarrow y\,R\,x)$ wird verstanden als $\bigwedge_{x \in M} \bigvee_{y \in M} (x\,R\,y \wedge y\,R\,x)$.

Anders gesagt: Die obige Argumentation beweist nur, dass $(a, a) \in R$ für alle $a$ gilt, zu denen ein $b$ existiert mit $(a, b) \in R$. Reflexivität erfordert aber $(a, a) \in R$ für alle $a \in M$.

Außer der leeren Relation existiert keine Relation, die zugleich symmetrisch, transitiv und irreflexiv ist, denn aus $x\,R\,y$ und $y\,R\,x$ würde $x\,R\,x$ folgen.

**Satz 2.7:** $R$ ist asymmetrisch genau dann, wenn $R$ irreflexiv und antisymmetrisch ist.

**Beweis:** ($\Rightarrow$) Die Irreflexivität folgt mit $y = x$ aus der Asymmetrie: $x\,R\,x \Rightarrow \neg\,x\,R\,x$. Da die Prämisse $x\,R\,y \wedge y\,R\,x$ der Antisymmetrie stets unerfüllbar bleibt, ist die Implikation wahr, also ist $R$ antisymmetrisch.
($\Leftarrow$) Wenn $x\,R\,y$ ist, muss wegen der Irreflexivität $x \neq y$ sein. Die Antisymmetrie bedeutet, dass $\neg\,x\,R\,y \vee \neg\,y\,R\,x \vee x = y$ erfüllt ist, d. h., es muss $\neg\,y\,R\,x$ gelten.               ∎

**Satz 2.8:** Wenn $R$ symmetrisch und antisymmetrisch ist, so ist $R$ auch transitiv.

**Beweis:** Es sei $x\,R\,y \wedge y\,R\,z$. Wegen der Symmetrie gilt mit $x\,R\,y$ auch $y\,R\,x$. Wegen der Antisymmetrie gilt aber mit $x\,R\,y \wedge y\,R\,x$ auch $x = y$, also geht $y\,R\,z$ in $x\,R\,z$ über.               ∎

**Satz 2.9:** Wenn $R$ reflexiv ist, so ist $R$ auch bitotal.

**Satz 2.10:** Wenn $R$ bitotal und komparativ ist, so ist $R$ auch reflexiv.

**Beweis:** $y = x$ (oder $x = y$) bzw. $y = z$ (oder $x = y$) liefert das Gewünschte.               ∎

**Satz 2.11:** Wenn $R$ transitiv und irreflexiv ist, so ist $R$ auch asymmetrisch.

**Beweis:** Nehmen wir an, es gäbe $x, y \in M$ mit $x\,R\,y$ und $y\,R\,x$. Dann müsste wegen der Transitivität auch $x\,R\,x$ gelten – im Widerspruch zur Irreflexivität. Es kann also für kein Paar $(x, y)$ sowohl $x\,R\,y$ als auch $y\,R\,x$ gelten. Folglich ist $R$ asymmetrisch.               ∎

➤     Wenn $R$ transitiv und irreflexiv ist, so ist $R$ auch antisymmetrisch.

**Satz 2.12:** $R$ ist linear genau dann, wenn $R$ reflexiv und konnex ist.

**Beweis:** Ist $R$ linear, so liefert $y = x$ die Reflexivität; die Konnexität gilt trivialerweise. Ist umgekehrt $R$ reflexiv und konnex, gilt wegen $(x\,R\,y \vee x = y \vee y\,R\,x) \wedge x\,R\,x$ gerade $x\,R\,y \vee y\,R\,x$.               ∎

**Satz 2.13:** Wenn $R$ asymmetrisch und konnex ist, so ist $R$ auch trichotom.

**Beweis:** Die Asymmetrie bedeutet, dass $\neg\,(x\,R\,y \wedge y\,R\,x)$ erfüllt sein muss, sodass zusammen mit der Konnexität genau einer der drei Fälle der Trichotomie gilt.               ∎

➤     Wenn $R$ irreflexiv, transitiv und konnex ist, so ist $R$ auch trichotom.

**Satz 2.14:** Wenn $R$ trichotom ist, so ist $R$ auch irreflexiv, antisymmetrisch und konnex.

**Beweis:** Die Konnexität folgt unmittelbar; die Antisymmetrie ist leichter zu erkennen, wenn man sie in einer anderen (äquivalenten) Fassung betrachtet: Anstelle von $(x\,R\,y \wedge y\,R\,x) \Rightarrow x = y$ können wir auch schreiben: $\neg\,(x\,R\,y \wedge y\,R\,x) \vee x = y$ bzw. $(\neg\,x\,R\,y \vee \neg\,y\,R\,x) \vee x = y$ bzw. $(\neg\,x\,R\,y \vee x = y) \vee \neg\,y\,R\,x$ bzw. $\neg\,(x\,R\,y \wedge x \neq y) \vee \neg\,y\,R\,x$ bzw. $(x\,R\,y \wedge x \neq y) \Rightarrow \neg\,y\,R\,x$. Aus $x\,R\,y$ folgt wegen der Trichotomie $\neg\,y\,R\,x$, und wegen $x = x$ folgt, dass niemals $x\,R\,x$ gelten kann, also ist $R$ auch irreflexiv und antisymmetrisch.               ∎

Es sei $R$ eine Relation in einer nichtleeren Menge $M$. Beweisen Sie die folgenden Beziehungen zwischen den Eigenschaften von $R$!

**Übung 2.12:** Wenn $R$ komparativ ist, so ist $R$ symmetrisch.

**Übung 2.13:** Wenn $R$ komparativ ist, so ist $R$ auch transitiv.

**Übung 2.14:** Wenn $R$ symmetrisch und transitiv ist, so ist $R$ auch komparativ.

Mit Übung 2.12 bis Übung 2.14 erhält man als Folgerung die Äquivalenz zwischen Komparativität einerseits sowie Symmetrie und Transitivität andererseits.

**Übung 2.15:** Ist eine Relation $R$, die nur aus einem einzigen Paar $(a, b)$ mit $a \neq b$ besteht, transitiv?

*Überblick über die Zusammenhänge ausgewählter Eigenschaften zweistelliger Relationen:*

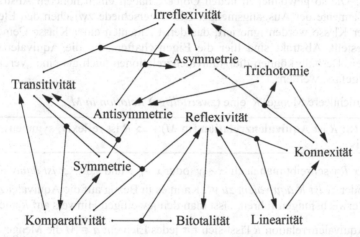

Bild 2.6

**Übung 2.16:** Welche Eigenschaften besitzen die Relationen, die wie folgt in einer Menge $M$ definiert sind?

a)   $R_{27} := id_M$      (*identische Relation* in $M$);

b)   $R_{28} := M \times M$   (auch *Allrelation* in $M$ genannt).

**Übung 2.17:** Wie viele Relationen gibt es in einer $n$-elementigen Menge $M$ ($n \in \mathbf{N}$), wenn die Relation

a) reflexiv,          b) antisymmetrisch,      c) reflexiv und symmetrisch,
d) irreflexiv,        e) linear,               f) reflexiv und antisymmetrisch,
g) symmetrisch,       h) rechtseindeutig,      i) symmetrisch und antisymmetrisch,
j) linkstotal,        k) asymmetrisch

sein soll?

## 2.3   Spezielle Relationen

Anhand der Beispiele zweistelliger Relationen (Beispiel 2.21, S. 67) wird deutlich, dass bestimmte Kombinationen von Eigenschaften besonders häufig vorkommen. Zwei dieser Gruppen nehmen dabei eine ausgezeichnete Stellung ein. Sie definieren zum einen die *Äquivalenzrelationen* und zum anderen die *Ordnungsrelationen*. Letztere spielen z. B. beim Aufbau der Zahlbereiche oder bei der Lehre von den Ungleichungen eine wichtige Rolle. Den Ordnungsrelationen stehen gleichgewichtig die Äquivalenzrelationen zur Seite, da Abstraktionsprozesse in der Regel auf Äquivalenzrelationen beruhen.

### 2.3.1   Äquivalenzrelationen

In vielen Fällen liegt einer Definition eine Äquivalenzrelation zugrunde. Dabei werden alle Elemente einer Menge in bestimmten Klassen, den sogenannten *Äquivalenzklassen*, zusammengefasst. Jede solche Klasse lässt sich dann durch ein beliebiges ihrer Elemente repräsentieren. Die so gewonnenen neuen Objekte haben einen höheren Abstraktionsgrad als die Elemente der Ausgangsmenge. Die Unterschiede zwischen den Elementen innerhalb einer Klasse werden ignoriert; das den Elementen einer Klasse Gemeinsame wird herausgestellt. Abstrakt sind hier die Eigenschaften, die die Äquivalenzklassen charakterisieren. Deshalb können die Äquivalenzrelationen auch als eine „vergröberte" Gleichheit aufgefasst werden.

Es sei $M$ eine nichtleere Menge, $R$ eine (*zweistellige*) *Relation in M*.

---

**Definition 2.18:** $R$ ist **Äquivalenzrelation** (in $M$) $: \Leftrightarrow R$ ist reflexiv, symmetrisch und transitiv.

---

Anstelle von $x \, R \, y$ schreibt man auch $x \sim y$ oder $x \sim_R y$ und sagt: „*x ist äquivalent zu y (modulo R)*" oder „*x ist R-äquivalent zu y*". Kann es in Bezug auf die Äquivalenzrelation $R$ zu keinen Verwechslungen führen, lässt man den jeweiligen Hinweis auf $R$ auch weg.

Mithilfe der Äquivalenzrelation $R$ lässt sich für jedes Element $a \in M$ die Menge

- $a \, / \, R := \{x \, | \, x \in M \text{ und } x \sim_R a\}$

bilden. $a \, / \, R$ heißt die **Äquivalenzklasse**[1] **von** $a$ **nach** $R$ (oder **modulo** $R$). Wegen der Reflexivität ist $a \in a \, / \, R$; $a$ selbst wird *Repräsentant* der Äquivalenzklasse genannt.
Eine Äquivalenzklasse ist also eine Teilmenge von $M$, während die Äquivalenzrelation $R$ eine Teilmenge von $M \times M$ ist.

Kann man den Hinweis auf $R$ entbehren, schreibt man anstelle von $a \, / \, R$ nur $[a]$ oder $\bar{a}$ .

Das System aller dieser Äquivalenzklassen heißt die **Quotientenmenge**[2] **von** $M$ **nach** $R$ (oder **modulo** $R$) und wird mit $M \, / \, R$ bezeichnet:

- $M \, / \, R := \{ \, a \, / \, R \, | \, a \in M \}$.

---

[1]   Daneben findet man auch oft noch die Bezeichnung *Restklasse*.
[2]   Weitere Bezeichnungen sind *Faktormenge* oder *Restsystem von M nach R*.

**Beispiel 2.23:** Wir betrachten die *Zahlenkongruenz* $\equiv_6$ (*modulo* 6) in **Z** (s. Beispiel 2.21, S. 67, $R_7$, $m = 6$), d. h., eine ganze Zahl $x$ steht genau dann in Relation zu einer ganzen Zahl $y$, wenn beide bei Division durch 6 denselben Rest lassen: $x \equiv_6 y :\Leftrightarrow 6 \mid (x - y)$.

1. Die Zahlenkongruenz $\equiv_6$ ist eine *Äquivalenzrelation* in **Z**: Für alle $x, y, z \in$ **Z** gilt:

*Reflexivität:* $\quad x \equiv_6 x$, denn $6 \mid (x - x)$,

*Symmetrie:* $\quad x \equiv_6 y \Rightarrow y \equiv_6 x$, denn wenn $6 \mid (x - y)$, so gilt auch $6 \mid (y - x)$,

*Transitivität:* $\quad x \equiv_6 y \land y \equiv_6 z \Rightarrow x \equiv_6 z$, denn wenn $6 \mid (x - y)$ und $6 \mid (y - z)$, so gilt

$\quad\quad\quad\quad$ auch $6 \mid [(x - y) + (y - z)]$, also $6 \mid (x - z)$.

2. Die Äquivalenzklassen sind gerade die *Restklassen modulo* 6. Im Falle der Zahlenkongruenzen schreibt man anstelle von $a / \equiv_6$ traditionellerweise $[a]_6$; als eine weitere Schreibweise hat sich eingebürgert: $\quad\quad 6\mathbf{Z} + a$ mit $a = 0, 1, 2, ..., 5$.

$$[a]_6 := \{x \mid x \in \mathbf{Z} \land x \equiv_6 a\} = \{x \mid x \in \mathbf{Z} \land 6 \mid (x - a)\}.$$

Es gibt genau 6 solcher Restklassen (vgl. Beispiel 1.61, S. 47); wir wählen als Repräsentanten die kleinsten nichtnegativen ganzen Zahlen (vgl. Satz 2.15, S. 74):

$$[0]_6 = \{..., -18, -12, -6, 0, 6, 12, 18, ...\} = 6\mathbf{Z}$$
$$[1]_6 = \{..., -17, -11, -5, 1, 7, 13, 19, ...\} = 6\mathbf{Z} + 1$$
$$[2]_6 = \{..., -16, -10, -4, 2, 8, 14, 20, ...\} = 6\mathbf{Z} + 2$$
$$[3]_6 = \{..., -15, -9, -3, 3, 9, 15, 21, ...\} = 6\mathbf{Z} + 3$$
$$[4]_6 = \{..., -14, -8, -2, 4, 10, 16, 22, ...\} = 6\mathbf{Z} + 4$$
$$[5]_6 = \{..., -13, -7, -1, 5, 11, 17, 23, ...\} = 6\mathbf{Z} + 5$$

Mit den Bezeichnungen aus Beispiel 1.61 gilt: $H_i = [i]_6 = 6\mathbf{Z} + i$, $i \in \{0, 1, 2, 3, 4, 5\}$.

3. Die Quotientenmenge (oder Restmenge) von **Z** nach $\equiv_6$ ist:

$$\mathbf{Z} / \equiv_6 := \{[0]_6, [1]_6, [2]_6, [3]_6, [4]_6, [5]_6\}.$$

**Übung 2.18:** Prüfen Sie, welche der Relationen in Beispiel 2.21, S. 67, sowie in den Übungen 2.10 und 2.16 (S. 69, 71) Äquivalenzrelationen sind!

**Übung 2.19:** Zeigen Sie, dass die Relationen $R_6$ und $R_{11}$ in Beispiel 2.21, S. 67, Äquivalenzrelationen sind ($x\, R_6\, y :\Leftrightarrow QS(x) = QS(y)$ in **N**; $x\, R_{11}\, y :\Leftrightarrow x \parallel y$ in $G$)!

**Beispiel 2.24:** Die Relation $R_{21}$ mit $x\, R_{21}\, y :\Leftrightarrow x = y \lor x \cdot y = 1$ in $\mathbf{R}^*$ (Übung 2.10, S. 69) ist offensichtlich reflexiv und symmetrisch. Die Transitivität lässt sich mittels Fallunterscheidung ebenfalls leicht nachvollziehen ($x = y \land y = z$, $x = y \land yz = 1$, $xy = 1 \land y = z$, $xy = 1 \land yz = 1$). Die Quotientenmenge von $\mathbf{R}^*$ nach dieser Äquivalenzrelation $R_{21}$

besteht aus unendlich vielen Äquivalenzklassen mit je zwei Elementen: $a/R_{21} = \{a, \frac{1}{a}\}$,

wobei $a \in \mathbf{R}^*$ ist. Zwei der Klassen sind allerdings Einermengen (für $a = 1$ und $a = -1$).

**Satz 2.15:** Wenn $R$ eine Äquivalenzrelation in einer Menge $M$ ist, dann sind zwei Äquivalenzklassen genau dann gleich, wenn deren Repräsentanten zueinander äquivalent sind:

$$\bigwedge_{a,b \in M} (a \,/\, R = b \,/\, R \Leftrightarrow a \sim_R b).$$

**Beweis:** ($\Rightarrow$) Wegen der Reflexivität von $R$ gehört $a$ zu $a \,/\, R$ und wegen $a \,/\, R = b \,/\, R$ (Voraussetzung) damit auch zu $b \,/\, R$. Mit $a \in b \,/\, R$ gilt damit aber $a \sim_R b$.

($\Leftarrow$) Es sei $a \sim_R b$ und $c \in b \,/\, R$, also $c \sim_R b$ und wegen der Symmetrie auch $b \sim_R c$. Die Transitivität liefert damit auch $a \sim_R c$, also $c \in a \,/\, R$. Damit ist $b \,/\, R \subseteq a \,/\, R$. Mittels der Symmetrie von $R$ folgt analog auch $a \,/\, R \subseteq b \,/\, R$; also fallen beide Mengen zusammen. ∎

Dass sich jede Äquivalenzklasse durch ein beliebiges ihrer Elemente repräsentieren lässt, ist dann eine unmittelbare Folgerung.

**Satz 2.16:** Ist $R$ eine Äquivalenzrelation in einer Menge $M$, so ist die Quotientenmenge $M \,/\, R$ eine Zerlegung von $M$.

**Beweis:** Da die Äquivalenzklassen (modulo $R$) Teilmengen von $M$ sind, haben wir zu zeigen (vgl. Definition 1.12, S. 46):
(1) keine der Äquivalenzklassen aus $M \,/\, R$ ist leer,
(2) der Durchschnitt je zweier verschiedener Äquivalenzklassen aus $M \,/\, R$ ist leer, und
(3) die Vereinigung aller Äquivalenzklassen aus $M \,/\, R$ ist die Menge $M$.
Wegen der Reflexivität von $R$ sind (1) und (3) erfüllt. Denn für jedes $x \in M$ gehört $x$ zur Äquivalenzklasse $x \,/\, R$, sodass sowohl $x \,/\, R \neq \varnothing$ als auch $x \in \bigcup(M \,/\, R)$ gelten.
(2) beweisen wir indirekt. Wir nehmen an, dass die beiden voneinander verschiedenen Äquivalenzklassen $a \,/\, R$ und $b \,/\, R$ ein Element $c$ gemeinsam haben. Mit $c \in a \,/\, R$ und $c \in b \,/\, R$ gelten $c \sim_R a$ sowie $c \sim_R b$. Symmetrie und Transitivität liefern damit $a \sim_R b$. Nach Satz 2.15 sind folglich beide Äquivalenzklassen identisch, im Widerspruch zur Annahme. Folglich ist die Annahme falsch, d. h., voneinander verschiedene Äquivalenzklassen sind disjunkt. Damit ist $M \,/\, R$ disjunkt. ∎

- Die „feinste" Äquivalenzrelation in einer Menge $M$ ist die *identische Relation* $id_M$. Die zugehörigen Äquivalenzklassen enthalten je genau ein Element und bilden so die feinste Zerlegung von $M$. D. h., die nach $id_M$ gebildete Quotientenmenge $M \,/\, id_M$ besteht aus allen Einermengen $\{a\}$ mit $a \in M$. Die Abstraktion nach dieser Äquivalenzrelation bringt also keine neuen Erkenntnisse.

- Die „gröbste" Äquivalenzrelation in einer Menge $M$ ist die *Allrelation* $R = M \times M$. Sie umfasst alle geordneten Paare des kartesischen Produktes. Die Menge $M$ selbst ist die einzige Äquivalenzklasse. D. h., die nach $R$ gebildete Quotientenmenge $M \,/\, M \times M$ ist die Einermenge $\{M\}$. Die Abstraktion nach dieser Äquivalenzrelation sieht von allen Unterschieden der Elemente von $M$ ab.

**Beispiel 2.25:** Da die *Zahlenkongruenz* $\equiv_6$ eine Äquivalenzrelation in $\mathbf{Z}$ ist (vgl. Beispiel 2.23, S. 73), ist nach Satz 2.16 die Quotientenmenge $\mathbf{Z} / \equiv_6$ eine Zerlegung $\mathfrak{Z}$ von $\mathbf{Z}$:

Für $\mathfrak{Z} = \mathbf{Z} / \equiv_6 = \{[0]_6, [1]_6, [2]_6, [3]_6, [4]_6, [5]_6\}$ sind die Bedingungen für eine Zerlegung erfüllt:

(1)   $\bigwedge_i [i]_6 \neq \varnothing;\ i \in \{0, 1, 2, 3, 4, 5\}$,

(2)   $\bigwedge_{i,j} [i]_6 \cap [j]_6 = \varnothing;\ i,j \in \{0, 1, 2, 3, 4, 5\}; i \neq j$,

(3)   $\mathbf{Z} = [0]_6 \cup [1]_6 \cup [2]_6 \cup [3]_6 \cup [4]_6 \cup [5]_6\ (= \bigcup \mathfrak{Z} = \bigcup_{i=0}^{5} [i]_6)$.

**Übung 2.20:** Betrachten Sie die Zahlenkongruenz $\equiv_4$ (modulo 4) in $\mathbf{Z}$. Zeigen Sie:

a)  $\equiv_4$ ist eine Äquivalenzrelation in $\mathbf{Z}$,  b) $\mathbf{Z} / \equiv_4$ ist eine Zerlegung von $\mathbf{Z}$!

**Beispiel 2.26:** In der *Fünfermenge* $M = \{-2, -1, 0, 1, 2\}$ definieren wir eine Relation $R$ wie folgt: $x\,R\,y : \Leftrightarrow |x| = |y|$ für alle $x, y \in M$ (vgl. mit $R_{20}$ in $\mathbf{Q}$; Übung 2.10, S. 69). Es ist $R = \{(-2, -2), (-2, 2), (-1, -1), (-1, 1), (0, 0), (1, -1), (1, 1), (2, -2), (2, 2)\}$.

1. $R$ ist eine *Äquivalenzrelation* in $M$, denn für alle $x, y, z \in M$ gilt:

*Reflexivität:*   $x\,R\,x$, denn $|x| = |x|$,

*Symmetrie:*   $x\,R\,y \Rightarrow y\,R\,x$, denn wenn $|x| = |y|$, so auch $|y| = |x|$,

*Transitivität:* $x\,R\,y \wedge y\,R\,z \Rightarrow x\,R\,z$, denn wenn $|x| = |y|$ und $|y| = |z|$, so auch $|x| = |z|$.

2. Die 3 *Äquivalenzklassen* $a\,/\,R$ sind  $0\,/\,R := \{0\}$,   $1\,/\,R := \{-1, 1\}$  und
$$2\,/\,R := \{-2, 2\}.$$

3. Die *Quotientenmenge* von $M$ nach $R$ ist $M\,/\,R := \{\{0\}, \{-1, 1\}, \{-2, 2\}\}$.

4. $M\,/\,R := \{\{0\}, \{-1, 1\}, \{-2, 2\}\}$ ist eine *Zerlegung* von $M$:

   (1)  $\{0\} \neq \varnothing$, $\{-1, 1\} \neq \varnothing$, $\{-2, 2\} \neq \varnothing$;

   (2)  $\{0\} \cap \{-1, 1\} = \varnothing$, $\{0\} \cap \{-2, 2\} = \varnothing$, $\{-1, 1\} \cap \{-2, 2\} = \varnothing$;

   (3)  $M = \{0\} \cup \{-1, 1\} \cup \{-2, 2\}\ (= \bigcup M\,/\,R = \bigcup_{a=0}^{2} a\,/\,R)$.

5. *Relationsgraph* (s. Bild 2.7) und *Pfeildiagramm* (s. Bild 2.8) sehen dann wie folgt aus:

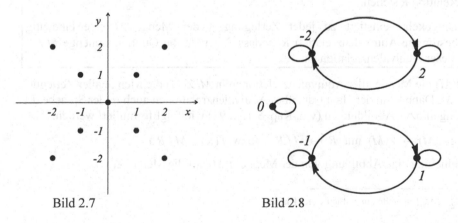

Bild 2.7                                          Bild 2.8

Es gilt auch die Umkehrung von Satz 2.16, S. 74:

---

**Satz 2.17:** Wenn $\mathfrak{Z} = \{M_1, M_2, ...\}^1$ eine Zerlegung der Menge $M$ ist, so erzeugt diese Zerlegung gemäß der Festsetzung, dass für alle $a, b \in M$ genau dann $a \sim_R b$ gelten soll, wenn $a$ und $b$ in derselben Klasse liegen, eine (eindeutig bestimmte) Äquivalenzrelation $R$ in $M$.

---

**Beweis:** Die Zerlegung $\mathfrak{Z} = \{M_1, M_2, ...\}$ hat die Eigenschaften

(1)     $\bigwedge_{i \in \mathbf{N}^*} M_i \neq \varnothing$ ,

(2)     $\bigwedge_{i,j \in \mathbf{N}^*} M_i \cap M_j = \varnothing$ ; $i \neq j$ , und

(3)     $M = \bigcup \mathfrak{Z} = \overset{\infty}{\underset{i=1}{\bigcup}} M_i$ .

Wegen (1) und (3) ist $R$ reflexiv. (3) sichert, dass jedes $x$ aus $M$ in einem $M_i$ aus $\mathfrak{Z}$ vorkommt; (1) garantiert, dass dieses $x$ mit sich selbst in einer Klasse liegt. Symmetrie und Transitivität sind ebenfalls mühelos zu erkennen: Es sei $M_i$ die das Element $a$ enthaltende Klasse, analog enthalte $M_j$ das Element $b$, $M_k$ das Element $c$ ($i, j, k \in \mathbf{N}^*$; im Falle endlich vieler Klassen gelte zudem $i, j, k < n$). Wenn $M_i = M_j$ ist (also $a \sim_R b$), so ist auch $M_j = M_i$ (also $b \sim_R a$). Analog folgt die Transitivität von $R$ aus der Transitivität der Gleichheit(srelation): Wenn $M_i = M_j$ und $M_j = M_k$, so $M_i = M_k$. ∎

➢     Die Quotientenmenge $M / R$ der durch eine Zerlegung $\mathfrak{Z}$ von $M$ so induzierten Äquivalenzrelation $R$ ist mit dieser Zerlegung $\mathfrak{Z}$ identisch: $\mathfrak{Z} = M / R$.

Damit haben wir den sogenannten *Hauptsatz über Äquivalenzrelationen* gewonnen:

---

**Satz 2.18:** Jede Äquivalenzrelation $R$ in einer nichtleeren Menge $M$ bewirkt eine eindeutig bestimmte Zerlegung $M / R$ von $M$ in Äquivalenzklassen, wobei $a, b \in M$ genau dann derselben Äquivalenzklasse angehören, wenn sie zueinander in der Relation $R$ stehen.

Umgekehrt existiert zu jeder Zerlegung $\mathfrak{Z}$ der Menge $M$ eine eindeutig bestimmte Äquivalenzrelation $R$, sodass $\mathfrak{Z}$ gerade die Quotientenmenge $M / R$ dieser Äquivalenzrelation ist.

---

Es sei $\ddot{A}(M)$ die Menge aller Äquivalenzrelationen in $M$, $Z(M)$ die Menge aller Zerlegungen von $M$. Dann kann der Hauptsatz über Äquivalenzrelationen auch in der Sprache der Zuordnungen bzw. Abbildungen (vgl. Kap. 3.1, S. 94) wie folgt formuliert werden:

•     $f : \ddot{A}(M) \rightarrow Z(M)$ mit $R \mapsto M / R$     (bzw. $f(R) = M / R$ )

ist eine eineindeutige Abbildung von der Menge $\ddot{A}(M)$ auf die Menge $Z(M)$.

---

[1]  $\{M_1, M_2, ..., M_n\}$ im Falle nur endlich vieler Klassen.

**Beispiel 2.27:** Aus Beispiel 2.21, S. 67, wissen wir, dass die *Quotientengleichheit* $=_Q$ ($= R_8$) eine Äquivalenzrelation in der Menge $\mathbf{N} \times \mathbf{N}^*$ ist.

Zwei geordnete Paare $(a, b)$, $(c, d) \in \mathbf{N} \times \mathbf{N}^*$, sind genau dann *quotientengleich*, wenn $a \cdot d = b \cdot c$ ist. In diesem speziellen Fall schreibt man anstelle eines Paares $(a, b)$ aber $\frac{a}{b}$ und nennt dies einen *Bruch*. Die Quotientengleichheit hat damit das folgende Aussehen: $\frac{a}{b} =_Q \frac{c}{d} :\Leftrightarrow a \cdot d = b \cdot c$, was im Nachhinein den Namen der Relation erklärt. Der Bruch $\frac{1}{2}$ ist also (da er das geordnete Paar $(1, 2)$ ist) sehr wohl von dem Bruch $\frac{2}{4}$ zu unterscheiden. Die Äquivalenzklasse

- $\frac{1}{2} / =_Q := \{ \frac{x}{y} \mid \frac{x}{y} \in \mathbf{N} \times \mathbf{N}^* \wedge \frac{x}{y} =_Q \frac{1}{2} \}$

besteht damit gerade aus allen Brüchen $\frac{x}{y}$, die aus dem Bruch $\frac{1}{2}$ durch Kürzen, Erweitern oder eine Kombination beider hervorgehen, und heißt die *gebrochene Zahl* $\frac{1}{2}$ (oder *Bruchzahl* $\frac{1}{2}$).

Von der Schreibweise her werden also *Äquivalenzklasse* (gebrochene Zahl) und *Repräsentanten einer solchen Klasse* (Brüche) n i c h t unterschieden. Die Quotientengleichheit zerlegt (als Äquivalenzrelation) die Menge $\mathbf{N} \times \mathbf{N}^*$ aller Brüche folglich in Klassen quotientengleicher Brüche, was wir bereits aus Beispiel 1.62, S. 47, wissen.

Das System $\mathbf{N} \times \mathbf{N}^* / =_Q$ aller Äquivalenzklassen, die Quotientenmenge von $\mathbf{N} \times \mathbf{N}^*$ nach $=_Q$, ist dann die *Menge* $\mathbf{Q}_+$ *der gebrochenen Zahlen*.

**Übung 2.21:** Zeigen Sie, dass die Äquivalenzrelation der *Differenzengleichheit* $=_D$ (vgl. $R_{23}$ in Übung 2.10, S. 69) in der Menge $\mathbf{N} \times \mathbf{N}$ eine für den Aufbau der Zahlenbereiche wichtige Klasseneinteilung bewirkt!

**Übung 2.22:** Wie spiegelt sich die durch eine Äquivalenzrelation induzierte Zerlegung im Gitterdiagramm (Relationsgraphen) bzw. im Pfeildiagramm wider? (Dabei wird vorausgesetzt, dass $M$ endlich ist.)

**Übung 2.23:** Geben Sie zu der Äquivalenzrelation $R$, die durch

- $x \, R \, y :\Leftrightarrow QS(x) = QS(y)$ in $M = \{0, 1, 2, 3, ..., 98, 99\}$

definiert wird, wobei $QS(x)$ die *Quersumme* der Zahl $x$ aus $M$ ist, die durch sie induzierte Zerlegung von $M$ an! Ermitteln Sie die Anzahl der Elemente der einzelnen Äquivalenzklassen! Vergleichen Sie die Relation $R$ mit der in Beispiel 2.21, S. 67, definierten Relation $R_6$ in $\mathbf{N}$!

**Übung 2.24:** Zeichnen Sie zur *Zahlenkongruenz* $\equiv_4$ in $M = \{1, 2, ... , 10\}$ (vgl. Übung 2.20, S. 75) das zugehörige Pfeildiagramm! Geben Sie darüber hinaus die einzelnen Äquivalenzklassen dieser Äquivalenzrelation an!

Will man Mengen hinsichtlich ihrer „Größe" vergleichen, erweist sich der Begriff der *Gleichmächtigkeit* als besonders tragfähig.

---

**Definition 2.19:** Zwei Mengen $A$ und $B$ sind **gleichmächtig**[1] (in Zeichen: $A \sim B$) : $\Leftrightarrow$
Es gibt eine eineindeutige Abbildung (oder Zuordnung[2]) von $A$ auf $B$.

---

D. h., jedem Element von $A$ wird ein und nur ein Element von $B$ und zugleich jedem Element von $B$ ein und nur ein Element von $A$ zugeordnet.

---

**Satz 2.19:** Die Gleichmächtigkeit von Mengen ist eine Äquivalenzrelation in jeder Menge von Mengen[3].

---

**Beweis:** Es seien $A$, $B$ und $C$ drei beliebige Mengen. Die identische Abbildung $id_A$ liefert als eineindeutige Abbildung von $A$ auf sich die Reflexivität: $A \sim A$. Ist $f: A \to B$ eine eineindeutige Abbildung von $A$ auf $B$, so ist die inverse Abbildung (oder Umkehrabbildung) $f^{-1}: B \to A$ eine eineindeutige Abbildung von $B$ auf $A$ [4], sodass die Gleichmächtigkeit symmetrisch ist: $A \sim B \Rightarrow B \sim A$. Erst diese Symmetrie erlaubt es eigentlich, in der Definition 2.19 von „ $A$ und $B$ *sind* gleichmächtig" zu sprechen. Sind $f: A \to B$ und $g: B \to C$ eineindeutige Abbildungen von $A$ auf $B$ bzw. von $B$ auf $C$, so ist die Nacheinanderausführung $g \circ f: A \to C$ eine eineindeutige Abbildung von $A$ auf $C$ [4], d. h., die Gleichmächtigkeit ist transitiv und damit eine Äquivalenzrelation.   ∎

Alle (zu $A$) gleichmächtigen Mengen fasst man zu einer *Klasse* zusammen und sagt, sie haben die gleiche **Mächtigkeit** oder **Kardinalzahl** [5]; dafür übliche Bezeichnungen sind card($A$), $|A|$, $\widetilde{A}$ oder auch $\overline{\overline{A}}$.

Für endliche Mengen wird durch die Definition der Kardinalzahl gerade der aus der Anschauung bekannte Begriff der *Anzahl der Elemente* erfasst. Dieser Begriff wird auf unendliche Mengen ausgedehnt; die Kardinalzahlen unendlicher Mengen heißen **transfinit** [6].

Die Kardinalzahl der Menge **N** der natürlichen Zahlen wird mit $\aleph_0$ (gesprochen: Aleph[7]-Null) oder $\mathfrak{a}$ bezeichnet, die Kardinalzahl der – vielfach *Kontinuum* [8] genannten – Menge **R** der reellen Zahlen mit $\aleph$ oder mit $\mathfrak{c}$. Ein Repräsentant von $\aleph$ ist neben **R** auch das reelle Intervall (0, 1).

---

[1]  Oder *äquivalent*.
[2]  Zu den Begriffen *Abbildung* und *Zuordnung* s. Kap. 3.19, S. 152.
[3]  Die „Menge aller Mengen" wird dabei ausgeschlossen. Dieser Begriff führte zu einer der Antinomien der Mengenlehre.
[4]  S. Kap. 3.8, S. 128 und S. 150.
[5]  numerus cardinalis (spätlat.) = Grundzahl, ganze Zahl; cardinalis (spätlat.) = im Angelpunkt stehend; wichtig.
[6]  Unendlich, im Unendlichen liegend; trans (lat.) = jenseits, über - hinaus; finitus (lat.) = begrenzt, bestimmt.
[7]  Aleph ($\aleph$) ist der Anfangsbuchstabe im hebräischen Alphabet.
[8]  continuus (lat.) = zusammenhängend.

Endliche Mengen sind gleichmächtig, wenn sie die gleiche Anzahl von Elementen haben. Die leere Menge ist nur zu sich selbst gleichmächtig; es ist card($\varnothing$) = 0. Im Falle
unendlicher Mengen kann die Entscheidung darüber, ob zwei vorgegebene Mengen
gleichmächtig sind, sehr kompliziert sein. Wir erwähnen hier noch den Satz:

- Für keine Menge $A$ gilt $A \sim \mathfrak{P}(A)$.

Für unendliche Mengen stoßen wir im Zusammenhang mit der Gleichmächtigkeit auf
ganz eigentümliche Aussagen (vgl. z. B. die Fußnote 1 auf Seite 16) und Beispiele:

**Beispiel 2.28:** Die Menge der natürlichen Zahlen und eine ihrer echten Teilmengen sind
gleichmächtig: $\mathbf{N} \sim \mathbf{N}^*$. Die Zuordnung $f : n \mapsto n + 1$ ist eine eineindeutige Abbildung
von $\mathbf{N}$ auf $\mathbf{N}^*$.

**Beispiel 2.29:** Die Menge der reellen Zahlen und eine ihrer echten Teilmengen sind
gleichmächtig: $\mathbf{R} \sim (-\frac{\pi}{2}; \frac{\pi}{2})$. Die Zuordnung $f : x \mapsto \arctan x$ ist eine eineindeutige
Abbildung von $\mathbf{R}$ auf $(-\frac{\pi}{2}; \frac{\pi}{2})$ – s. Übung 3.73, S. 145.

**Übung 2.25:** Zeigen Sie, dass die Menge $\mathbf{R}$ der reellen Zahlen und das offene Intervall
(0; 1) gleichmächtig sind!

**Übung 2.26:** Wie viele Äquivalenzrelationen gibt es in einer Menge $M$ mit a) $M = \{1\}$,
b) $M = \{1, 2\}$, c) $M = \{1, 2, 3\}$, d) $M = \{1, 2, 3, 4, 5\}$, e) $M$ sei $n$-elementig ($n \in \mathbf{N}$)?

**Beispiel 2.30:** Wir geben alle möglichen Äquivalenzrelationen bzw. Zerlegungen an, die
es in einer Menge $M = \{1, 2, 3, 4\}$ gibt! Die Äquivalenzrelationen lassen sich auch
unmittelbar anhand der Gitterdiagramme (s. Bild 2.9) oder der Pfeildiagramme ablesen.

$\mathfrak{Z}_1: M = \{1, 2, 3, 4\}$;      $\mathfrak{Z}_2: M = \{1, 2, 3\} \cup \{4\}$;      $\mathfrak{Z}_3: M = \{1, 2, 4\} \cup \{3\}$;

$\mathfrak{Z}_4: M = \{1, 3, 4\} \cup \{2\}$;      $\mathfrak{Z}_5: M = \{2, 3, 4\} \cup \{1\}$;      $\mathfrak{Z}_6: M = \{1, 2\} \cup \{3, 4\}$;

$\mathfrak{Z}_7: M = \{1, 3\} \cup \{2, 4\}$;      $\mathfrak{Z}_8: M = \{1, 4\} \cup \{2, 3\}$;      $\mathfrak{Z}_9: M = \{1, 2\} \cup \{3\} \cup \{4\}$;

$\mathfrak{Z}_{10}: M = \{1, 3\} \cup \{2\} \cup \{4\}$;                    $\mathfrak{Z}_{11}: M = \{1, 4\} \cup \{2\} \cup \{3\}$;

$\mathfrak{Z}_{12}: M = \{2, 3\} \cup \{1\} \cup \{4\}$;                    $\mathfrak{Z}_{13}: M = \{2, 4\} \cup \{1\} \cup \{3\}$;

$\mathfrak{Z}_{14}: M = \{3, 4\} \cup \{1\} \cup \{2\}$;                    $\mathfrak{Z}_{15}: M = \{1\} \cup \{2\} \cup \{3\} \cup \{4\}$.

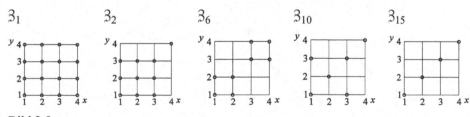

Bild 2.9

**Übung 2.27:** Es seien $R$ und $S$ Äquivalenzrelationen in einer Menge $M$. Prüfen Sie, ob
dann auch a) $R \cap S$, b) $R \cup S$ und c) $S \circ R$ Äquivalenzrelationen in $M$ sind!

> **Definition 2.20:** Eine unendliche Menge $M$ ist **abzählbar (unendlich)** $:\Leftrightarrow M$ ist zur Menge **N** der natürlichen Zahlen gleichmächtig; andernfalls heißt $M$ **überabzählbar (unendlich)**.

Die Bezeichnung „abzählbar" bringt zum Ausdruck, dass man die Elemente der Menge $M$ mit aufeinanderfolgenden Nummern aus **N** versehen kann.

Trivialerweise ist **N** selbst abzählbar (unendlich), da die Gleichmächtigkeit als Äquivalenzrelation reflexiv ist (**N** ~ **N**); die identische Abbildung $id_{\mathbf{N}}$ leistet das Verlangte.

> **Satz 2.20:** Die Menge **Z** der ganzen Zahlen ist abzählbar (unendlich).

**Beweis:** Die Zuordnung $f : g \mapsto -2g$ für $g \leq 0$ und $f : g \mapsto 2g - 1$ für $g > 0$ mit $g \in \mathbf{Z}$ ist eine eineindeutige Abbildung von **Z** auf **N**.                    ■

Obwohl die gebrochenen Zahlen überall *dicht* liegen, d. h. zwischen irgend zwei verschiedenen gebrochenen Zahlen $a$ und $b$ stets eine weitere gebrochene Zahl liegt (z. B. ihr arithmetisches Mittel $\dfrac{a+b}{2}$, s. Kap. 3.4.4), lassen auch sie sich „durchnummerieren":

> **Satz 2.21:** Die Menge $\mathbf{Q}_+$ der gebrochenen Zahlen ist abzählbar (unendlich).

**Beweis:** Der Beweis lässt sich mithilfe des *ersten Cantorschen Diagonalverfahrens* führen. Die Pfeile im folgenden Schema, in dem jede gebrochene Zahl mindestens einmal vorkommt, deuten an, wie die Nummerierung erfolgen soll. Schon erfasste Zahlen werden übersprungen.

$$
\begin{array}{ccccccc}
0 & \to & 1 & 2 & \to & 3 & 4 & \to & 5 & \cdots \\
& & & & & & & & & \\
\frac{1}{2} & & \frac{2}{2} & \frac{3}{2} & & \frac{4}{2} & \frac{5}{2} & & & \cdots \\
& & & & & & & & & \\
\frac{1}{3} & & \frac{2}{3} & \frac{3}{3} & & \frac{4}{3} & \frac{5}{3} & & & \cdots \\
& & & & & & & & & \\
\frac{1}{4} & & \frac{2}{4} & \frac{3}{4} & & \frac{4}{4} & \frac{5}{4} & & & \cdots \\
& & & & & & & & & \\
\frac{1}{5} & & \frac{2}{5} & \frac{3}{5} & & \frac{4}{5} & \frac{5}{5} & & & \cdots \\
\end{array}
$$

$\cdots\cdots\cdots\cdots\cdots\cdots\cdots\cdots\cdots\cdots\cdots$                                    ■

---

**Satz 2.22:** Die Menge **Q** der rationalen Zahlen ist abzählbar (unendlich).

---

**Beweis:** Es sei $f : \mathbf{N} \to \mathbf{Q}_+$ die mithilfe des ersten Cantorschen Diagonalverfahrens konstruierte eineindeutige Abbildung von **N** auf $\mathbf{Q}_+$. Mittels $f$ wird eine eineindeutige

Abbildung $g: \mathbf{Z} \to \mathbf{Q}$ von **Z** auf **Q** definiert: $g(x) := \begin{cases} f(x), & \text{falls } x \in \mathbf{N} \\ -f(-x), & \text{falls } x \in \mathbf{Z}_- \end{cases}$ , folglich gilt

**Z** ~ **Q**. Da die Gleichmächtigkeit eine Äquivalenzrelation ist, folgt mit **Z** ~ **Q** und **Z** ~ **N** (Satz 2.20) die Behauptung: **Q** ~ **N**.                                     ∎

Dass es aber auch Mengen gibt, die überabzählbar sind, gehört zu den spannendsten Geschichten der Mathematik. So hat CANTOR mit dem nach ihm benannten *zweiten Cantorschen Diagonalverfahren* beweisen können, dass die Menge **R** der reellen Zahlen überabzählbar (unendlich) ist. In seinem Brief vom 29. November 1873 an DEDEKIND stellte CANTOR die Frage nach der Gleichmächtigkeit von $\mathbf{N}^*$ und $\mathbf{R}_+^*$. Schon 8 Tage später, am 7. Dezember, konnte er DEDEKIND einen Beweis dafür mitteilen, dass das reelle Intervall (0; 1) sich nicht eineindeutig auf die Menge der natürlichen Zahlen abbilden lässt. Viele bezeichnen heute dieses Datum als die eigentliche *Geburtsstunde der Mengenlehre*.

---

**Satz 2.23:** Die Menge **R** der reellen Zahlen ist überabzählbar (unendlich).

---

**Beweis:** Wir beweisen, dass bereits eine echte Teilmenge von **R**, nämlich die Menge der reellen Zahlen $x$ mit $0 < x < 1$, überabzählbar (unendlich) ist.
Jede reelle Zahl $x$ aus dem Intervall (0; 1) lässt sich auf genau eine Art als unendlicher Dezimalbruch ohne Neunerperiode schreiben. Wir nehmen an, diese Menge sei abzählbar (unendlich). Dann können wir sie als Folge $(a_n)$ schreiben:

| | |
|---|---|
| $a_1 = 0, \mathbf{a_{11}}\, a_{12}\, a_{13}\, a_{14}\, a_{15} \ldots$ | Für jeden unendlichen Dezimalbruch |
| $a_2 = 0, a_{21}\, \mathbf{a_{22}}\, a_{23}\, a_{24}\, a_{25} \ldots$ | $d = 0, b_1\, b_2\, b_3\, b_4\, b_5 \ldots,$ |
| $a_3 = 0, a_{31}\, a_{32}\, \mathbf{a_{33}}\, a_{34}\, a_{35} \ldots$ | der mit dem Dezimalbruch |
| $a_4 = 0, a_{41}\, a_{42}\, a_{43}\, \mathbf{a_{44}}\, a_{45} \ldots$ | $a = 0, a_{11}\, a_{22}\, a_{33}\, a_{44}\, a_{55} \ldots$ |
| $a_5 = 0, a_{51}\, a_{52}\, a_{53}\, a_{54}\, \mathbf{a_{55}} \ldots$ | in keiner Stelle hinter dem Komma übereinstimmt |
| ................................. | und bei dem hinter dem Komma die Ziffern 0 und 9 |
| | nicht vorkommen, gilt $0 < d < 1$. |

Dann müsste $d$ mit einem der Dezimalbrüche der Folge $(a_n)$ in allen Ziffern übereinstimmen. Das ist ein Widerspruch, da $d$ für jedes $n \in \mathbf{N}^*$ von dem $n$-ten Dezimalbruch in der $n$-ten Ziffer abweicht.                              ∎

Auf amüsante Weise schildert der polnische Autor STANISŁAW LEM (1921 – 2006) in „Die Sterntagebücher des Weltraumfahrers John Tichy" die Verhältnisse in einem ungewöhnlichen Hotel. Obwohl alle Zimmer belegt sind, erhalten eintreffende Gäste ihr Zimmer, selbst als eine Delegation mit unendlich vielen Philatelisten eintrifft. Gelingt es John Tichy schließlich noch, Gäste aus unendlich vielen (zu sanierenden) Hotels mit jeweils unendlich vielen belegten Zimmern im Hotel unterzubringen?

## 2.3.2  Ordnungsrelationen

Neben den Äquivalenzrelationen sind die *Ordnungsrelationen* eine besonders wichtige Gruppe zweistelliger Relationen. Dabei differenziert man im Allgemeinen noch weiter, indem zwischen *teilweisen Ordnungen* (oder *partiellen Ordnungen* oder *Halbordnungen*) und *totalen Ordnungen* (oder *vollständigen Ordnungen* oder *Totalordnungen*) einerseits und *reflexiven Ordnungen* (oder *Quasiordnungen*) bzw. *irreflexiven Ordnungen* (oder *strikten Ordnungen*) andererseits unterschieden wird. Die Liste synonymer Begriffe ist speziell zu diesem Thema ein leidiges Kapitel (*Ordnungen 1. und 2. Art, Teilordnungen, antireflexive Ordnungen, strikte Ordnungen* usw.).

Untersucht man den Prozess des Abzählens einer (endlichen) Menge genauer, so zeigt sich, dass durch das Abzählen neben der ermittelten Anzahl der Elemente auch eine gewisse (An-)Ordnung in dieser Menge sichtbar wird, nämlich die Reihenfolge der abgezählten Elemente. Dies lässt sich verallgemeinern.

Die Inklusion (oder Teilmengenbeziehung) ist ein Beispiel einer derartigen Relation; sie besitzt, wie wir gesehen haben (vgl. Kap. 1.7.2, S. 24), die Eigenschaften der *Reflexivität*, der *Antisymmetrie* und der *Transitivität*. Die echte Inklusion haben wir als unter anderem *irreflexive* und *transitive Relation* kennen gelernt.

Es sei $M$ eine nichtleere Menge, $R$ eine (*zweistellige*) *Relation in M*.

---

**Definition 2.21:** $R$ ist **reflexive (teilweise) Ordnung** (in $M$) : $\Leftrightarrow R$ ist reflexiv, antisymmetrisch und transitiv.

**Definition 2.22:** $R$ ist **irreflexive (teilweise) Ordnung** (in $M$) : $\Leftrightarrow R$ ist irreflexiv und transitiv.

---

Ist $R$ eine reflexive teilweise Ordnung in $M$, so schreibt man (in Anlehnung an die Kleiner-Gleich-Relation) anstelle von $x\,R\,y$ auch $x \preceq y$ oder $x \preceq_R y$ und sagt: „$x$ (*steht/kommt*) *vor y*". Ist $R$ eine irreflexive teilweise Ordnung in $M$, so schreibt man (in Anlehnung an die Kleiner-Relation) auch $x \prec y$ oder $x \prec_R y$. In beiden Fällen nennt man $M$ auch eine *geordnete Menge*[1].

Mitunter wird in beiden Definitionen 2.21 und 2.22 der Zusatz „teilweise" weggelassen. Deshalb haben wir hier Klammern gesetzt. „Teilweise" steht dafür, dass es Elemente $x$ und $y$ in $M$ mit $x \neq y$ geben kann, die *unvergleichbar* sind, d. h., es steht dann weder $x$ in Relation zu $y$, noch steht $y$ in Relation zu $x$. Während im Falle der Kleiner-Gleich-Relation $\leq$ und auch der Kleiner-Relation $<$ (etwa in **N**) stets gesichert ist, dass für $x \neq y$ entweder $x\,R\,y$ oder $y\,R\,x$ gilt, ist diese Art der Vergleichbarkeit weder für die Inklusion noch für die echte Inklusion gewährleistet. Auch die Teilbarkeit $|$ in **N** besitzt unvergleichbare Elemente: weder gilt $2\,|\,3$ noch $3\,|\,2$.

---

[1]  Man fasst $M$ mit $R$ auch zu dem geordneten Paar $(M, R)$ zusammen und nennt dieses Paar eine (*teilweise*) *geordnete Menge* (oder eine *Ordnung*); $M$ heißt dabei *Trägermenge* dieser (teilweisen) Ordnung. Im Rahmen einer allgemeinen Strukturtheorie nennt man das Paar $(M, R)$ auch ein *Relationengebilde*.

**Beispiel 2.31:** Unter den in Beispiel 2.21, S. 67, sowie in den Übungen 2.10 und 2.16 (S. 69 und S. 71) zusammengestellten Relationen finden wir Beispiele für

a) reflexive (teilweise) Ordnungen

$$x\,R_2\,y \quad :\Leftrightarrow \quad x \le y \text{ in } \mathbf{Z} \qquad \text{(Kleiner-Gleich-Relation)},$$

$$x\,R_3\,y \quad :\Leftrightarrow \quad x\,|\,y \text{ in } \mathbf{N} \qquad \text{(Teilbarkeit)},$$

$$X\,R_9\,Y \quad :\Leftrightarrow \quad X \subseteq Y \text{ in } \mathfrak{P}(M) \qquad \text{(Inklusion)},$$

$$x\,R_{15}\,y \quad :\Leftrightarrow \quad x \ge y \text{ in } \mathbf{R} \qquad \text{(Größer-Gleich-Relation)},$$

$$x\,R_{18}\,y \quad :\Leftrightarrow \quad x\,VF\,y \text{ in } \mathbf{N} \qquad \text{(Vielfaches sein)},$$

$$x\,R_{27}\,y \quad :\Leftrightarrow \quad x = y \text{ in } M \qquad \text{(identische Relation } R_{27} = id_M\text{ )}^2,$$

b) irreflexive (teilweise) Ordnungen

$$x\,R_1\,y \quad :\Leftrightarrow \quad x < y \text{ in } \mathbf{N} \qquad \text{(Kleiner-Relation)},$$

$$x\,R_{14}\,y \quad :\Leftrightarrow \quad x > y \text{ in } \mathbf{Q} \qquad \text{(Größer-Relation)},$$

$$X\,R_{17}\,Y \quad :\Leftrightarrow \quad X \subset Y \text{ in } \mathfrak{P}(M) \qquad \text{(echte Inklusion)}.$$

Wegen Satz 2.4, S. 68, ist unmittelbar klar, dass sich die definierenden Eigenschaften einer Ordnungsrelation $R$ auf die zugehörige *inverse Relation* $R^{-1}$ übertragen:

➤ Wenn $R$ eine reflexive (teilweise) Ordnung in $M$ ist, so gilt dies auch für $R^{-1}$.

➤ Wenn $R$ eine irreflexive (teilweise) Ordnung in $M$ ist, so gilt dies auch für $R^{-1}$.

**Übung 2.28:** Übertragen sich die definierenden Eigenschaften einer Ordnungsrelation $R$ auf die zugehörige Komplementärrelation $CR$?

**Beispiel 2.32:** Die Kleiner-Gleich-Relation $\le$ ist in $\mathbf{R}$ eine reflexive (teilweise) Ordnung. Die zu ihr inverse Relation ist die Größer-Gleich-Relation $\ge$. Diese ist ebenfalls eine reflexive (teilweise) Ordnung.

**Übung 2.29:** Geben Sie die inverse Relation $R^{-1}$ zur Relation $R$ an, wenn $R$ eine der Relationen aus Beispiel 2.31 ist!

Als unmittelbare Folgerung aus den Sätzen 2.9 bzw. 2.11 und 2.7 (S. 70) ergibt sich:

➤ Wenn $R$ eine reflexive (teilweise) Ordnung in $M$ ist, so ist $R$ bitotal.

➤ Wenn $R$ eine irreflexive (teilweise) Ordnung in $M$ ist, so ist $R$ asymmetrisch und antisymmetrisch.

**Übung 2.30:** Verzichtet man in Definition 2.21 auf die Forderung der Antisymmetrie, erhält man folgende Abschwächung: $R$ heißt *Quasiordnung* (in $M$) $:\Leftrightarrow R$ ist reflexiv und transitiv. Beweisen Sie, dass die Relation $S$ mit $x\,S\,y :\Leftrightarrow x\,R\,y \wedge y\,R\,x$ eine Äquivalenzrelation in $M$ definiert!

---

$^2$ $id_M$ heißt auch *totale Unordnung*, da hier je zwei verschiedene Elemente aus $M$ unvergleichbar sind.

Zwischen den beiden definierten Ordnungen besteht ein einfacher – man sagt: *kanoni-scher*[1] – Zusammenhang. Es lässt sich nämlich aus jeder reflexiven Ordnung $R$ eine irreflexive Ordnung $R_i$ und umgekehrt auch aus jeder irreflexiven Ordnung $S$ eine reflexive Ordnung $S_r$ in derselben Menge $M$ gewinnen.

Für die als Vorbild dienende reflexive Ordnung $\leq$ wird (in **R**) in der Tat durch

- $\quad x < y :\Leftrightarrow x \leq y \wedge x \neq y$

eine irreflexive Ordnung gewonnen. Umgekehrt liefert die Kleiner-Relation (in **R**) mit

- $\quad x \leq y :\Leftrightarrow x < y \vee x = y$

eine reflexive Ordnung.

---

**Satz 2.24:** Wenn $R$ eine reflexive (teilweise) Ordnung in $M$ ist, so ist $R_i$ mit

$\quad x\, R_i\, y :\Leftrightarrow x\, R\, y \wedge x \neq y \quad$ (für alle $x, y \in M$)

eine irreflexive (teilweise) Ordnung in $M$.

---

**Beweis:** Die Irreflexivität ist aus der Definition von $R_i$ ablesbar. Um die Transitivität zu zeigen, sei $x\, R_i\, y \wedge y\, R_i\, z$, sodass einerseits $x\, R\, y \wedge x \neq y$ und andererseits $y\, R\, z \wedge y \neq z$ ist. Mit der Transitivität von $R$ ist folglich auch $x\, R\, z$. Bleibt zum Nachweis von $x\, R_i\, z$ zu zeigen, dass $x \neq z$ gilt. Annahme, $x = z$. Dann würde $x\, R\, y$ und (wegen $y\, R\, z$) $y\, R\, x$ gelten, und wegen der Antisymmetrie von $R$ wäre $x = y$. Das ist ein Widerspruch. ∎

Umgekehrt gilt der

---

**Satz 2.25:** Wenn $S$ eine irreflexive (teilweise) Ordnung in $M$ ist, so ist $S_r$ mit

$\quad x\, S_r\, y :\Leftrightarrow x\, S\, y \vee x = y \quad$ (für alle $x, y \in M$)

eine **r**eflexive (teilweise) Ordnung in $M$.

---

**Beweis:** Die *Reflexivität* ist aus der Definition von $S_r$ ablesbar. Um die *Transitivität* zu zeigen, sei $x\, S_r\, y \wedge y\, S_r\, z$, sodass einerseits $x\, S\, y \vee x = y$ und andererseits $y\, S\, z \vee y = z$ ist. Damit ist einer der folgenden vier Fälle erfüllt:

1) $x\, S\, y \wedge y\, S\, z,$      2) $x\, S\, y \wedge y = z,$      3) $x = y \wedge y\, S\, z,$      4) $x = y \wedge y = z.$

zu 1) Mit der Transitivität von $S$ ist folglich auch $x\, S\, z$; also ist $x\, S_r\, z$ erfüllt;

zu 2) $y = z$ in $x\, S\, y$ eingesetzt, liefert $x\, S\, z$; also ist ebenfalls $x\, S_r\, z$ erfüllt;

zu 3) $x = y$ in $y\, S\, z$ eingesetzt, liefert $x\, S\, z$; also ist ebenfalls $x\, S_r\, z$ erfüllt;

zu 4) wegen $x = z$ ist $x\, S_r\, z$ erfüllt.

Bleibt die *Antisymmetrie* von $S_r$ zu zeigen: $x\, S_r\, y \wedge y\, S_r\, x \Rightarrow x = y$ (für alle $x, y \in M$). Deshalb sei $x\, S_r\, y \wedge y\, S_r\, x$, sodass einerseits $x\, S\, y \vee x = y$ und andererseits $y\, S\, x \vee y = x$ ist. Damit ist einer der folgenden vier Fälle erfüllt:

1) $x\, S\, y \wedge y\, S\, x$, 2) $x\, S\, y \wedge y = x$, 3) $x = y \wedge y\, S\, x$, 4) $x = y \wedge y = x$ (Beweis: Übung 2.32). ∎

---

[1] kanonikós (griech.) = regelhaft, regelmäßig; als Vorbild dienend.

Als unmittelbare Folgerungen aus den Sätzen 2.24 / 2.25 ergeben sich die Beziehungen
> $R_i = R \setminus id_M$    bzw.   $S_r = S \cup id_M$,
die natürlich ebenso als Definitionen für die Relation $R_i$ bzw. $S_r$ gewählt werden können.

**Übung 2.31:** Zeigen Sie, dass man anstelle von $R_i := R \setminus id_M$ auch $R_i := R \cap \complement id_M$ setzen kann!

Die enge Wechselbeziehung zwischen reflexiver und irreflexiver Ordnung wird noch deutlicher, wenn man die den Sätzen 2.24 und 2.25 zugrunde liegenden Konstruktionen fortsetzt. Mit den Bezeichnungen in diesen beiden Sätzen gilt nämlich:

> Wenn $R$ eine reflexive (teilweise) Ordnung in $M$ ist, so ist $(R_i)_r = R$.

> Wenn $S$ eine irreflexive (teilweise) Ordnung in $M$ ist, so ist $(S_r)_i = S$.

**Beweis:** Nutzt man die Mengenbeziehungen aus den Übungen 1.49a), S. 41, und 1.53b), S. 43, und beachtet, dass $R$ bzw. $S$ die vorausgesetzten Eigenschaften besitzen. Dann gilt
$(R_i)_r = (R \setminus id_M)_r = (R \setminus id_M) \cup id_M = R$   (wegen $id_M \subseteq R$) und
$(S_r)_i = (S \cup id_M)_i = (S \cup id_M) \setminus id_M = S$   (wegen $S \cap id_M = \emptyset$).   ∎

**Übung 2.32:** Beweisen Sie die Antisymmetrie der in Satz 2.25 definierten Relation $S_r$!

**Beispiel 2.33:** Wegen der wechselseitigen Entsprechung zwischen reflexiver und irreflexiver Ordnung ist es gleichgültig, ob man eine Ordnungstheorie auf dem Ordnungsbegriff der ersten oder der zweiten Art aufbaut:

| Menge | $R$ | $R_i$ | | Menge | $S$ | $S_r$ |
|---|---|---|---|---|---|---|
| **Z** | $\leq$ | $<$ | | **Z** | $<$ | $\leq$ |
| **R** | $\geq$ | $>$ | | **R** | $>$ | $\geq$ |
| $\mathfrak{P}(M)$ | $\subseteq$ | $\subset$ | | $\mathfrak{P}(M)$ | $\subset$ | $\subseteq$ |
| **N** | $\mid$ | $eT *$ | | **N** | $eT *$ | $\mid$ |
| **N** | $VF$ | $eVF **$ | | **N** | $eVF **$ | $VF$ |
| $M$ | $id_M$ | $\emptyset$ | | $M$ | $\emptyset$ | $id_M$ |

*\* eT - echter Teiler von;    \*\* eVF - echtes Vielfaches von*

Besitzen die Relationen $R$ und $S$ zusätzliche Eigenschaften, ergeben sich weitere wechselseitige Beziehungen:

**Übung 2.33:** Beweisen Sie!
a) Wenn $R$ eine lineare Relation in $M$ ist, so ist die Relation $R_i := R \setminus id_M$ konnex (in $M$).
b) Wenn $S$ eine konnexe Relation in $M$ ist, so ist die Relation $S_r := S \cup id_M$ linear (in $M$).

Fordern wir, dass eine reflexive (teilweise) Ordnung $R$ in einer Menge $M$ zusätzlich noch linear bzw. eine irreflexive (teilweise) Ordnung $R$ in einer Menge $M$ zusätzlich noch konnex ist, so haben wir es mit einer *reflexiven totalen Ordnung* bzw. *irreflexiven totalen Ordnung* in $M$ zu tun. Das sichert die Vergleichbarkeit aller Elemente aus $M$.

Es sei $M$ eine nichtleere Menge, $R$ eine (*zweistellige*) *Relation in M*.

---

**Definition 2.23:** $R$ ist **reflexive totale Ordnung** (in $M$) : $\Leftrightarrow$ $R$ ist eine reflexive (teilweise) Ordnung (in $M$) und $R$ ist linear.

**Definition 2.24:** $R$ ist **irreflexive totale Ordnung** (in $M$) : $\Leftrightarrow$ $R$ ist eine irreflexive (teilweise) Ordnung (in $M$) und $R$ ist konnex.

---

Als unmittelbare Folgerung aus den Sätzen 2.11 und 2.13, S. 70, ergibt sich:

➢     Wenn $R$ eine irreflexive totale Ordnung in $M$ ist, so ist $R$ trichotom.

**Hasse-Diagramme**

Im Falle der (endlichen) Ordnungsrelationen lassen sich die zugehörigen *Pfeildiagramme* erheblich vereinfachen. Da jede Ordnung entweder reflexiv oder irreflexiv ist, also jeder Punkt bzw. kein Punkt eine Schleife besitzt, lässt man zur Vereinfachung die Schleifen (im Falle der reflexiven Ordnungen) weg. Darüber hinaus verzichtet man auf alle „Überbrückungspfeile", die sich für beide Ordnungen aus der Transitivität ergeben. Schließlich werden (vor dem Hintergrund der Antisymmetrie) die Punkte so angeordnet, dass alle Pfeile nach oben zeigen. Auf diese Weise kann man auf die Pfeilspitzen verzichten.

Solche Pfeildiagramme heißen *Hasse-Diagramme* (oder *Ordnungsdiagramme*).

In Kap.1, S. 23ff., haben wir für die Inklusion solche Diagramme bereits kennen gelernt.

**Beispiel 2.34:** In Beispiel 2.15 (Bild 2.3, S. 61) ist für $M = \{0, 1, 2, 3, 4, 5, 6\}$ und

$$R := \{(x, y) \mid \bigvee_{z \in M} x \cdot z = y\}, \text{ d. h.,}$$

$x\,R\,y : \Leftrightarrow x \mid y,$

das vollständige Pfeildiagramm angegeben worden. Das auf das zugehörige Hasse-Diagramm reduzierte Pfeildiagramm hat dann (nachdem wir es um 180° gedreht haben) folgendes Aussehen (s. Bild 2.10):

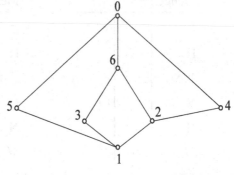

Bild 2.10

**Beispiel 2.35:** Die Teilbarkeit ist in $\mathbf{T}(16)$ eine reflexive totale Ordnung (s. Bild 2.11), in $\mathbf{T}(12)$ dagegen nur eine reflexive (teilweise) Ordnung (s. Bild 2.12). In $\mathbf{T}(12)$ ist die Teilbarkeit nicht linear; z. B. sind 3 und 4 nicht vergleichbar. Das wird anhand der zugehörigen Hasse-Diagramme deutlich.

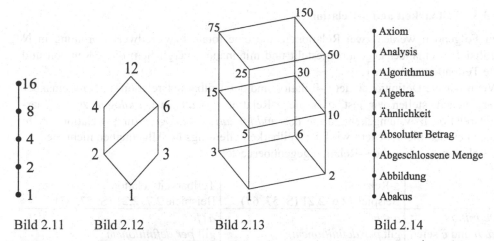

Bild 2.11      Bild 2.12          Bild 2.13              Bild 2.14

**Beispiel 2.36:** Wir stellen das Hasse-Diagramm für die Teilbarkeitsrelation | in der Menge **T**(150) auf! | ist eine reflexive (teilweise) Ordnung, sie ist nicht linear (s. Bild 2.13).

**Übung 2.34:** Stellen Sie das Hasse-Diagramm für die Teilbarkeitsrelation | in der Menge
a) $M = \{1, 2, 3, 4, 6, 8, 9, 12, 18, 27\}$, b) $M = \{1, 2, 4, 5, 8, 10, 20, 25, 50, 125\}$ auf!
Handelt es sich hierbei um eine reflexive totale Ordnung?

**Beispiel 2.37:** Das Hasse-Diagramm einer *lexikographischen Ordnung* in einer Menge von Wörtern, die den Anfangsbuchstaben „A" haben, ist eine *Kette*, d. h., alle Elemente sind längs einer Halbgeraden oder Geraden angeordnet; es gibt keine Verzweigungen (s. Bild 2.14).

**Beispiel 2.38:**   Die (reelle) Zahlengerade ist ein (üblicherweise horizontal liegendes) Hasse-Diagramm der ≤-Relation in **R**.

**Übung 2.35:** Zeichnen Sie die Hasse-Diagramme zur Inklusionsrelation $\subseteq$ in $\mathfrak{P}(M)$, wenn $M$ wie folgt definiert ist: $M$ sei die Menge aller
a)   geraden Primzahlen,
b)   zweistelligen Primzahlzwillinge zwischen 15 und 20 (die Primzahlen $p_1$ und $p_2$ heißen genau dann *Primzahlzwillinge*, wenn $p_1 + 2 = p_2$),
c)   Primzahldrillinge (die Primzahlen $p_1$, $p_2$ und $p_3$ heißen genau dann „*Primzahldrillinge*", wenn $p_1 + 2 = p_2$ und $p_2 + 2 = p_3$),
d)   einstelligen Primzahlen!

*Ausblick:*
Ist $R$ eine reflexive (teilweise) Ordnung in $M$ und besitzt jede nichtleere Teilmenge von $M$ bezüglich $R$ ein *kleinstes* oder *minimales Element* (d. h., in jeder Teilmenge $X \neq \emptyset$ von $M$ existiert ein Element $x$, sodass für alle $y \in X$ gilt $x\,R\,y$ ), dann ist $R$ eine *Wohlordnung* in $M$. Der mithilfe des Auswahlaxioms beweisbare *Wohlordnungssatz* von ERNST ZERMELO (1871 – 1953), einem Schüler CANTORS, besagt, dass *jede Menge wohlgeordnet werden kann.*

### 2.3.3 Teilbarkeit und ≤-Relation

Im Folgenden werden zwei Relationen, die eine totale bzw. teilweise Ordnung in **N** realisieren, einander gegenübergestellt und miteinander verglichen: die ≤-Relation und die Teilbarkeitsrelation |.

Wenn wir die Definitionen der ≤-Relation und der Teilbarkeitsrelation | in **N** miteinander vergleichen, stellen wir fest, dass die ≤-Relation das *additive Analogon* zur Teilbarkeitsrelation bzw. umgekehrt diese das *multiplikative Analogon* zur ≤-Relation ist. In manchen Schullehrbüchern wird der Teilbarkeit allerdings im Allgemeinen nicht die ≤-Relation, sondern die <-Relation gegenübergestellt.

|  | ≤-Relation<br>Beispiele 2.6, 2.21 (S. 57, 67) | Teilbarkeitsrelation \|<br>Beispiele 2.7, 2.21 (S. 57, 67) |  |
|---|---|---|---|
| *Definition*<br>(*a*, *b* und *c* seien im Folgenden stets beliebige natürliche Zahlen.) | $a \le b$<br>gilt *per definitionem* genau dann, wenn es eine natürliche Zahl $x$ gibt mit<br>$a + x = b$. | $a \mid b$<br>gilt *per definitionem* genau dann, wenn es eine natürliche Zahl $x$ gibt mit<br>$a \cdot x = b$. |  |

Eigenschaften:

|  | ≤-Relation | Teilbarkeitsrelation \| |  |
|---|---|---|---|
| *Reflexivität*[1] | $a \le a$<br>Beispiel 2.32 (S. 83) | $a \mid a$ | (1) |
| *Transitivität* | Wenn $a \le b$ und $b \le c$, so $a \le c$<br>(Beispiel 2.32). | Wenn $a \mid b$ und $b \mid c$, so $a \mid c$. | (2) |
| *Antisymmetrie* | Wenn $a \le b$ und $b \le a$, so $a = b$<br>Beispiel 2.32 (S. 83) | Wenn $a \mid b$ und $b \mid a$, so $a = b$<br>Übung 2.11 (S. 69) | (3) |
| *Linearität* | $a \le b$ oder $b \le a$<br>Beispiel 2.21 (S. 67) | — | (4) |

Wegen (1), (2) und (3) ist die Teilbarkeitsrelation | eine *reflexive teilweise Ordnung* in **N**. Die ≤-Relation ist eine *reflexive totale Ordnung* in **N**, weil neben (1), (2) und (3) auch noch (4) erfüllt ist.

Die Linearität der ≤-Relation erlaubt es, die natürlichen Zahlen in der uns vertrauten Weise auf dem Zahlenstrahl anzuordnen.
Diese lineare Anordnung (s. Bild 2.15) steht für

$$0 \le 1 \le 2 \le 3 \le 4 \le 5 \le \dots \tag{5}$$

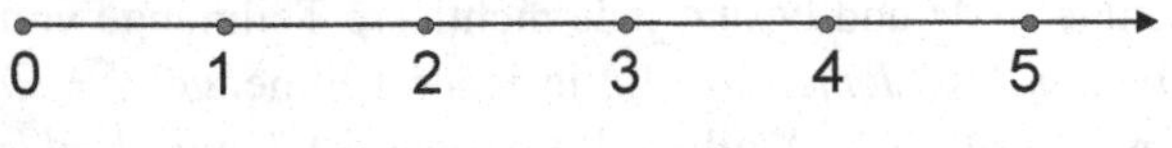

Bild 2.15

---

[1]  Die Null braucht hierbei nicht ausgeschlossen zu werden; denn es gilt sowohl $0 \le 0$ als auch $0 \mid 0$ (s. Kap. 3.5.2, S. 121).

Oft schreibt man stattdessen sogar nur

0, 1, 2, 3, 4, 5, ...

– und es versteht sich dann von selbst, dass die natürlichen Zahlen hier in ihrer natürlichen Ordnung hintereinander gesetzt worden sind.

Die Teilbarkeitsrelation $|$ ist nicht linear, da es unvergleichbare natürliche Zahlen gibt. Zum Beispiel gilt weder $3 \,|\, 4$ noch $4 \,|\, 3$. Eine zu (5) analoge lineare Anordnung aller natürlichen Zahlen

$$n_0 \,|\, n_1 \,|\, n_2 \,|\, n_3 \,|\, n_4 \,|\, n_5 \,|\, \ldots$$

lässt sich also mithilfe der nur teilweisen Ordnung $|$ nicht realisieren. Derartige lineare Anordnungen (Ketten) gibt es nur noch für bestimmte Teilmengen von **N**, etwa folgende:

$$1 \,|\, 2 \,|\, 4 \,|\, 8 \,|\, 16 \,|\, 32 \,|\, \ldots \text{ oder}$$
$$1 \,|\, 3 \,|\, 6 \,|\, 24 \,|\, 48 \,|\, 144 \ldots$$

Setzen wir nun den Vergleich der $\leq$-Relation und der Teilbarkeitsrelation $|$ fort, fällt z. B. auf, dass beide Relationen jeweils eine natürliche Zahl auszeichnen, die vor allen anderen steht.

Es gilt nämlich für jede natürliche Zahl $a$:

$$0 \leq a \qquad \text{bzw.} \qquad 1 \,|\, a \tag{6}$$

Das heißt, die Null ist bezüglich der $\leq$-Relation und die Eins bezüglich der Teilbarkeitsrelation $|$ die *kleinste natürliche Zahl*.

Darüber hinaus besitzt die Teilbarkeitsrelation $|$ eine ganz bemerkenswerte Eigenschaft, die der $\leq$-Relation fehlt. Bezüglich $|$ gibt es nämlich auch eine *größte natürliche Zahl*, die Null. Bekanntlich gilt für jede natürliche Zahl $a$

$$a \,|\, 0, \tag{7}$$

d. h., die Null steht *nach* jeder anderen natürlichen Zahl.

Im Folgenden werden die *ausgezeichneten Elemente* bezüglich beider Relationen noch einmal zusammengestellt. Die Tabelle gibt außerdem Auskunft, welche der *Monotoniegesetze* gültig sind.

| | | |
|---|---|---|
| Existenz einer kleinsten Zahl in **N** | $0 \leq a$ <br> 0 ist bezüglich $\leq$ die kleinste natürliche Zahl. | $1 \,\|\, a$ <br> 1 ist bezüglich $\|$ die kleinste natürliche Zahl. (6) |
| Existenz einer größten Zahl in **N** | Wegen $a \leq a + 1$ gibt es bezüglich $\leq$ keine größte natürliche Zahl. | $a \,\|\, 0$ <br> 0 ist bezüglich $\|$ die größte natürliche Zahl. (7) |
| Monotonie der Addition | Wenn $a \leq b$, <br> so $a + c \leq b + c$. | Die Addition ist bezüglich $\|$ nicht monoton; <br> z. B. gilt zwar $3 \,\|\, 6$, nicht aber $(3 + 2) \,\|\, (6 + 2)$. (8) |
| Monotonie der Multiplikation | Wenn $a \leq b$, <br> so $a \cdot c \leq b \cdot c$. | Wenn $a \,\|\, b$, <br> so $a \cdot c \,\|\, b \cdot c$. (9) |

Über die in beiden Tabellen ausgewiesenen Gemeinsamkeiten hinaus besteht zwischen beiden Relationen eine interessante Beziehung. Um diesen Zusammenhang besonders deutlich zu machen, stellen wir beide Relationen zunächst mithilfe ihrer *Relationsgraphen* (bzw. ihrer *Gitterdiagramme*) dar (s. Bild 2.16).

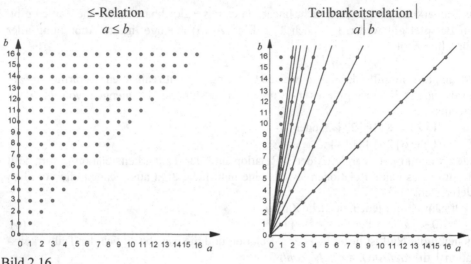

Bild 2.16

Die *Reflexivität* beider Relationen spiegelt sich unmittelbar in Bild 2.16 wider; jeder Punkt $(a, a)$ mit $a \in \mathbf{N}$ auf der Winkelhalbierenden (Diagonalen) des ersten Quadranten gehört zum Gitterdiagramm.

Die Eingänge verhalten sich in beiden Gitterdiagrammen genau entgegengesetzt. Während bei der ≤-Relation die *Abszissenachse* [mit Ausnahme des Punktes (0, 0)] leer bleibt und die *Ordinatenachse* vollständig[1] besetzt ist, gehört im Falle der Teilbarkeit die *Abszissenachse* ganz[2] zur Relation, von der *Ordinatenachse* wird dagegen nur der Ursprung berücksichtigt (vgl. auch Beispiel 2.14, S. 60).

Im Gitterdiagramm der ≤-Relation gibt es keine Zeile, die vollständig besetzt ist[2], andernfalls gäbe es je eine größte natürliche Zahl (s. (7), S. 89).

Bezüglich der Teilbarkeit ist die Null gemäß (7) die *größte natürliche Zahl*. Deshalb wird im zugehörigen Gitterdiagramm die Abszissenachse lückenlos erfasst.

Vollständig besetzte Spalten gibt es dagegen in beiden Gitterdiagrammen. Das ist wegen (6), S. 89, im Falle der ≤-Relation die 0-Spalte und im Falle der Teilbarkeitsrelation | die 1-Spalte. Am Rande sei vermerkt, dass die Zeilen mit genau zwei Punkten bei der Darstellung der Teilbarkeitsrelation gerade die Primzahlen kennzeichnen.

Klammern wir die Abszissenachse aus[3], dann ist das verbleibende Diagramm der Teilbarkeitsrelation | im verbleibenden Gitterdiagramm der ≤-Relation enthalten.

---

[1] Man beachte, dass uns hier natürlich nur Punkte $(a, b)$ mit $a \in \mathbf{N}$ und $b \in \mathbf{N}$ interessieren.
[2] Der Punkt (16; 15) gehört z. B. schon nicht mehr zum Gitterdiagramm (s. Bild 2.16).
[3] Der Ursprung brauchte eigentlich nicht ausgeschlossen zu werden.

Das heißt mit anderen Worten, wenn wir die Null als Vielfaches jeder Zahl ausschließen, liefert die Gegenüberstellung beider Relationen folgendes Ergebnis:

---

**Satz 2.26:** Für alle natürlichen Zahlen $a$ und $b$ (mit $b \neq 0$) gilt:

   Wenn $a \mid b$, so $a \leq b$.                                                    (10)

---

**Beweis:** Sei $a \mid b$. Dann gibt es nach Definition der Teilbarkeit eine natürliche Zahl $x$ mit
$a \cdot x = b$. Da nach Voraussetzung $b \neq 0$ ist, kann $x$ nicht null sein, d. h., es gilt $x \geq 1$.
Wegen der Monotonie der Multiplikation bezüglich der $\leq$-Relation [s. (9)] ist damit mit
$1 \leq x$ auch $1 \cdot a \leq x \cdot a$, also $a \leq b$.                              ∎

Der Fall $a = 0$, $b \neq 0$ (Ordinatenachse ohne Ursprung) braucht in (10) nicht ausgeschlossen zu werden, da bei falscher Prämisse die Implikation immer wahr ist. Die Umkehrung
von (10) gilt natürlich nicht. Schreiben wir (10) in kontraponierter Form, erhalten wir:

➢     *Für alle natürlichen Zahlen a und b (mit b ≠ 0) gilt:*

      *Wenn  $a > b$, so $a \nmid b$.*                                                (10')

Auch in dieser zu (10) äquivalenten Fassung muss $b = 0$ ausgeschlossen werden, andernfalls folgte nämlich z. B. aus $3 > 0$ sofort $3 \nmid 0$ – im Widerspruch zu (7).

Aus der Differenzierbarkeit einer Funktion folgt ihre Stetigkeit. Dieser Satz wird gern
zitiert, wenn Abhängigkeiten zwischen Eigenschaften – in diesem Falle der Funktionen –
genannt werden sollen. Dass aber die Relation $\leq$ aus der Teilbarkeit folgt (solange man
die Null in der angegebenen Weise ausklammert), wird in dieser Form wohl nur selten
ausgesprochen.

Graphische Darstellung mithilfe eines Computer-Algebra-Systems (CAS):

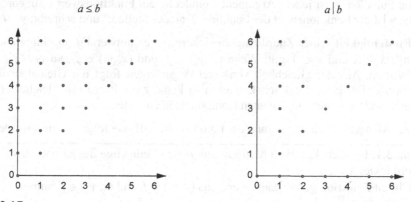

Bild 2.17

DERIVE zeichnet per VECTOR(VECTOR(IF($a = 0$, [b, 0], IF(INTEGER?(b/a) = true, [a, b])), a, 0, 6), b, 0, 6)
das gewünschte Gitterdiagramm für die Teilbarkeit; das für die Kleiner-Gleich-Relation per
VECTOR(VECTOR(IF($a \leq b \wedge$ INTEGER?(a) = true $\wedge$ INTEGER?(b) = true, [a, b]), a, 0, 6), b, 0, 6).

# 3 Funktionen

*Was ist eine Funktion[1]?*

Funktionen sind mathematische Werkzeuge zur Beschreibung von Sachverhalten oder Situationen aus der Natur, der Technik, der Mathematik und aus anderen Wissenschaften, bei denen Abhängigkeiten zwischen den beteiligten Größen bestehen.

Der heutige Funktionsbegriff ist das Ergebnis einer langen Entwicklung. Bereits die Babylonier benutzten vor 4000 Jahren Rechentafeln, die als Vorläufer von Funktionen in Tabellenform angesehen werden können. Eine entscheidende Entwicklung des Funktionsbegriffs setzte im 16. Jahrhundert ein, als die Variablen durch FRANÇOIS VIÈTE (1540 – 1603), PIERRE DE FERMAT und RENÉ DESCARTES Eingang in die Mathematik fanden. Die heutige, durch die Mengenlehre geprägte Fassung, entstand Ende des 19. Jahrhunderts. Sie ist mit den Namen RICHARD DEDEKIND, GEORG CANTOR, GIUSEPPE PEANO und FELIX HAUSDORFF (1868 – 1942) verknüpft.

## 3.1 Der Begriff der Funktion

Funktionen sind eindeutige Zuordnungen. Das bedeutet, dass jedem Element $x$ aus einer Menge $X$ höchstens ein Element $y$ aus einer Menge $Y$ zugeordnet wird. Damit ist eine Funktion eine Menge von geordneten Paaren $(x, y)$ mit $x \in X$ und $y \in Y$.

Funktionen werden häufig mithilfe von kleinen Buchstaben, wie $f$, $g$ oder $h$, bezeichnet. Die Menge aller $x$ mit $x \in X$, für die ein $y \in Y$ mit $(x, y) \in f$ existiert, bildet den **Definitionsbereich** $D(f)$ der Funktion $f$. Die Elemente des Definitionsbereichs einer Funktion heißen **Argumente**. Die Menge der $y$ mit $y \in Y$, für die ein $x \in X$ mit $(x, y) \in f$ existiert, ist der **Wertebereich** $W(f)$ der Funktion $f$. Die Elemente des Wertebereichs einer Funktion heißen **Funktionswerte**.

Durch eine Funktion $f$ ist jedem Argument $x$ eindeutig ein Funktionswert $y$ zugeordnet. Man sagt: „$y$ ist der Funktionswert der Funktion $f$ an der Stelle $x$" und schreibt: $y = f(x)$.

Um die **Eindeutigkeit**[2] einer Zuordnung zu sichern, ist es notwendig und hinreichend, dass für alle $x \in X$ und $y \in Y$ gilt: Wenn $(x, y_1) \in f$ und $(x, y_2) \in f$, so $y_1 = y_2$. Mit anderen Worten: Aus der Gleichheit von zwei Argumenten folgt die Gleichheit ihrer Funktionswerte. Bei einer Funktion können also keine zwei Paare mit gleicher erster Komponente und verschiedenen zweiten Komponenten auftreten.

Mithilfe der Mengenschreibweise kann der Funktionsbegriff wie folgt definiert werden:

---

**Definition 3.1:** Es seien $X$, $Y$ zwei Mengen und $f$ eine Teilmenge des kartesischen Produktes $X \times Y$.

$f$ heißt **Funktion** genau dann, wenn aus $(x, y_1) \in f$ und $(x, y_2) \in f$ immer $y_1 = y_2$ folgt.

---

[1] functio (lat.) = Verrichtung. Diese Bezeichnung wurde 1692 durch GOTTFRIED WILHELM LEIBNIZ (1646 – 1716) eingeführt.

[2] Oder *Nacheindeutigkeit* (vgl. JUNEK, H.: Analysis. Funktionen – Folgen – Reihen. Leipzig: Teubner 1998, S. 20).

**Beispiel 3.1:** Ordnet man jeder natürlichen Zahl ihr Dreifaches zu, so ist diese Zuordnung eindeutig, also eine Funktion.

Zu jeder natürlichen Zahl $x$ gibt es genau ein Dreifaches dieser Zahl, nämlich $3 \cdot x$.

Somit handelt es sich um die Funktion $f$ mit $f(x) = 3x$ ($x \in$ **N**).

Der Definitionsbereich von $f$ besteht aus allen natürlichen Zahlen, $D(f) =$ **N**. Der Wertebereich von $f$ ist die Menge aller durch 3 teilbaren natürlichen Zahlen, also eine echte Teilmenge der Menge der natürlichen Zahlen, $W(f) \subset$ **N**.

In der folgenden **Wertetabelle** ist für einige Argumente der Funktion (in der ersten Zeile) der jeweils zugehörige Funktionswert (in der zweiten Zeile) darunter angegeben. In einer Wertetabelle können immer nur endlich

| $x$ | 0 | 1 | 2 | 3 |
|---|---|---|---|---|
| $y$ | 0 | 3 | 6 | 9 |

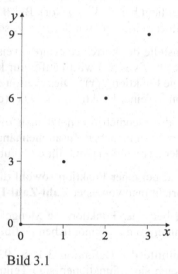

Bild 3.1

viele Paare einer Funktion angegeben werden. In der obigen Wertetabelle sind das die Paare (0, 0), (1, 3), (2, 6) und (3, 9). Im Bild 3.1 ist ausschnittsweise der **Graph** der Funktion $y = 3x$ ($x \in$ **N**) dargestellt. Dabei wurden auf den beiden Achsen unterschiedliche Skalierungen gewählt. Die Paare aus der obigen Wertetabelle liefern die Koordinaten von vier Punkten. Die Punkte liegen alle auf einer Geraden, die durch den Koordinatenursprung verläuft. Durch zwei dieser Punkte ist diese Gerade eindeutig festgelegt. In einem solchen Diagramm kann die Funktion prinzipiell nicht vollständig dargestellt werden.

**Beispiel 3.2:** Durch die folgende Wertetabelle ist eine Zuordnung gegeben. Jeder Zahl $x$ in der ersten Zeile ist darunter stehend eine Zahl $y$ in der zweiten Zeile zugeordnet. Die Zahl $y$ ist jeweils ein Teiler von $x$.

| $x$ | 10 | 6 | 10 | 6 | 2 | 3 | 6 |
|---|---|---|---|---|---|---|---|
| $y$ | 2 | 2 | 5 | 3 | 2 | 1 | 6 |

Die Zuordnung ist nicht eindeutig, denn z. B. gehören die Paare (10, 2) und (10, 5) zu der Zuordnung, d. h., die ersten Komponenten stimmen überein, während die zweiten Komponenten voneinander verschieden sind.

Stellt man diese Zuordnung in einem kartesischen Koordinatensystem graphisch dar, so ergeben sich auch Punkte, wie z.B. $P(10, 2)$ und $Q(10, 5)$, die auf ein und derselben Parallelen zur $y$-Achse liegen. Auch daran kann man erkennen, dass eine (also auch diese) Zuordnung nicht eindeutig ist.

**Übung 3.1:** Geben Sie den Definitions- und den Wertebereich der Zuordnung aus Beispiel 3.2 an!

**Übung 3.2:** Begründen Sie, dass die Bezeichnung "Funktionstasten" für einige Tasten auf einem Taschenrechner berechtigt ist!

Für Funktionen sind verschiedene Schreib- und Sprechweisen üblich:

$f \subseteq X \times Y$ – gesprochen: „$f$ ist eine Menge von Paaren $(x, y)$ mit $x$ aus $X$ und $y$ aus $Y$".

$f: X \to Y$ – gesprochen: „$f$ ist eine Funktion *von* $X$ in (oder nach) $Y$".

Für jede Funktion $f$ ist $D(f) \subseteq X$; man sagt, $f$ bildet **aus** der Menge $X$ ab. Bei $D(f) = X$ sagt man, dass $f$ **von** der Menge $X$ abbildet (dieser Fall liegt bei $f: X \to Y$ vor).

Für jede Funktion $f$ ist $W(f) \subseteq Y$; man sagt, dass $f$ **in** die Menge $Y$ abbildet (dieser Fall liegt bei $f: X \to Y$ vor). Bei $W(f) = Y$ sagt man, dass $f$ **auf** die Menge $Y$ abbildet. Gilt für eine Funktion $W(f) = Y$, so sagt man, dass die Funktion **surjektiv**[1] ist.

Anstelle der korrekten Schreibweise „Die Funktion $f$ mit $y = f(x)$" (gesprochen: „$y$ ist gleich $f$ von $x$") wird häufig nur kurz geschrieben „Die Funktion $y = f(x)$" oder sogar „Die Funktion $f(x)$". Diese verkürzende Schreibweise birgt die Gefahr der Verwechslung von $f$ (einer Funktion) und $f(x)$ (dem Funktionswert von $f$ an der Stelle $x$) in sich.

In der Geometrie benutzt man oft anstelle des Wortes „Funktion" das Wort „Abbildung". In manchen Zusammenhängen sind auch weitere Bezeichnungen wie „Operator" oder „Transformation" für eine Funktion gebräuchlich (vgl. Kap. 3.19, S. 152).

Sind bei einer Funktion sowohl die Menge $X$ als auch die Menge $Y$ Zahlenmengen, so spricht man von einer **Zahl-Zahl-Funktion** (zum Überblick s. Anhang A, S. 156f.).

Ist bei einer Funktion die Menge der zugelassenen Argumente nicht angegeben, so ist immer vom größtmöglichen Definitionsbereich auszugehen.

Mithilfe der Definition 3.1, S. 92, kann entschieden werden, wann zwei Funktionen gleich sind. Funktionen sind Teilmengen eines kartesischen Produktes zweier Mengen, also selbst Mengen. Zwei Mengen sind genau dann gleich, wenn sie in ihren Elementen übereinstimmen. Damit sind zwei Funktionen genau dann gleich, wenn sie im Definitionsbereich übereinstimmen und für gleiche Argumente auch gleiche Funktionswerte haben. Man sagt dann auch, sie sind *wertverlaufsgleich*.

Es sei $f$ eine Funktion mit $D(f) = X$ und $A \subseteq X$. Dann wird die Funktion $g$ mit $D(g) = A$ und $g(x) = f(x)$ für alle $x \in A$ als die **Einschränkung** von $f$ auf $A$ bezeichnet. Die Funktion $g$ ist nicht notwendig für alle Argumente von $f$ definiert. Umgekehrt heißt $f$ eine **Fortsetzung** von $g$, denn $f$ ist mindestens für die Argumente von $g$ definiert.

Funktionen können verschieden dargestellt werden. Besonders häufig werden Funktionen durch eine **Funktionsgleichung**, eine **Wertetabelle**, einen **Graphen** oder **verbal** dargestellt. Manchmal werden auch Funktionen durch **Funktionalgleichungen**[2] definiert.

Als **Graph der Funktion** $f$ wird die Menge der Punkte $P(x, f(x))$ mit $x \in D(f)$ bezeichnet. Der Graph einer Zahl-Zahl-Funktion ist damit ein geometrisches Gebilde. In der Literatur findet man auch andere Festlegungen.

---

[1]  surjectif (franz.) - gebildet aus sur (franz.) = auf und iacere (lat.) = werfen.
[2]  Die Gleichungen (1) in den Sätzen 3.7 bis 3.11 (S. 146-149) sind Beispiele für Funktionalgleichungen.

**Beispiel 3.3:** Verschiedene Schreibweisen für die Funktion $f$ mit $f(x) = 3x$ ($x \in \mathbf{N}$):

$f = \{(x, 3x) \mid x \in \mathbf{N}\}$;         $y = 3x$ ($x \in \mathbf{N}$);

$f: \mathbf{N} \to \mathbf{N}$ mit $f(x) = 3x$;         $f: \mathbf{N} \to \mathbf{N}$ mit $x \mapsto 3x$;

die Funktion $f(x) = 3x$ ($x \in \mathbf{N}$);     die Funktion $y = 3x$ ($x \in \mathbf{N}$).

Es handelt sich um eine Zahl-Zahl-Funktion, bei der die Menge der natürlichen Zahlen in die Menge der natürlichen Zahlen abgebildet wird. Die Funktion ist nicht surjektiv. $f$ ist die Einschränkung der Funktion $g = \{(x, 3x) \mid x \in \mathbf{R}\}$ auf $\mathbf{N}$.

**Übung 3.3:** Erläutern Sie, von welchem Definitionsbereich und welchem Wertebereich man jeweils bei den folgenden Angaben ausgehen kann!

a)      $f$ ist eine Funktion aus $X$ in $Y$,     b)      $f$ ist eine Funktion aus $X$ auf $Y$,

c)      $f$ ist eine Funktion von $X$ in $Y$,     d)      $f$ ist eine Funktion von $X$ auf $Y$.

**Übung 3.4:** Begründen Sie, dass Zahlenfolgen Funktionen sind, deren Definitionsbereich die Menge $\mathbf{N}$ der natürlichen Zahlen (oder eine Teilmenge dieser Menge) ist!

**Übung 3.5:** Geben Sie für die Funktion $f: \mathbf{R} \to \mathbf{R}$ mit $f(x) = x^2$ verschiedene Schreibweisen und Darstellungsformen an! Entscheiden Sie, ob $f$ surjektiv ist!

**Beispiel 3.4:** Die beiden Funktionen

$f$ mit $f(x) = x^2 - 1$, ($x \in \mathbf{R}$) und $g: \mathbf{R} \to \mathbf{R}$ mit $g(t) = (t - 1)(t + 1)$

sind gleich oder, wie man mitunter auch sagt, identisch.

Beide Funktionen haben den gleichen Definitionsbereich $\mathbf{R}$. Wegen $(t - 1)(t + 1) = t^2 - 1$ stimmen auch die Mengen der Paare von $f$ und $g$ überein. Die unterschiedliche Bezeichnung der Argumente mit $x$ bzw. $t$ hat keinen Einfluss auf die Entscheidung.

**Beispiel 3.5:** Die Funktionen $f$ mit $f(x) = \dfrac{x^2 - 1}{x + 1}$ und $g$ mit $g(x) = x - 1$ sind voneinander verschieden.

Die Beziehung $\dfrac{x^2 - 1}{x + 1} = \dfrac{(x - 1)(x + 1)}{x + 1} = x - 1$ besteht nur für alle von $-1$ verschiedenen reellen Zahlen. Für alle diese Zahlen stimmen die Funktionswerte der Funktionen $f$ und $g$ überein. Offensichtlich ist $D(f) = \mathbf{R} \setminus \{-1\}$ und $D(g) = \mathbf{R}$. Das Paar $(-1, -2)$ gehört zur Funktion $g$, aber nicht zur Funktion $f$. Daher sind die beiden Funktionen nicht gleich. Die Funktion $g$ ist eine Fortsetzung der Funktion $f$, während die Funktion $f$ eine Einschränkung der Funktion $g$ ist.

**Übung 3.6:** Entscheiden Sie, welche der Funktionen $f$ und $g$ gleich sind! Ist eine der Funktionen Einschränkung bzw. Fortsetzung der anderen Funktion?

a)      $f(x) = \dfrac{x}{x^2}$ ($x \neq 0$), $g(x) = \dfrac{1}{x}$,          b)      $f(s) = \dfrac{s^3 - 1}{s - 1}$, $g(s) = s^2 + s + 1$.

**Übung 3.7:** Stellen Sie die *konstante* Funktion $f$ mit $f(x) = 3$ und die *Betragsfunktion* $g$ mit $g(x) = |x|$ auf verschiedene Weisen dar! Woran kann man in den einzelnen Darstellungsformen die Eindeutigkeit der Zuordnung erkennen?

## 3.2 Funktionen als spezielle Relationen

Funktionen sind eindeutige Zuordnungen, d. h. nach Definition 3.1, S. 92, spezielle Teilmengen des kartesischen Produktes zweier Mengen $X$ und $Y$.

- Zuordnungen sind somit nichts anderes als Teilmengen eines kartesischen Produktes, also zweistellige Relationen zwischen $X$ und $Y$. Für eine große Klasse von Zahl-Zahl-Funktionen gilt $X = Y = \mathbf{R}$. Damit sind solche Funktionen auch zweistellige Relationen in $\mathbf{R}$ (s. Kap. 2.2, S. 56ff.).

- Es sei $f : \mathbf{R} \to \mathbf{R}$ eine Funktion. Dann ist $f \subseteq \mathbf{R} \times \mathbf{R} = \mathbf{R}^2$. Damit ist $f$ eine Relation in $\mathbf{R}$. Da jede Funktion eindeutig ist, ist $f$ eine rechtseindeutige Relation in $\mathbf{R}$.

Für zweistellige Relationen übliche Schreibweisen wie z. B. $x \, R \, y$ werden in der Regel nicht auf Funktionen angewendet. Für Funktionen hat sich eine eigene Symbolik wie z. B. $y = f(x)$ durchgesetzt.

- Es sei $f : \mathbf{R} \to \mathbf{R}$ eine Funktion. Wegen $D(f) = \mathbf{R}$ ist $f$ eine linkstotale Relation in $\mathbf{R}$. Ist darüber hinaus $W(f) = \mathbf{R}$, so ist $f$ auch eine rechtstotale Relation in $\mathbf{R}$, also insgesamt eine bitotale Relation in $\mathbf{R}$.

Viele Begriffe, die in diesem Kapitel 3 für Funktionen definiert werden, wie z. B. *Definitionsbereich* (S. 92), *Wertebereich* (S. 92), *injektiv* (S. 128) und *Verkettung* (S. 150), wurden schon für Relationen, also für beliebige Teilmengen des kartesischen Produktes zweier Mengen, in Kapitel 2 definiert. Andere Begriffe, wie z. B. *Einschränkung* (S. 94), *Fortsetzung* (S. 94), *surjektiv* (S. 94) und *bijektiv* (s. Übung 3.10), könnten ebenfalls schon für Relationen definiert werden. Wir haben darauf verzichtet, da wir hierbei den Schwerpunkt auf den Umgang mit Funktionen legen. Hinzu kommt, dass sich auch unterschiedliche Bezeichnungen für gleiche Sachverhalte herausgebildet haben. Das wird beispielhaft für den Begriff „bijektiv" in Übung 3.10 verdeutlicht.

Der folgende Satz steht als ein Beispiel dafür, wie Funktionen als spezielle Relationen charakterisiert werden können (vgl. Kap. 2.2, S. 66; mit $M = N$).

---

**Satz 3.1:** Eine Relation $f$ aus $M$ in $N$ ist eine Funktion genau dann, wenn $f \circ f^{-1} \subseteq id_N$.

---

**Beweis:** ($\Rightarrow$) Zunächst sei $f$ eine Funktion aus $M$ in $N$.
Dann ist zu zeigen, dass $f \circ f^{-1} \subseteq id_N$ ist.
Es sei $(x, z) \in f \circ f^{-1}$ mit $x, z \in N$, d. h., es existiert ein $y \in M$ mit $(x, y) \in f^{-1}$ und $(y, z) \in f$. Wenn $(x, y) \in f^{-1}$, dann ist $(y, x) \in f$. Wegen der Rechtseindeutigkeit von $f$ ist $x = z$, also $(x, z) = (x, x)$ und damit $(x, x) \in id_N$.

($\Leftarrow$) Nun sei $f \circ f^{-1} \subseteq id_N$. Dann ist zu zeigen, dass $f$ rechtseindeutig ist, d. h., aus $(y, z) \in f$ und $(y, x) \in f$ folgt, dass $z = x$ ist.
Es seien $(y, x) \in f$ und $(y, z) \in f$. Dann ist $(x, y) \in f^{-1}$ und $(x, z) \in f \circ f^{-1}$.
Wegen $f \circ f^{-1} \subseteq id_N$ ist $z = x$. ∎

**Übung 3.8:** Es seien $M$, $N$ zwei Mengen. Welche Eigenschaft hat eine Funktion $f$ aus $M$ in $N$, die gleichzeitig eine linkseindeutige Relation ist?

**Übung 3.9:** Geben Sie jeweils ein Beispiel für eine Funktion an, die
a)  eine linkstotale Relation in $\mathbf{R}$ ist,
b)  eine rechtstotale Relation in $\mathbf{R}$ ist,
c)  weder eine linkstotale noch eine rechtstotale Relation in $\mathbf{R}$ ist!

**Übung 3.10:** Begründen Sie, dass durch die beiden folgenden Formulierungen der gleiche Begriff festgelegt ist: „Eine Funktion heißt **bijektiv** genau dann, wenn sie injektiv und surjektiv ist." „Eine Relation heißt **bijektiv** genau dann, wenn sie linkseindeutig, rechtseindeutig und rechtstotal ist."

**Übung 3.11:** Es seien $M$ eine Menge und $f : M \to M$ die identische Funktion $id_M$, also $id_M(x) = f(x) = x$ für alle $x \in M$.
Zeigen Sie          a) $f = id_M$ ist bijektiv,          b) $f$ ist eine bitotale Relation in $M$!

**Übung 3.12:** Es seien $f$ eine Relation aus $M$ in $N$ und $g$ eine Relation aus $N$ in $P$. Definieren Sie   a) die Umkehrrelation $f^{-1}$,          b) die Verkettung $g \circ f$!

**Beispiel 3.6:** Im Bild 3.2 ist die Funktion
$f : \mathbf{Z} \to \mathbf{Z}$ mit $f(x) = x^2$ ausschnittsweise in
einem *Pfeildiagramm* dargestellt.
Da es im Wertebereich von $f$ Elemente gibt,
bei denen mehr als ein Pfeil endet, ist die
Funktion keine linkseindeutige Relation und
damit nicht eineindeutig (vgl. Kap. 2.2; Beispiel 2.19, S. 65). Die Funktion ist wegen
$D(f) = \mathbf{Z}$ eine linkstotale Relation. Da es
auch ganze Zahlen gibt, bei denen kein Pfeil
endet, ist $W(f) \subset \mathbf{Z}$. Damit ist $f$ keine rechtstotale Relation. Daher ist $f$ auch nicht surjek-
tiv. Die Funktion  $g : \mathbf{R} \to \mathbf{R}$ mit $g(x) = x^2$ ist
eine Fortsetzung der Funktion $f$, die eben-

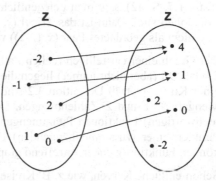

Bild 3.2

falls nicht surjektiv ist. Dagegen ist die Funktion $h : \mathbf{R} \to \mathbf{R}_+$ mit $h(x) = x^2$ surjektiv.

Eine Funktion kann nur bei einem endlichen Definitionsbereich (mit einer geringen Anzahl von Argumenten) vollständig als Pfeildiagramm dargestellt werden.

**Übung 3.13:** Es seien $M$, $N$ Mengen und $R$ eine Relation (Zuordnung) aus $M$ in $N$. Ist $x \in M$ und $y \in N$ mit $x\,R\,y$, so wird $y$ ein **Bild** von $x$ und $x$ ein **Urbild** von $y$ bezüglich (oder bei) $R$ genannt. Die Menge aller Bilder eines Elementes $x \in M$ heißt das **volle Bild** bezüglich (oder bei) $R$. Entsprechend heißt die Menge aller Urbilder eines gegebenen Bildes $y \in N$ das **volle Urbild** bezüglich (oder bei) $R$.
a)  Nun sei $R$ eine Funktion. Welche Aussagen können über Bild, Urbild, volles Bild und volles Urbild getroffen werden?
b)  Welche Bezeichnungen für Bild und Urbild sind üblich, wenn $R$ eine Funktion ist?

## 3.3 Ausblick auf Funktionen, die mehrstellig oder zweiwertig sind

Bei den bisher betrachteten Zahl-Zahl-Funktionen $f$ wurde jeder reellen Zahl $x$ aus $D(f)$ genau eine reelle Zahl $y$ ($=f(x)$) aus $W(f)$ zugeordnet. Man sagt in solchen Fällen auch: „ $f$ ist eine Funktion der Veränderlichen $x$" bzw. „ $f$ ist eine Funktion mit *einer* Veränderlichen" oder kürzer „ $f$ ist eine *einstellige* Funktion". Der Begriff der einstelligen Funktion kann verallgemeinert werden.

---

**Definition 3.2:** Es seien $X$, $Y$ und $Z$ drei Mengen reeller Zahlen und $f: X \times Y \to Z$ eine
   Funktion, die jedem geordneten Paar $(x, y) \in X \times Y$ genau[1] ein $z \in Z$ zuordnet.
   $f$ heißt dann **zweistellige Funktion** der Veränderlichen $x$ und $y$.

---

Auch eine zweistellige Funktion $f$ ist eine Menge geordneter Paare, nämlich eine Menge von Paaren $((x, y), z)$ mit $x \in X$, $y \in Y$ und $z \in Z$. Dabei bestehen die ersten Komponenten allerdings ebenfalls schon aus geordneten Paaren.

Der Definitionsbereich einer zweistelligen Funktion $f$ ist also eine Menge von geordneten Paaren. Es ist $D(f) = \{(x, y) \mid x \in X \wedge y \in Y \wedge \bigvee_{z \in Z} f(x, y) = z\}$.

Obwohl die Bildung des kartesischen Produktes von drei Mengen nicht assoziativ ist (Kap. 1.7, S. 42), sagt man gelegentlich, dass zweistellige Funktionen auch dreistellige Relationen sind. Dann ist das Tripel $(x, y, z)$ im Sinne von $((x, y), z)$ definiert, es kann also nicht als geordnetes Paar $(x, (y, z))$ verstanden werden.

Der Graph einer einstelligen reellen Zahl-Zahl-Funktion ist eine Punktmenge in der $x$-$y$-Ebene. Oft (aber nicht immer) liegen die Punkte des Graphen einer solchen Funktion auf einer Kurve. Gemäß Definition 3.2 sind die an einer zweistelligen Funktion beteiligten Mengen $X$, $Y$ und $Z$ Zahlenmengen. Daher sind Graphen von zweistelligen (reellen; reellwertigen) Funktionen Punktmengen im dreidimensionalen $x$-$y$-$z$-Raum, die oft aus Punkten einer (zusammenhängenden) Fläche im Raum bestehen. In einfachen Fällen können Funktionen daher zutreffend graphisch dargestellt werden.

Schon einfache Kurven, wie z. B. Kreise oder Ellipsen, werden durch die bisher betrachteten Funktionen nicht erfasst, denn hier ist die Eindeutigkeitsbedingung verletzt. Solche geschlossenen Kurven können also keine Graphen von bisher betrachteten Funktionen sein. Mithilfe von Funktionen, deren Wertebereich aus Paaren besteht, können jedoch solche Graphen erzeugt werden.

---

**Definition 3.3:** Es seien $X$, $Y$ und $Z$ drei Mengen reeller Zahlen und $f: X \to Y \times Z$ eine
   Funktion, die jedem $x \in X$ genau ein geordnetes Paar $(y, z) \in Y \times Z$ zuordnet.
   $f$ heißt dann **zweiwertige**[2] **Funktion** der Veränderlichen $x$.

---

Auch solche Funktionen $f$ sind Mengen geordneter Paare. Dabei bestehen die zweiten Komponenten jeweils aus einem geordneten Paar.

---

[1]   Die Pfeilschreibweise $f: X \times Y \to Z$ zieht $D(f) = X \times Y$ nach sich. Im Falle von $D(f) \subset X \times Y$ muss es
   anstelle von „genau" hier „höchstens" heißen.
[2]   Selbstverständlich ist $f$ als Funktion eindeutig, denn zu jedem Argument gibt es genau einen Funktionswert,
   der ein geordnetes Paar ist, also nicht etwa zwei Funktionswerte.

**Beispiel 3.7:** Durch die zweistellige Funktion $f$ mit $f(x, y) = x^2 - y^2$ in $\mathbf{R}^2$ wird jedem Paar $(x, y)$ reeller Zahlen genau eine reelle Zahl $z$ zugeordnet.

Der Definitionsbereich der Funktion $f$ ist die Menge $\mathbf{R}^2$. Der Wertebereich von $f$ ist $\mathbf{R}$. Wie Bild 3.3 ausschnittsweise zeigt, ist der Graph eine gekrümmte Fläche – ein *hyperbolisches Paraboloid* (Sattelfläche) – im $\mathbf{R}^3$.

**Übung 3.14:** Begründen Sie, dass durch die Taste $\boxed{x^y}$ auf einem Taschenrechner eine zweistellige Funktion realisiert wird! Geben Sie einen möglichen Definitionsbereich und den zugehörigen Wertebereich der Funktion an! (Vernachlässigen Sie dabei die Tatsache, dass die Taschenrechnerzahlen eine endliche Teilmenge von $\mathbf{Q}$ sind.)

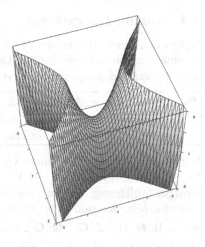

Bild 3.3

**Übung 3.15:** Definieren Sie den Begriff „$f$ ist $n$-stellige Funktion ($n \in \mathbf{N}$)"! Sie können dafür Definition 3.2 nutzen.

**Beispiel 3.8:** Der Graph der Funktion
$f: [0, 2\pi] \to [-1, 1] \times [-1, 1]$ mit $f(t) = (\cos t, \sin t)$
ist der Einheitskreis in Mittelpunktslage.

Durchläuft nun $t$ das Intervall von 0 bis $2\pi$, so durchläuft $\cos t$ die Werte von 1 über 0 bis $-1$ und über 0 zurück bis 1. Gleichzeitig durchläuft $\sin t$ die Werte von 0 über 1 zurück bis 0, weiter über $-1$ zurück bis 0. Es sei nun $t \in [0, 2\pi]$. Dann ist das Paar $f(t) = (\cos t, \sin t)$ der zugehörige Funktionswert. Das ergibt einen Punkt $P(x, y)$ im Koordinatensystem. Die Punkte $O(0, 0)$, $X(x, 0)$ und $P(x, y)$ ergeben nun ein rechtwinkliges Dreieck (s. Bild 3.4). Wegen des Satzes des Pythagoras gilt: $x^2 + y^2 = \cos^2 t + \sin^2 t = 1$. Das ist die Gleichung des Einheitskreises in Mittelpunktslage.

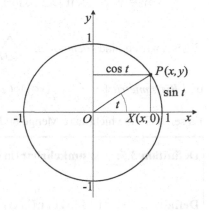

Bild 3.4

*Bemerkungen*: Der Einheitskreis aus Beispiel 3.8 kann auch mithilfe der zwei einstelligen Funktionen $f: [-1, 1] \to \mathbf{R}$ und $g: [-1, 1] \to \mathbf{R}$ mit $f(x) = \sqrt{1 - x^2}$ und $g(x) = -f(x)$ beschrieben werden.

Durch das Beispiel 3.8 ist wirklich eine Funktion gegeben, denn zu jedem Argument $t$ aus dem Intervall $[0, 2\pi]$ gehört als Funktionswert eindeutig das Paar $(\cos t, \sin t)$. Zu zwei Kreispunkten mit gleicher erster Koordinate gehören somit verschiedene Argumente. Z. B. ist $(0, 1)$ der Funktionswert für $\dfrac{\pi}{2}$ und $(0, -1)$ der Funktionswert für $-\dfrac{\pi}{2}$.

## 3.4   Binäre Operationen

Neben den Grundrechenarten (*Addition, Subtraktion, Multiplikation* und *Division*) gibt es eine Vielzahl weiterer binärer Operationen[1]. In Kap. 1.7.3, S. 26, haben wir unter anderem die *Mengenoperationen* $\cap$ (*Durchschnitt*) und $\cup$ (*Vereinigung*) kennen gelernt.

---

**Definition 3.4:** $\circ$ heißt **binäre (oder zweistellige) Operation in** $G$ : $\Leftrightarrow$ $\circ$ ist eine Funktion von $G \times G$ in $G$, d. h., jedem geordneten Paar $(x, y) \in G \times G$ wird genau ein Element $z \in G$ zugeordnet.

---

Mit anderen Worten: Eine binäre Operation $\circ$ in $G$ ist eine zweistellige Funktion $f$ mit $f : X \times Y \to Z$ sowie $f = \circ$ und $X = Y = Z = G$ (*Trägermenge*). Anstelle von $\circ(x, y) = z$ wird in Anlehnung an die Grundrechenoperationen $x \circ y = z$ geschrieben. Die *Grundrechenarten* sind binäre Operationen in (eventuell eingeschränkten) Zahlbereichen wie z. B. $\mathbf{N}$, $\mathbf{N}^*$, $\mathbf{Z}$, $\mathbf{Q}_+$, $\mathbf{Q}$, $\mathbf{Q}^*$, $\mathbf{R}_+$, $\mathbf{R}$ (s. Kap. 1.8); die *Mengenoperationen* $\cap$ und $\cup$ sind binäre Operationen in der Potenzmenge $\mathfrak{P}(M)$ einer Menge $M$. Weitere Beispiele sind die *Nacheinanderausführung* zweier Bewegungen einer Ebene, die *Summe* zweier Folgen, die *Verkettung* zweier Funktionen oder die *Linearkombination* zweier Vektoren. Jede Operation hat bestimmte Eigenschaften. Wir kennen bereits *Kommutativität*

$$[ \bigwedge_{x,y \in G} x \circ y = y \circ x \quad (K)]$$ und *Assoziativität* $$[ \bigwedge_{x,y,z \in G} (x \circ y) \circ z = x \circ (y \circ z) \quad (A)].$$ Weitere

Eigenschaften sind *Idempotenz* $[ \bigwedge_{x \in G} x \circ x = x \quad (I)]$, *Unipotenz* $[ \bigwedge_{x,y \in G} x \circ x = y \circ y \quad (U)]$

und *Bisymmetrie* $[ \bigwedge_{x,y,u,v \in G} (x \circ y) \circ (u \circ v) = (x \circ u) \circ (y \circ v) \quad (BS)]$.

Es seien $G$ eine nichtleere Menge und $\circ$ eine *binäre Operation in G*.

---

**Definition 3.5:** $\circ$ ist **umkehrbar** (in $G$) $:\Leftrightarrow \bigwedge_{a,b \in G} [ \bigvee_{x \in G} a \circ x = b \wedge \bigvee_{y \in G} y \circ a = b]$   (UKB)

**Definition 3.6:** $\circ$ ist **kürzbar** (in $G$) $:\Leftrightarrow \bigwedge_{a,b,x \in G} [( a \circ x = a \circ y \vee x \circ a = y \circ a) \Rightarrow x = y]$

(KB)

---

*Existenz eines neutralen Elementes* $(n \in G)$: $\bigvee_{n \in G} \bigwedge_{x \in G} n \circ x = x \circ n = x$, (NE)

*Existenz inverser Elemente* $(x' \in G)$: $\bigwedge_{x \in G} \bigvee_{x' \in G} x \circ x' = x' \circ x = n$, (IE)

*Existenz eines absorbierenden Elementes* $(a \in G)$: $\bigvee_{a \in G} \bigwedge_{x \in G} a \circ x = x \circ a = a$. (AE)

---

[1] binarius (lat.) = zwei enthaltend; operatio (lat.) = Arbeit, Verrichtung.

**Beispiel 3.9:** Die Bildung des größten gemeinsamen Teilers (*ggT*) und des kleinsten gemeinsamen Vielfachen (*kgV*) sind binäre Operationen in **N**. Diese und weitere binäre Operationen in geeignet gewählten Zahlbereichen *G* sind in der Tabelle aufgeführt.

| Bildungsvorschrift | $x \circ y :=$ | G | UKB | KB | NE | IE | AE | A | K | I | U | BS |
|---|---|---|---|---|---|---|---|---|---|---|---|---|
| | | | | | | | | | | | | *Eigenschaften* |
| *ggT* | $x \sqcap y$ | **N** | – | – | × | – | × | × | × | × | – | × |
| *kgV* | $x \sqcup y$ | **N** | | | | | | | | | | |
| Maximum[2] | $\max(x, y)$ | **N** | | | | | | | | | | |
| Minimum[2] | $\min(x, y)$ | **N** | | | | | | | | | | |
| arithmetisches Mittel | $\dfrac{x+y}{2}$ | **Q** | × | × | – | – | – | – | × | × | – | × |
| geometrisches Mittel | $\sqrt{x \cdot y}$ | $\mathbf{R}_+$ | | | | | | | | | | |
| harmonisches Mittel | $\dfrac{2xy}{x+y}$ | $\mathbf{Q}_+^*$ | | | | | | | | | | |

**Übung 3.16:** Ergänzen Sie die Tabelle in Beispiel 3.9.

**Übung 3.17:** Welche der in Beispiel 3.9 genannten Eigenschaften haben die Grundrechenarten *Addition* und *Subtraktion* in **R**, *Multiplikation* und *Division* in $\mathbf{R}^*$?

**Beispiel 3.10:** *Relativistisches Additionsgesetz*[3]: Es sei vorausgesetzt, dass die zu addierenden Geschwindigkeiten *x* und *y* die gleiche Richtung haben. $\varepsilon$ sei das ruhende Bezugssystem, $\varepsilon'$ sei das sich mit der Geschwindigkeit *y* gegenüber $\varepsilon$ geradlinig gleichförmig bewegende Bezugssystem; *x* sei die Geschwindigkeit, mit der sich ein Körper geradlinig gleichförmig im System $\varepsilon'$ bewegt. Die Geschwindigkeit *v* des Körpers in $\varepsilon$ lässt sich dann so ermitteln: in der klassischen Mechanik mit $v = x \circ_1 y = x + y$ und in der relativistischen Mechanik mit $v = x \circ_2 y = \dfrac{x+y}{1+\dfrac{xy}{c^2}}$, wobei *c* der Zahlenwert der Lichtgeschwindigkeit im Vakuum ist. Als Trägermengen werden **R** bzw. das nach beiden Seiten offene Intervall $I = (-c; +c)$ gewählt. Wie $\circ_1$ (in **R**) ist auch $\circ_2$ (in *I* ) eine *assoziative* und *kommutative Operation*, die *umkehrbar* und *kürzbar* ist. In beiden Fällen ist die Null das *neutrale Element* und $x' = -x$ das zu *x inverse Element*.

**Übung 3.18:** Welche der in Beispiel 3.9 genannten Eigenschaften haben die binären Operationen $\circ_1$, $\circ_2$, $\circ_3$ und $\circ_4$ mit $x \circ_1 y := x^y$ in $\mathbf{R}_+ \setminus \{1\}$, $x \circ_2 y := x^{\ln y}$ in $\mathbf{R}_+ \setminus \{1\}$, $x \circ_3 y := \sqrt{x^2 + y^2}$ in $\mathbf{R}_+$ bzw. $X \circ_4 Y := X \triangle Y = (X \cup Y) \setminus (X \cap Y)$ in $\mathfrak{P}(M)$ [4]?

**Übung 3.19:** Das *Potenzieren* ($x \circ_1 y := x^y$) ist weder in $\mathbf{N}^*$ noch in $\mathbf{R}_+ \setminus \{1\}$ kommutativ (vgl. Kap. 3.4.3, S. 109ff.). Für welche *x*, *y* (in $\mathbf{N}^*$ bzw. in $\mathbf{R}_+ \setminus \{1\}$) gilt dennoch $x^y = y^x$?

---

[2]  maximum (lat.) = das Größte; minimum (lat.) = das Geringste.
[3]  Auch *Einsteinsches Additionstheorem* genannt – nach ALBERT EINSTEIN (1879 – 1955).
[4]  Symmetrische Differenz – vgl. Definition 1.8, S. 28, und Beispiel 1.53, S. 43.

### 3.4.1  Operationstafeln und Cayley-Diagramme

Endliche zweistellige Operationen lassen sich durch *Operationstafeln* (auch *Struktur-* oder *Verknüpfungstafeln* genannt) und durch *Cayley-Diagramme*[1] beschreiben. Eine Operation heißt *endlich* bzw. *unendlich* je nachdem, ob ihre Trägermenge eine endliche bzw. unendliche Menge ist. Ist $G$ eine endliche Menge mit $m$ Elementen und $\circ$ eine Operation in $G$, dann ist $\circ$ eine von $m^{\left(m^2\right)}$ möglichen Operationen in $G$ (Beweis?). In diesem Zusammenhang sei vermerkt, dass zwei Operationen $\circ_1$ und $\circ_2$ genau dann identisch sind, wenn $x \circ_1 y = x \circ_2 y$ für alle $x, y \in G$ gilt. Es sei nun $G = \{a_1, a_2, ..., a_m\}$. Um die in $G$ definierte Operation $\circ$ in dem Sinne vollständig zu erfassen, dass zu jedem geordneten Paar $(x, y)$ auch das „Produkt" $x \circ y$ ($= z$) bekannt ist, werden die $m$ Elemente in eine (vertikale) Eingangsspalte und eine (horizontale) Eingangszeile eines quadratischen Schemas (Matrix) mit $m^2$ Feldern im Inneren eingetragen:

$$
\begin{array}{c|ccc}
\circ & \cdots & a_j & \cdots \\
\hline
\vdots & & \vdots & \\
a_i & \cdots & a_{ij} & \\
\vdots & & &
\end{array}
$$

In der Eingangsspalte und -zeile stehen die $m$ Elemente in derselben Reihenfolge. Das Element $a_{ij} \in G$ steht im Schnittpunkt der $i$-ten Zeile und der $j$-ten Spalte: $a_{ij} := a_i \circ a_j$.
*Jedes der $m^2$ Felder ist mit genau einem Element aus $G$ besetzt.* Damit definiert umgekehrt eine Tafel, die diese Bedingung erfüllt, eine binäre Operation in der Trägermenge $G = \{a_1, a_2, ..., a_m\}$.

Tritt jedes Element von $G$ in jeder Zeile und in jeder Spalte der Tafel genau einmal auf, wird eine solche Operationstafel auch *lateinisches Quadrat* genannt. EULER beschäftigte sich als erster systematisch mit lateinischen Quadraten.

Man kann eine Operation $\circ$ in einer endlichen Menge $G$ auch durch einen *kantengefärbten gerichteten Graphen* beschreiben, der sowohl das Ablesen als auch eine übersichtliche Anordnung der „Produkte" $x \circ y$ für alle $x, y \in G$ gewährleistet. Dazu wird jedes Element von $G$ sowohl als *Knoten* als auch als *Farbe* aufgefasst. Das zugehörige Cayley-Diagramm ist dann durch folgende Eigenschaft charakterisiert[2]:

Ist $x \circ y = z$, dann existiert eine *gerichtete Kante* der *Farbe y*, die vom *Knoten x* zum *Knoten z* führt: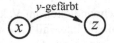

In einem Cayley-Diagramm einer Operation $\circ$ mit $m$ Elementen stimmen die Anzahl der Knoten, die Anzahl der von jedem Knoten abgehenden gerichteten Kanten und die Anzahl der Farben überein ($= m$); dabei gehen von jedem Knoten gerichtete Kanten aller Farben aus. Voneinander verschiedene gerichtete Kanten, die vom selben Knoten ausgehen, sind unterschiedlich gefärbt. Zwischen zwei Knoten kann es gleichgerichtete Kanten geben, diese müssen dann aber jeweils paarweise verschieden gefärbt sein. Beide Visualisierungen – Operationstafeln und Cayley-Diagramme – erlauben, bestimmte Rückschlüsse auf eventuell zu untersuchende Eigenschaften der Operation $\circ$.

[1]  Nach ARTHUR CAYLEY (1821 – 1895).
[2]  Für eine genauere Beschreibung vgl. ILSE, D.; LEHMANN, I.; SCHULZ, W.: Gruppoide und Funktionalgleichungen. Berlin: Deutscher Verlag der Wissenschaften 1984, S. 16-41.

**Beispiel 3.11:** In der Menge $G = \{a, b, c, d\}$ wird eine Operation $\circ$ wie folgt definiert:

$$x \circ y := \begin{cases} a \text{ für } x = a \text{ oder } y = a, \\ x \text{ für } x = y, \\ z \text{ für } x \neq y \text{ und } x \neq a \text{ und } y \neq a, \\ \text{wobei } z \neq x \text{ und } z \neq y \text{ und } z \neq a \end{cases}$$

Die zugehörige Operationstafel hat dann folgendes Aussehen:

| $\circ$ | $a$ | $b$ | $c$ | $d$ |
|---|---|---|---|---|
| $a$ | $a$ | $a$ | $a$ | $a$ |
| $b$ | $a$ | $b$ | $d$ | $c$ |
| $c$ | $a$ | $d$ | $c$ | $b$ |
| $d$ | $a$ | $c$ | $b$ | $d$ |

**Beispiel 3.12:** In $G = \{0, 1, 2\}$ sind drei Operationen per Operationstafel bzw. Cayley-Diagramm wie folgt definiert:

$x \circ y := 1$

| $\circ$ | 0 | 1 | 2 |
|---|---|---|---|
| 0 | 1 | 1 | 1 |
| 1 | 1 | 1 | 1 |
| 2 | 1 | 1 | 1 |

——— 0-gefärbt
– – – 1-gefärbt
········· 2-gefärbt

Bild 3.5

$x \circ y := x$

| $\circ$ | 0 | 1 | 2 |
|---|---|---|---|
| 0 | 0 | 0 | 0 |
| 1 | 1 | 1 | 1 |
| 2 | 2 | 2 | 2 |

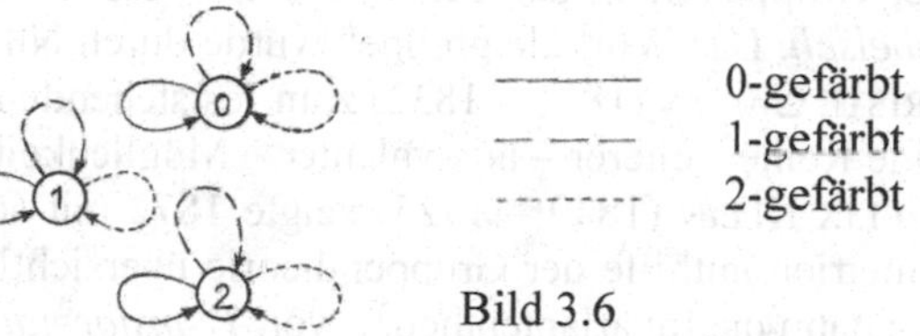

——— 0-gefärbt
– – – 1-gefärbt
········· 2-gefärbt

Bild 3.6

$x \circ y := |x - y|$

| $\circ$ | 0 | 1 | 2 |
|---|---|---|---|
| 0 | 0 | 1 | 2 |
| 1 | 1 | 0 | 1 |
| 2 | 2 | 1 | 0 |

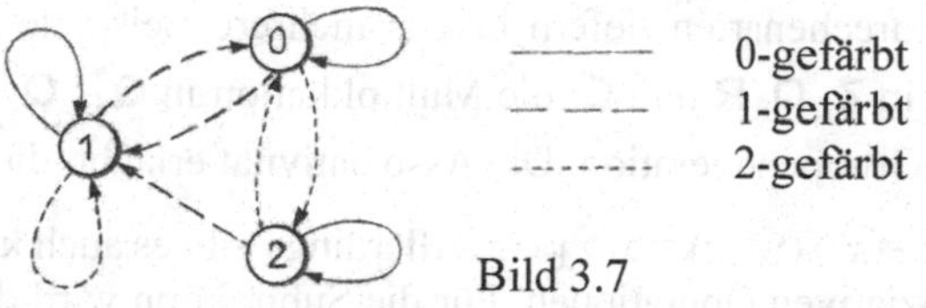

——— 0-gefärbt
– – – 1-gefärbt
········· 2-gefärbt

Bild 3.7

In einem lateinischen Quadrat ist jede Spalte und jede Zeile eine *Permutation* (vgl. Kap. 3.19, S. 153) der Eingangsspalte bzw. –zeile. Ein *Sudoku* ist deshalb ebenfalls ein lateinisches Quadrat ($m = 9$); darüber hinaus müssen hier aber weitere Bedingungen erfüllt sein.

**Beispiel 3.13:** In $G = \{a, b, c\}$ wird eine Operation $\circ$ wie folgt definiert:

$$x \circ y := \begin{cases} x \text{ für } x = y, \\ z \text{ für } x \neq y, \\ \text{wobei } z \neq x \text{ und } z \neq y \end{cases}$$

| $\circ$ | $a$ | $b$ | $c$ |
|---|---|---|---|
| $a$ | $a$ | $c$ | $b$ |
| $b$ | $c$ | $b$ | $a$ |
| $c$ | $b$ | $a$ | $c$ |

——— $a$
– – – $b$
········· $c$

Die Operationstafel ist ein lateinisches Quadrat. Im Cayley-Diagramm führt von jedem Knoten zu jedem Knoten (einschließlich zu sich selbst) genau eine gerichtete Kante; zugleich endet in jedem Knoten genau eine gerichtete Kante jeder Farbe.

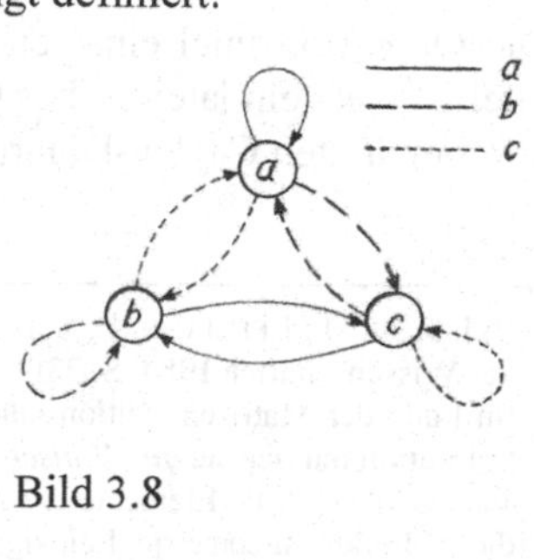

Bild 3.8

### 3.4.2   Gruppenoperationen

Unter den Eigenschaften, die eine Operation ∘ haben kann, nimmt die Assoziativität (A) eine Sonderstellung ein. Das drückt sich u.a. auch darin aus, dass es für die assoziativen Operationen (samt weiterer Bedingungen) eine eigenständige Teildisziplin der Algebra gibt; das ist die *Gruppentheorie*.

---

**Definition 3.7:** $(G, \circ)$ heißt **Gruppe**: $\Leftrightarrow$ ∘ ist eine binäre Operation in $G$ und es gelten

$$\bigwedge_{x,y,z \,\in G} (x \circ y) \circ z = x \circ (y \circ z) \quad \text{(A)} - \textit{Assoziativität},$$

$$\bigvee_{n\in G} \bigwedge_{x\in G} n \circ x = x \circ n = x \qquad \text{(NE)} - \textit{Existenz eines neutralen Elementes},$$

$$\bigwedge_{x\,\in G} \bigvee_{x'\in G} x \circ x' = x' \circ x = n \qquad \text{(IE)} - \textit{Existenz inverser Elemente}.$$

---

Ist in einer Gruppe $(G, \circ)$ darüber hinaus auch die *Kommutativität* (K) erfüllt, heißt die Gruppe *abelsch*. Das Wort „le groupe" wurde durch NIELS HENRIK ABEL (1802 – 1829) und ÉVARISTE GALOIS (1811 – 1832) zum feststehenden mathematischen Fachausdruck. Es gibt eine Reihe weiterer – äquivalenter – Möglichkeiten, den Gruppenbegriff zu definieren[1]. FELIX KLEIN (1849 – 1925) zeigte 1872 mit seinem *Erlanger Programm*, wie man Geometrien mithilfe der Gruppentheorie übersichtlich klassifizieren kann. Geometrie ist hier dann die Invariantentheorie von *Transformationsgruppen*.

Die Grundrechenarten liefern bereits mehrere Beispiele abelscher Gruppen. So ist die Addition in $\mathbf{Z}$, $\mathbf{Q}$, $\mathbf{R}$ und $\mathbf{C}$, die Multiplikation in $\mathbf{Q}_+^*$, $\mathbf{Q}^*$, $\mathbf{R}_+^*$, $\mathbf{R}^*$ und $\mathbf{C}^*$ jeweils eine abelsche Gruppenoperation. Die Assoziativität erlaubt, die Klammern wegzulassen:

$(x \circ y) \circ z = x \circ (y \circ z) = x \circ y \circ z$. Allerdings gibt es auch klammerfreie Schreibweisen bei *nicht*assoziativen Operationen. Für die Subtraktion wird dabei anders als beim Potenzieren geklammert, d. h., es wird vereinbart: $x - y - z := (x - y) - z$, aber $x^{y^z} := x^{(y^z)}$.

Die Matrizenaddition und -multiplikation sind ebenfalls Gruppenoperationen, wenn geeignete Trägermengen gewählt werden[2] – ebenso die Nacheinanderausführung spezieller Abbildungen (Permutationen, Bewegungen)[3].

Die Operationstafel einer endlichen Gruppe $(G, \circ)$ heißt *Gruppentafel*. Eine Gruppentafel ist stets ein lateinisches Quadrat (Beweis?). CAYLEY benutzte bereits 1878 die nach ihm benannten Cayley-Diagramme zur Illustration von Gruppen.

---

[1]   Vgl. ILSE, D.; LEHMANN, I.; SCHULZ, W.: Gruppoide und Funktionalgleichungen. Berlin: Deutscher Verlag der Wissenschaften 1984, S. 33f.

[2]   Im Falle der Matrizenaddition müssen die Matrizen *vom selben Typ* $(m, n)$ sein, im Falle der Matrizenmultiplikation müssen sie *quadratisch* und *regulär* sein.

[3]   Vgl. GÖTHNER, P.: Elemente der Algebra. Leipzig: Teubner 1997, S. 44ff., und KIRSCHE, P.: Einführung in die Abbildungsgeometrie. Leipzig: Teubner 1998, S. 36.

**Übung 3.20:** Jede Gruppenoperation ist umkehrbar und kürzbar, d. h., in einer Gruppe $(G, \circ)$ sind die Gleichungen $a \circ x = b$ und $y \circ a = b$ für alle $a, b \in G$ eindeutig lösbar.

**Übung 3.21:** Jede Gruppe $(G, \circ)$ besitzt genau ein neutrales Element $n$ und zu jedem Element $x$ gibt es genau ein inverses Element $x'$.

**Übung 3.22:** $(\mathbf{Q} \setminus \{1\}, \circ)$ mit $x \circ y := x + y - x \cdot y$ ist eine abelsche Gruppe.

**Übung 3.23:** Die Operationen $\circ_2$ und $\circ_4$ in Übung 3.18 sind abelsche Gruppenoperationen. Geben Sie das jeweilige neutrale Element sowie das zu jedem Element existierende inverse Element an!

**Beispiel 3.14:** Das nebenstehende lateinische Quadrat zeigt, dass $n = 1$ das neutrale Element ist; auch sind die Gleichungen $a \circ x = b$ und $y \circ a = b$ für alle $a, b$ eindeutig lösbar, insbesondere ist jedes Element zu sich selbst invers.
Dennoch ist $(G, \circ)$ mit $G = \{1, 2, 3, 4, 5\}$ keine Gruppe, wie die folgende Rechnungen zeigen:
$(2 \circ 3) \circ 4 = 5 \circ 4 = 2$, aber $2 \circ (3 \circ 4) = 2 \circ 5 = 4$.
Die Operation $\circ$ ist auch nicht kommutativ ($2 \circ 3 = 5$, aber $3 \circ 2 = 4$).

| $\circ$ | 1 | 2 | 3 | 4 | 5 |
|---|---|---|---|---|---|
| 1 | 1 | 2 | 3 | 4 | 5 |
| 2 | 2 | 1 | 5 | 3 | 4 |
| 3 | 3 | 4 | 1 | 5 | 2 |
| 4 | 4 | 5 | 2 | 1 | 3 |
| 5 | 5 | 3 | 4 | 2 | 1 |

**Beispiel 3.15:** In der Menge $G = \{1, 2, 3, 4\}$ lassen sich zwei abelsche Gruppen definieren, die nicht zueinander isomorph sind (vgl. S. 153). Das ist einerseits die *Kleinsche Vierergruppe* $\mathfrak{B}_4 = (G, \circ)$ und andererseits die sogenannte *zyklische Gruppe der Ordnung* 4, $\mathfrak{Z}_4 = (G, *)$. Gruppentafeln:

Letztere lässt sich im Unterschied zur Gruppe $\mathfrak{B}_4$ aus einem einzigen Element erzeugen; z. B. gilt $2^1 = 2$, $2^2 = 2*2 = 3$, $2^3 = 2^2*2 = 3*2 = 4$, $2^4 = 2^3*2 = 4*2 = 1$. Man sagt, 2 ist ein *erzeugendes Element* der zyklischen Gruppe $\mathfrak{Z}_4$.
Die unipotente Kleinsche Vierergruppe $\mathfrak{B}_4$ lässt sich durch zwei ihrer Elemente $a$ und $b$ (mit $a \neq 1$ und $b \neq 1$) erzeugen.

| $\circ$ | 1 | 2 | 3 | 4 |
|---|---|---|---|---|
| 1 | 1 | 2 | 3 | 4 |
| 2 | 2 | 1 | 4 | 3 |
| 3 | 3 | 4 | 1 | 2 |
| 4 | 4 | 3 | 2 | 1 |

| $*$ | 1 | 2 | 3 | 4 |
|---|---|---|---|---|
| 1 | 1 | 2 | 3 | 4 |
| 2 | 2 | 3 | 4 | 1 |
| 3 | 3 | 4 | 1 | 2 |
| 4 | 4 | 1 | 2 | 3 |

Cayley-Diagramme:

—·—　1-gefärbt
———　2-gefärbt
— —　3-gefärbt
······　4-gefärbt

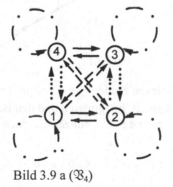

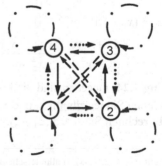

Bild 3.9 a ($\mathfrak{B}_4$)          Bild 3.9 b ($\mathfrak{Z}_4$)

### 3.4.3  Rechenoperationen

*Rechnen mit komplexen Zahlen*

Zunächst werden die Rechenoperationen in **C** definiert. Eine komplexe Zahl $z$ lässt sich in der Form $z = x + y$i darstellen, wobei $x$ und $y$ reelle Zahlen sind, i ist die *imaginäre Einheit* mit $i^2 = -1$; $x = \text{Re}(z)$ heißt der *Realteil* und $y = \text{Im}(z)$ der *Imaginärteil* von $z$. Der *Betrag* von $z$ ist $|z| = \sqrt{x^2 + y^2}$ . Eine weitere Form der Darstellung ist die *Polarform*

$$z = r \cdot (\cos \varphi + i \cdot \sin \varphi) \quad (z \neq 0),$$

wobei $r$ der *Betrag* von $z$ ist und $\varphi$ das *Argument* der komplexen Zahl $z$ bezeichnet, d. h. den mit der reellen Achse eingeschlossenen Winkel[1]. Durch die Forderung $0 \leq \varphi < 2\pi$ bzw. $-\pi < \varphi \leq \pi$ wird die Eindeutigkeit gewährleistet.

Man kann die Menge **C** der komplexen Zahlen als Punkte in einer Ebene, der sogenannten *Gaußschen Zahlenebene*, darstellen.

Die *Abszisse*[2] stellt dabei den Realteil, die *Ordinate*[2] den Imaginärteil der komplexen Zahl dar; der Betrag $r$ ist dann der Abstand des Punktes vom Nullpunkt (Bild 3.10):

$$\cos \varphi = \frac{x}{r}, \sin \varphi = \frac{y}{r}.$$

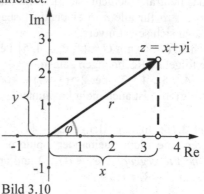

Bild 3.10

Die Rechenoperationen werden wie folgt in **C** definiert:

$$z_1 + z_2 = (x_1 + y_1 i) + (x_2 + y_2 i)$$
$$:= (x_1 + x_2) + (y_1 + y_2)i$$

$$z_1 - z_2 = (x_1 + y_1 i) - (x_2 + y_2 i)$$
$$:= (x_1 - x_2) + (y_1 - y_2)i$$

$$z_1 \cdot z_2 = (x_1 + y_1 i) \cdot (x_2 + y_2 i)$$
$$:= (x_1 x_2 - y_1 y_2) + (x_1 y_2 + y_1 x_2)i$$

$$z_1 : z_2 = (x_1 + y_1 i) : (x_2 + y_2 i)$$

$$:= \frac{x_1 x_2 + y_1 y_2}{x_2^2 + y_2^2} + \frac{x_2 y_1 - x_1 y_2}{x_2^2 + y_2^2} i$$

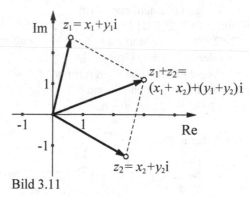

Bild 3.11

**Übung 3.24:** Gegeben sind die komplexen Zahlen $z_1 = \sqrt{3} + i$ und $z_2 = 3 - 3\sqrt{3}$ i.

a)  Geben Sie jeweils für $z_1$ und $z_2$ Realteil, Imaginärteil und den Betrag an.

b)  Berechnen Sie $z_1 + z_2$, $z_1 - z_2$, $z_1 \cdot z_2$ und $z_1 : z_2$. Nutzen Sie auch die Polarform.

---

[1]  Es gilt $\varphi = \arctan (y/x)$  (Fallunterscheidungen: $x > 0$, $x < 0$, $x = 0 \wedge y > 0$, $x = 0 \wedge y < 0$); s. auch Kap. 3.16, S. 145. Vgl. auch die Fußnote 3 auf S. 114.

[2]  linea abscissa  (neulat.) = abgeschnittene Linie; linea ordinata  (lat.) = geordnete Linie.

Die Addition komplexer Zahlen entspricht graphisch der *Vektoraddition* (Parallelogrammregel; s. Bild 3.11), die Subtraktion entspricht graphisch der *Vektorsubtraktion*.

Für die Multiplikation und Division ist die Darstellung in Polarform oft vorteilhafter:

$$z_1 \cdot z_2 = [r_1 \cdot (\cos \varphi_1 + \mathrm{i} \cdot \sin \varphi_1)] \cdot [r_2 \cdot (\cos \varphi_2 + \mathrm{i} \cdot \sin \varphi_2)] = r_1 r_2 \cdot [\cos(\varphi_1 + \varphi_2) + \mathrm{i} \cdot \sin(\varphi_1 + \varphi_2)]$$

und

$$z_1 : z_2 = [r_1 \cdot (\cos \varphi_1 + \mathrm{i} \cdot \sin \varphi_1)] : [r_2 \cdot (\cos \varphi_2 + \mathrm{i} \cdot \sin \varphi_2)] = \frac{r_1}{r_2} \cdot [\cos(\varphi_1 - \varphi_2) + \mathrm{i} \cdot \sin(\varphi_1 - \varphi_2)].$$

Dafür werden die Additionstheoreme der Sinus- und der Kosinusfunktion (s. Kap. 3.16, S. 144) verwendet.

Die Multiplikation zweier komplexer Zahlen (in Polarformdarstellung) entspricht dem Addieren der Winkel(-größen) und dem Multiplizieren der Beträge (Bild 3.12), während bei der Division zweier komplexer Zahlen die Winkel(-größen) subtrahiert sowie die Beträge dividiert werden.

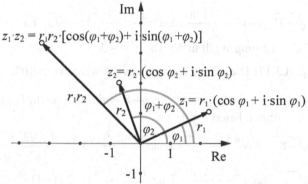

Bild 3.12

Aus den Regeln für die Multiplikation komplexer Zahlen kann der Satz von ABRAHAM DE MOIVRE (1667 – 1754; französischer Mathematiker) hergeleitet werden:

Für alle natürlichen Zahlen $n$ gilt   $[(\cos \varphi + \mathrm{i} \cdot \sin \varphi)]^n = \cos n\varphi + \mathrm{i} \cdot \sin n\varphi$

(Beweis durch vollständige Induktion[3]).

Für die Potenz $z^n$ mit $z = r \cdot (\cos \varphi + \mathrm{i} \cdot \sin \varphi)$ folgt daraus

$$z^n = [r \cdot (\cos \varphi + \mathrm{i} \cdot \sin \varphi)]^n = r^n \cdot (\cos n\varphi + \mathrm{i} \cdot \sin n\varphi).$$

Für eine allgemeine Definition des Potenzbegriffes mit beliebigen komplexen Exponenten (sowie das Radizieren und Logarithmieren) verweisen wir auf die einschlägige Literatur[4].

Als die *n-ten Wurzeln* einer komplexen Zahl $a \in \mathbf{C}$ bezeichnet man die Lösungen der Gleichung $z^n = a$. Mit $a = r \cdot (\cos \varphi + \mathrm{i} \cdot \sin \varphi)$ $(a \neq 0)$ sind dies genau die $n$ komplexen Zahlen

$$z_k = \sqrt[n]{r} \cdot \left(\cos \frac{\varphi + 2k\pi}{n} + \mathrm{i} \cdot \sin \frac{\varphi + 2k\pi}{n}\right) \text{ mit } k = 0, 1, \dots, n - 1 \quad (n \in \mathbf{N}^*).$$

---

[3]  inductio (lat.) = das Hineinführen.
[4]  Z. B. v. MANGOLDT, H.; KNOPP, K.: Einführung in die höhere Mathematik, Bd. 1. Leipzig: Hirzel 1964, und JÄNICH, K.: Funktionentheorie. Eine Einführung. Berlin: Springer 2004.

Damit geht die bisherige Eindeutigkeit beim Radizieren[1] im Komplexen verloren, denn nun existieren für $n > 1$ immer mehrere, nämlich $n$ Wurzeln, wobei gegebenenfalls Wurzeln mehrfach gezählt werden (vgl. Kap. 3.13, S. 136). Deshalb führt man zusätzlich den Begriff *Hauptwert* ein. Der Hauptwert ist die Wurzel mit dem kleinsten positiven Argument $\varphi$ ($k = 0$).

Man kann nun auch Wurzeln aus negativen reellen Zahlen im Komplexen ziehen, wie die folgenden Beispiele zeigen.

**Beispiel 3.16:** Im Falle der Quadratwurzel erhält man für $\sqrt{-3}$ : $a = -3$: $|a| = 3$, $\varphi = \pi$ ;

$$z_0 = \sqrt{|-3|} \cdot (\cos \frac{\pi + 2 \cdot 0 \cdot \pi}{2} + i \cdot \sin \frac{\pi + 2 \cdot 0 \cdot \pi}{2}) = \sqrt{3} \cdot i \quad (k = 0, \text{Hauptwert}) \text{ und}$$

$$z_1 = \sqrt{|-3|} \cdot (\cos \frac{\pi + 2 \cdot 1 \cdot \pi}{2} + i \cdot \sin \frac{\pi + 2 \cdot 1 \cdot \pi}{2}) = -\sqrt{3} \cdot i \ (k = 1)^2.$$

Für beide Lösungen gilt in der Tat $z^2 = -3$.

**Beispiel 3.17:** Die dritten Wurzeln aus $-8$ werden ermittelt.

$a = -8$:    $|a| = 8$, $\varphi = \pi$; für $\sqrt[3]{-8}$ ergibt sich nicht (wie vielleicht erwartet) $-2$ als Hauptwert; den liefert $k = 0$;

$$z_0 = \sqrt[3]{|-8|} \cdot (\cos \frac{\pi + 2 \cdot 0 \cdot \pi}{3} + i \cdot \sin \frac{\pi + 2 \cdot 0 \cdot \pi}{3}) = 2 \cdot \frac{1 + \sqrt{3} \cdot i}{2} = 1 + \sqrt{3} \cdot i \qquad (k = 0),$$

$$z_1 = \sqrt[3]{|-8|} \cdot (\cos \frac{\pi + 2 \cdot 1 \cdot \pi}{3} + i \cdot \sin \frac{\pi + 2 \cdot 1 \cdot \pi}{3}) = 2 \cdot (-1) = -2 \qquad (k = 1),$$

$$z_2 = \sqrt[3]{|-8|} \cdot (\cos \frac{\pi + 2 \cdot 2 \cdot \pi}{3} + i \cdot \sin \frac{\pi + 2 \cdot 2 \cdot \pi}{3}) = 2 \cdot \frac{1 - \sqrt{3} \cdot i}{2} = 1 - \sqrt{3} \cdot i \qquad (k = 2).$$

Für alle drei Lösungen gilt in der Tat $z^3 = -8$.

Auch beim Logarithmieren geht im Komplexen die Eindeutigkeit verloren. Deshalb wird auch hier der Hauptwert unter allen Werten hervorgehoben. Damit bleibt von den Rechenarten der 3. Stufe (s. S. 109) nur das Potenzieren eindeutig.

Stehen Potenzreihen im Komplexen zur Verfügung, so kann die Beziehung

$$e^{i\varphi} = \cos \varphi + i \cdot \sin \varphi$$

abgeleitet werden. Sie stellt einen überraschenden Zusammenhang zwischen der Exponentialfunktion und den Winkelfunktionen sin und cos her. Für $\varphi = \pi$ ergibt sich die Beziehung $\cos \pi + i \cdot \sin \pi = = -1 + i \cdot 0 = -1$ bzw. $e^{i\pi} = -1$.

Umgestellt, ist dies die wohl „berühmteste" oder „schönste" Formel der Mathematik

$$e^{i\pi} + 1 = 0.$$

Diese *Eulersche Identität* vereint die fünf Zahlen 0, 1, e, i und $\pi$.

---

[1] radix (lat.) = Wurzel.
[2] Punktspiegelung des Wertes für $k = 0$ am Ursprung.

*Die Rechenoperationen im Überblick*

Seit JOHN NAPIER (latinisiert NEPER), LAIRD OF MERCHISTON (1550 – 1617; schottischer Mathematiker), werden die sieben Grundrechenarten in drei Stufen eingeteilt. Das sind

– die *Addition* und die *Subtraktion* als *Rechenarten 1.Stufe*,
– die *Multiplikation* und die *Division* als *Rechenarten 2.Stufe*,
– das *Potenzieren*, das *Radizieren* und das *Logarithmieren*[3] als *Rechenarten 3.Stufe*.

Diese sieben Grundrechenarten sind in einigen Zahlbereichen keine binären Operationen, da die Ausführbarkeit oder die Eindeutigkeit verletzt ist. Die Subtraktion in der Menge der natürlichen Zahlen ist z. B. nur eine *partielle*[4] Operation, da etwa $z = x - y = 2 - 5$ keine natürliche Zahl ist; erst in der Menge der ganzen Zahlen ist die Subtraktion eine („volle" binäre) Operation.

Das Radizieren und das Logarithmieren sind in $\mathbf{C}$ keine binären Operationen mehr, denn es gibt mehrere Wurzeln bzw. mehrere Logarithmen für eine Zahl. Daher beschränken sich die folgenden Ausführungen im Wesentlichen auf die Menge $\mathbf{R}$.

Ein Ziel der Zahlbereichserweiterungen besteht nun gerade darin, dass die jeweiligen Grundrechenarten *Fortsetzungen*[5] der entsprechenden Rechenarten im neuen Zahlbereich sind (s. Kap. 1.8). Dabei sollen möglichst viele der (uns bereits vertrauten) *Rechengesetze* gültig bleiben (s. Übungen 3.17 bis 3.19, S. 101, und Kap. 3.4.2, S. 104).

Uneingeschränkt ausführbar sind z. B.

– die Addition und die Multiplikation in $\mathbf{N}, \mathbf{Z}, \mathbf{Q}, \mathbf{R}$ und $\mathbf{C}$,

– das Potenzieren in $\mathbf{N}^*$,

– die Subtraktion in $\mathbf{Z}, \mathbf{Q}, \mathbf{R}$ und $\mathbf{C}$,

– die Multiplikation in $\mathbf{Q}_+^*, \mathbf{Q}_+, \mathbf{Q}^*, \mathbf{Q}$, in $\mathbf{R}_+^*, \mathbf{R}_+, \mathbf{R}^*, \mathbf{R}$ und in $\mathbf{C}^*, \mathbf{C}$,

– die Division in $\mathbf{Q}_+^*$ und $\mathbf{Q}^*$, in $\mathbf{R}_+^*$ und $\mathbf{R}^*$ und in $\mathbf{C}^*$,

– das Potenzieren und das Radizieren in $\mathbf{R}_+^*$, das Logarithmieren in $\mathbf{R}_+^* \backslash \{1\}$.

Die Division $b : a$ ist in $\mathbf{N}^*$ genau dann ausführbar, wenn die lineare Gleichung $a \cdot x = b$ mit $a, b \in \mathbf{N}^*$ in $\mathbf{N}^*$ eindeutig lösbar ist. Dies ist genau dann der Fall, wenn $a$ ein Teiler von $b$ ist. Erst in der Menge $\mathbf{Q}_+^*$ können wir uneingeschränkt dividieren. Der Quotient zweier gebrochener Zahlen ist also stets wieder eine gebrochene Zahl, d. h., die Division ist eine binäre Operation in $\mathbf{Q}_+^*$.

*Addition* und *Multiplikation* sind kommutative und assoziative Operationen (s. Kap. 3.4.2, S. 104). Die übrigen fünf Rechenoperationen *Subtraktion, Division, Potenzieren, Radizieren* und *Logarithmieren* sind dagegen weder kommutativ noch assoziativ.

---

[3] lógos (griech.) = Vernuft, Verhältnis; arithmós (griech.) = Zahl.
[4] Jedem Paar $(x; y)$ von Elementen $x$ und $y$ aus einer Menge $G$ wird hierbei *höchstens* ein Element $z$ aus $G$ zugeordnet. Alle Grundrechenarten sind offensichtlich *partielle Operationen* in den jeweiligen Zahlbereichen.
[5] Das bedeutet: Beschränken wir uns in dem neu konstruierten Bereich wieder auf den Bereich, der dem alten Bereich entspricht, so sollen die Grundrechenoperationen (und die <-Relation) voll und ganz mit den entsprechenden Rechenoperationen (und der Ordnungsrelation; ohne $\mathbf{C}$) im alten Bereich übereinstimmen.

Anstelle der historisch bedingten Schreibweisen für die Rechenarten der 3.Stufe, die im Unterschied zu denen der 1. und 2. Stufe fast *ohne Operationszeichen* auskommen und für die deshalb einer der beiden Operanden hoch- bzw. tiefgesetzt wird, wählen wir (für den Moment!) die Zeichen $\uparrow$, $\downarrow$ und $\curlyvee$: $x\uparrow y = x^y$, $x\downarrow y = \sqrt[y]{x}$ und $x\curlyvee y = \log_y x$.

Die folgenden Sprechweisen erleichtern diese *operationale Schreibweise*:

$x\uparrow y$ :          $x$ hoch $y$;          $x$ potenziert mit $y$;

$x\downarrow y$ :          $x$ tief $y$;          $x$ radiziert mit (dem Wurzelexponenten) $y$;

$x\curlyvee y$ :          $x$ log $y$;          $x$ logarithmiert zur Basis $y$.

Auf diese Weise lässt sich die Struktur eines Terms besser erkennen.
Alternativ bietet sich an, zur *funktionalen Schreibweise* zu wechseln:

$$P(x, y) = x\uparrow y = x^y, \; R(x, y) = x\downarrow y = \sqrt[y]{x}, \; L(x, y) = x\curlyvee y = \log_y x.$$

Das liegt deshalb nahe, da bei diesen drei Operationen oft ein Argument konstant bleibt. Wird beim Potenzieren das erste Argument konstant gehalten, ergeben sich die *Exponentialfunktionen*[1] (s. Kap. 3.15, S. 140): $P(a, x) = E_a(x) = a^x$, bleibt das zweite Argument konstant, führt dies auf die *Potenzfunktionen* (s. Kap. 3.12, S. 134): $P(x, n) = P_n(x) = x^n$.

Im Mathematiklehrgang der Schule steht nicht die Frage der Umkehrbarkeit des zweistelligen Potenzierens im Vordergrund, sondern die Frage nach den (einstelligen) Umkehrfunktionen der einstelligen Potenz- bzw. Exponentialfunktionen. Diese (einstelligen) Funktionen werden in Kap. 3.12 und in Kap. 3.15 genauer untersucht.

In $\mathbf{R}_+^*$ entsprechen die Gleichungen $x\uparrow y = x^y = z$, $z\downarrow y = \sqrt[y]{z} = x$ und $z\curlyvee x = \log_x z = y$ einander. Folglich sind das Radizieren und das Logarithmieren *Umkehroperationen* des Potenzierens.

**Übung 3.25:** Zeigen Sie, dass Subtraktion, Division, Potenzieren, Radizieren und Logarithmieren in $\mathbf{R}$ weder kommutativ noch assoziativ sind.

**Übung 3.26:** Warum muss beim Logarithmieren die Eins als Basis aus der Menge der positiven reellen Zahlen ausgeschlossen werden?

Für Addition und Multiplikation gelten die vertrauten grundlegenden Gesetze, d. h., für alle natürlichen (ganzen, gebrochenen, rationalen, reellen, komplexen) Zahlen $x$, $y$, $z$ gilt:

$x + 0 \quad\quad = x \; = 0 + x$ \qquad (Die Null als neutrales Element der Addition)

$(x + y) + z = x + (y + z)$ \qquad (Assoziativgesetz für die Addition)

$x + y \quad\quad = y + x$ \qquad (Kommutativgesetz für die Addition)

$x \cdot 1 \quad\quad = x \; = 1 \cdot x$ \qquad (Die Eins als neutrales Element der Multiplikation)

$(x \cdot y) \cdot z \; = x \cdot (y \cdot z)$ \qquad (Assoziativgesetz für die Multiplikation)

$x \cdot y \quad\quad = y \cdot x$ \qquad (Kommutativgesetz für die Multiplikation)

$(x + y) \cdot z = x \cdot z + y \cdot z$ \qquad (Distributivgesetz der Multiplikation bzgl. der Addition).

Das Distributivgesetz stellt eine Verbindung zwischen Addition und Multiplikation her. Darüber hinaus ist die Null auch noch „absorbierendes" Element der Multiplikation, d. h., für alle Zahlen $x$ gilt $x \cdot 0 = 0 \cdot x = 0$.

---

[1] exponere (lat.) = herausstellen.

Addition und Multiplikation liefern eine Reihe abelscher Gruppen (s. Kap. 3.4.2, S. 104), die additiven Gruppen $(\mathbf{Z}, +)$, $(\mathbf{Q}, +)$, $(\mathbf{R}, +)$ und $(\mathbf{C}, +)$ sowie die multiplikativen Gruppen $(\mathbf{Q}_+^*, \cdot)$, $(\mathbf{Q}^*, \cdot)$, $(\mathbf{R}_+^*, \cdot)$, $(\mathbf{R}^*, \cdot)$ und $(\mathbf{C}^*, \cdot)$.

Darüber hinaus bilden die rationalen, reellen und komplexen Zahlen einen *Körper*[2] – $(\mathbf{Q}, +, \cdot)$, $(\mathbf{R}, +, \cdot)$ bzw. $(\mathbf{C}, +, \cdot)$. $(\mathbf{C}, +, \cdot)$ ist ein sogenannter *Erweiterungskörper* des Körpers der reellen Zahlen. Allerdings ist $(\mathbf{C}, +, \cdot)$ im Gegensatz zu $(\mathbf{Q}, +, \cdot)$ und $(\mathbf{R}, +, \cdot)$ kein geordneter Körper. Die Erweiterung hat allein algebraische Gründe. Man möchte eben auch Gleichungen wie z. B. $x^2 + 1 = 0$ oder $x^3 + 8 = 0$ lösen können.

**Übung 3.27:** Sie kennen die Vorzeichenregeln für das Rechnen mit reellen Zahlen: *„Minus mal Plus ist Minus"*, *„Plus mal Minus ist Minus"* und *„Minus mal Minus ist Plus"*. Machen Sie sich diese Regeln mithilfe der folgenden Aufgabenfolgen plausibel.

| | | | | | |
|---|---|---|---|---|---|
| $2 \cdot 2 = +4$ | $-2$ | $2 \cdot \ \ 2 = +4$ | $-2$ | $2 \cdot (-2) = -4$ | $+2$ |
| $1 \cdot 2 = +2$ | $-2$ | $2 \cdot \ \ 1 = +2$ | $-2$ | $1 \cdot (-2) = -2$ | $+2$ |
| $0 \cdot 2 = \ \ 0$ | $-2$ | $2 \cdot \ \ 0 = \ \ 0$ | $-2$ | $0 \cdot (-2) = \ \ 0$ | $+2$ |
| $(-1) \cdot 2 =$ | $-2$ | $2 \cdot (-1) =$ | $-2$ | $(-1) \cdot (-2) =$ | $+2$ |
| $(-2) \cdot 2 =$ | $-2$ | $2 \cdot (-2) =$ | $-2$ | $(-2) \cdot (-2) =$ | $+2$ |

---

**Satz 3.2:** Für beliebige reelle Zahlen $a$ und $b$ ist $a \cdot (-b)$ das *additve Inverse*[3] zu $a \cdot b$, d. h., es ist $a \cdot (-b) = -(a \cdot b)$, und es gilt $(-a) \cdot (-b) = a \cdot b$.

---

**Beweis:** Für beliebige reelle Zahlen $a$ und $b$ gilt in der Tat: $0 = a \cdot 0 = a \cdot [b + (-b)] = a \cdot b + a \cdot (-b)$, also ist $a \cdot (-b)$ das additve Inverse zu $a \cdot b$, d. h., es ist $a \cdot (-b) = -(a \cdot b)$. Ferner ist $0 = 0 \cdot (-b) = [a + (-a)] \cdot (-b) = a \cdot (-b) + (-a) \cdot (-b) = -(a \cdot b) + (-a) \cdot (-b)$, d. h., $(-a) \cdot (-b)$ ist das additve Inverse zu $-(a \cdot b)$, so dass $(-a) \cdot (-b) = -[-(a \cdot b)] = a \cdot b$ gilt. ∎

**Übung 3.28:** Kommentieren Sie die folgende Aussagen:

a)  Wegen $3 \cdot 3 = (-3) \cdot (-3) = 9$ gilt $\sqrt{9} = \pm 3$, d. h., die Quadratwurzel aus einer reellen Zahl ist nicht eindeutig.

b)  Wenn $\sqrt{9} = 3$ wäre, dann hätte die Gleichung $x^2 = 9$ nur eine Lösung, nämlich $x = 3$.

**Übung 3.29:** Lösen Sie die Gleichungen in $\mathbf{R}$ und in $\mathbf{C}$.

a)  $x^2 - x - 12 = 0$;         b)     $x^2 + 5x + \dfrac{25}{4} = 0$;    c)     $x^2 + 12 = 0$.

**Übung 3.30:** In $\mathbf{C}$ heißen $z = x + y\mathrm{i}$ und $\bar{z} = x - y\mathrm{i}$ zueinander *konjugiert*[4] komplexe Zahlen. Zeigen Sie:

a)  Für alle $z \in \mathbf{C}$ gilt $z \cdot \bar{z} = |z|^2$, $z + \bar{z} = 2\,\mathrm{Re}(z)$, $z - \bar{z} = 2\,\mathrm{Im}(z)$.

b)  Für alle $z_1, z_2 \in \mathbf{C}$ gilt $\overline{z_1 + z_2} = \overline{z_1} + \overline{z_2}$, $\overline{z_1 \cdot z_2} = \overline{z_1} \cdot \overline{z_2}$.

---

[2]  Siehe z. B. KRAMER, J.; v. PIPPICH, A.-M.: Von den natürlichen Zahlen zu den Quaternionen. Basiswissen Zahlbereiche und Algebra. Wiesbaden: Springer Spektrum 2013.
[3]  Synonym: $a \cdot (-b)$ ist die zu $a \cdot b$ *entgegengesetzte Zahl* (s. Kap. 3.4.2, S. 104).
[4]  coniugare (lat.) = verbinden; verheiraten.

*Potenz-, Wurzel- und Logarithmengesetze (in $\mathbf{R}$)*

Die folgende Zusammenstellung von Potenz-, Wurzel- und Logarithmengesetzen macht deutlich, dass bestimmte Analogien zu den Rechengesetzen der Rechenarten der 1. und 2. Stufe durch die hier gewählte Symbolik leichter zu erkennen sind[1].

1.  *Rechtsdistributivität* des Potenzierens (Radizierens) bzgl. der Multiplikation und Division

$$(a \cdot b){\uparrow}c = (a{\uparrow}c) \cdot (b{\uparrow}c) \qquad\qquad (a:b){\uparrow}c = (a{\uparrow}c):(b{\uparrow}c)$$
$$(a \cdot b){\downarrow}c = (a{\downarrow}c) \cdot (b{\downarrow}c) \qquad\qquad (a:b){\downarrow}c = (a{\downarrow}c):(b{\downarrow}c)$$

2.  Das Logarithmieren ist weder bzgl. der Multiplikation noch bzgl. der Division rechtsdistributiv; stattdessen gilt

$$(a \cdot b){\searrow}c = (a{\searrow}c) + (b{\searrow}c) \qquad\qquad (a:b){\searrow}c = (a{\searrow}c) - (b{\searrow}c)$$

3.  Keine der Rechenarten der 3. Stufe ist linksdistributiv bzgl. irgendeiner Rechenart; für das Potenzieren gilt

$$a{\uparrow}(b+c) = (a{\uparrow}b) \cdot (a{\uparrow}c) \qquad\qquad a{\uparrow}(b-c) = (a{\uparrow}b):(a{\uparrow}c)$$

4.  Analoge Eigenschaften (verglichen mit der 1. Stufe):

4.1  $\begin{aligned}[t] (a{\uparrow}b){\uparrow}c &= (a{\uparrow}c){\uparrow}b \\ &= a{\uparrow}(b \cdot c) = a{\uparrow}(c \cdot b) \end{aligned}$  $\qquad\qquad (a+b)+c = (a+c)+b$

4.2  $\begin{aligned}[t] (a{\uparrow}b){\downarrow}c &= (a{\downarrow}c){\uparrow}b \\ &= a{\uparrow}(b:c) = a{\downarrow}(c:b) \end{aligned}$  $\qquad\qquad (a+b)-c = (a-c)+b$

4.3  $\begin{aligned}[t] (a{\uparrow}b){\searrow}c &= a{\searrow}(c{\downarrow}b) \\ &= b \cdot (a{\searrow}c) \\ &= b:(c{\searrow}a) \end{aligned}$  $\qquad\qquad (a+b)-c = a-(c-b)$

4.4  $(a{\downarrow}b){\uparrow}c = (a{\uparrow}c){\downarrow}b$

4.5  $\begin{aligned}[t] (a{\downarrow}b){\downarrow}c &= (a{\downarrow}c){\downarrow}b \\ &= a{\downarrow}(b \cdot c) \\ &= a{\downarrow}(c \cdot b) \end{aligned}$  $\qquad\qquad (a-b)-c = (a-c)-b$

4.6  $\begin{aligned}[t] (a{\downarrow}b){\searrow}c &= a{\searrow}(c{\uparrow}b) \\ &= (a{\searrow}c):b \end{aligned}$  $\qquad\qquad (a-b)-c = a-(c+b)$

4.7  $\begin{aligned}[t] a{\uparrow}(b{\searrow}c) &= a{\downarrow}(c{\searrow}b) \\ &= b{\uparrow}(a{\searrow}c) \\ &= b{\downarrow}(c{\searrow}a) \end{aligned}$  $\qquad\qquad \begin{aligned}[t] a+(b-c) &= a-(c-b) \\ &= b+(a-c) \\ &= b-(c-a) \end{aligned}$

Für die komplexen Zahlen gelten einige dieser Gesetze nicht mehr. Mit $a = b = -1$, $c = \frac{1}{2}$ ist z. B. $(a \cdot b){\uparrow}c = \sqrt[2]{(-1) \cdot (-1)} = \sqrt[2]{1} = 1$, aber $(a{\uparrow}c) \cdot (b{\uparrow}c) = \sqrt[2]{(-1)} \cdot \sqrt[2]{(-1)} = i \cdot i = -1$.

---

[1] Quantoren und Einschränkungen werden dabei außer Acht gelassen.

Da die Wurzelschreibweise $\sqrt[n]{a^m}$ ($m \in \mathbf{Z}$, $n \in \mathbf{N}^*$) gleichwertig durch die Potenzschreibweise $a^{\frac{m}{n}}$ ersetzt werden kann, genügt es, sich auf die Potenzgesetze zu beschränken.

Auf einige typische Fehler sei im Folgenden hingewiesen:

Es gilt stets: $x^{\frac{2}{3}} = (x^{\frac{1}{3}})^2 = (\sqrt[3]{x})^2$, *nicht* aber $x^{\frac{2}{3}} = (x^2)^{\frac{1}{3}} = \sqrt[3]{x^2}$. Der Term $x^{\frac{2}{3}}$ ist nämlich

nur für $x \geq 0$ definiert, der Term $(x^2)^{\frac{1}{3}}$ ist dagegen für alle $x \in \mathbf{R}$ definiert. Die Umformung $x^{-\frac{3}{2}} = \dfrac{1}{(\sqrt{x})^3}$ ist falsch; richtig dagegen ist $x^{-\frac{3}{2}} = \dfrac{1}{x^{\frac{3}{2}}} = \dfrac{1}{\sqrt{x^3}}$.

Das Potenzgesetz[2] $(a^r)^s = a^{rs}$ gilt nur für folgende Fälle:
(1) für alle $a \neq 0$ und beliebige ganze Zahlen $r$ und $s$; oder
(2) für positive $a$ und beliebige reelle Zahlen $r$ und $s$.

Die Regel $(a^r)^s = a^{rs}$ ist z. B. für $a = -1$, $r = 2$ und $s = \dfrac{1}{2}$ nicht anwendbar, obwohl keine undefinierten Ausdrücke auftreten, denn dann wäre einerseits

$((-1)^2)^{\frac{1}{2}} = (-1)^{2 \cdot \frac{1}{2}} = (-1)^1 = -1$, andererseits aber $((-1)^2)^{\frac{1}{2}} = (1^2)^{\frac{1}{2}} = 1^{2 \cdot \frac{1}{2}} = 1^1 = 1$.

Aber dieser Fall wird auch weder durch (1) noch durch (2) erfasst.

*Warum darf man (in* $\mathbf{R}$*) keine Wurzel aus einer negativen Zahl ziehen?*
Der Argumentation $\sqrt[3]{-8} = -2$, denn $(-2)^3 = -8$, muss man zunächst zustimmen. Es gibt auch keine zweite (reelle) Zahl $x$ mit $x^3 = -8$.
Warum also sollte man nicht die dritte Wurzel aus einer negativen Zahl ziehen können?

Als Begründung müssen wir wieder auf die Potenz- und Wurzelgesetze zurückgreifen (*Hankelsches Permanenzprinzip*[3]). Man kann nicht „beides" haben – man muss sich entscheiden: *Entweder* lässt man den Term $\sqrt[3]{-8}$ mit $\sqrt[3]{-8} = -2$ zu, dann ist aber ein wichtiges Potenz- bzw. Wurzelgesetz nicht zu retten, denn dann wäre z. B.

$-2 = \sqrt[3]{-8} = (-8)^{\frac{1}{3}} = (-8)^{\frac{2}{6}} = \sqrt[6]{(-8)^2} = \sqrt[6]{8^2} = 8^{\frac{2}{6}} = 8^{\frac{1}{3}} = \sqrt[3]{8} = 2$, also $-2 = 2$,

*oder* aber, man entscheidet sich *für* dieses Gesetz, d. h., es soll gültig bleiben. Dann muss man auf das Ziehen einer dritten Wurzel – und damit jeder ungeradzahligen Wurzel – aus einer negativen reellen Zahl verzichten. Beides geht nicht. Die Mathematiker haben sich dafür entschieden, das Gesetz zu bewahren. Geht man zu den komplexen Zahlen $\mathbf{C}$ über, ist es erlaubt, aus negativen Zahlen Wurzeln zu ziehen. (s. Beispiele 3.16 und 3.17, S. 108).

---

[2]  s. auch Kap. 3.5.3, S. 122.
[3]  Dieses Arbeitsprinzip wurde 1867 von HERMANN HANKEL (1839 – 1873) für den axiomatischen Aufbau mathematischer Theorien aufgestellt. Es besagt, dass die mathematischen Strukturen der zugrundeliegenden Theorie so weit wie möglich erhalten bleiben sollen. permanentia (mittellat.) = ohne Unterbrechung.

### 3.4.4  Mittelwerte

Neben den (sieben) Grundrechenarten gibt es eine Vielzahl weiterer binärer Operationen. In Kapitel 1.7.3, S. 26ff., sind unter anderem die *Mengenoperationen* $\cap$ (*Durchschnitt*) und $\cup$ (*Vereinigung*) behandelt worden, in diesem Kapitel Operationen wie z. B. der *größte gemeinsame Teiler* (ggT), das *kleinste gemeinsame Vielfache* (kgV), das *Maximum* (max) oder das *Minimum* (min) in **N**. Im Folgenden sollen einige weitere Mittelwerte (siehe S. 101) betrachtet und diese zugleich geometrisch veranschaulicht werden. Bereits zu Zeiten von PYTHAGORAS kannte man

– das **arithmetische Mittel** $AM(a, b) = a \circledA b := \dfrac{a+b}{2}$,

– das **geometrische Mittel** $GM(a, b) = a \circledG b := \sqrt{a \cdot b}$ und

– das **harmonische Mittel** $HM(a, b) = a \circledH b := \dfrac{2}{\dfrac{1}{a}+\dfrac{1}{b}} = \dfrac{2ab}{a+b}$,

wobei $a$ und $b$ beliebige positive reelle Zahlen sind. So berichtet der Geschichtsschreiber JAMBLICHUS VON CHALKIS (ca. 250 – 330 n. Chr.), PYTHAGORAS habe von einem Aufenthalt in Mesopotamien die Kenntnis dieser drei Mittelwerte mitgebracht. Diese drei klassischen Mittelwerte heißen deshalb mitunter auch *pythagoreische Mittelwerte*.

Das arithmetische Mittel ist sogar für alle reelle Zahlen $a$ und $b$ definiert, also eine Operation in **R**. Das geometrische Mittel ist dagegen „nur" in $\mathbf{R}_+$ uneingeschränkt ausführbar. Das harmonische Mittel ist eine Operation in $\mathbf{R}_+^*$. (Es lässt sich auf alle reelle Zahlen $a$ und $b$ ausdehnen, wenn dabei $a + b \neq 0$ ist.) Für $a = b$ gilt in allen drei Fällen $AM(a, a) = a \circledA a = a$, $GM(a, a) = a \circledG a = a$ bzw. $HM(a, a) = a \circledH a = a$.

*Interpretation am rechtwinkligen Dreieck*

Die drei klassischen Mittelwerte lassen sich bequem geometrisch interpretieren; auch das war den alten Griechen bekannt. Das ist uns durch PAPPOS VON ALEXANDRIA (ca. 250 – ca. 350 n. Chr.) überliefert worden. Dazu wählt man für die Zahlen $a$ und $b$ die Längen der beiden Hypotenusenabschnitte in einem rechtwinkligen Dreieck (Bild 3.10). Ohne Beschränkung der Allgemeinheit (O. B. d. A.) sei $a \leq b$. Der Radius des Thaleskreises[1] repräsentiert dann das arithmetische Mittel, die Höhe (Lot auf die Hypotenuse[2]) das geometrische Mittel und das Lot des Höhenfußpunktes auf den Radius durch den Eckpunkt mit dem rechten Winkel liefert das harmonische Mittel.

Im rechtwinkligen Dreieck $\Delta ABC$ mit der Hypotenuse $AB$[3] und den Hypotenusenab-

---

[1]  *Satz des Thales*: Konstruiert man ein Dreieck aus den beiden Endpunkten des Durchmessers eines Halbkreises (*Thaleskreis*) und einem weiteren Punkt dieses Halbkreises, so erhält man immer ein rechtwinkliges Dreieck. THALES VON MILET (um 624 – um 547 v. Chr.) war ein griechischer Philosoph, Mathematiker und Astronom.

[2]  hypoteínousa (griech.) = die sich unten erstreckende (Dreieckseite).

[3]  Aus dem Kontext wird klar, ob mit $AB$ eine *Gerade*, eine *Strecke* oder die *Länge einer Strecke* gemeint ist. Das trifft in analoger Weise auf die Bezeichnung von *Winkel* bzw. *Winkelwert* (*Winkelgröße*) zu.

schnitten $AD$ und $BD$ gilt $AD + DB = a + b$, also liefert der Mittelpunkt $M$ der Hypotenuse (bzw. des Thaleskreises über $AB$) mit den Radien $MA = MB = MC$ das arithmetische Mittel $\dfrac{a+b}{2}$. Für die Höhe $h = CD$ im rechtwinkligen Dreieck $\triangle ABC$ mit den Hypotenusenabschnitten $a$ und $b$ gilt nach dem Höhensatz $h^2 = a \cdot b$, also ist $h = \sqrt{a \cdot b}$ das geometrische Mittel. Im rechtwinkligen Dreieck $\triangle CDM$ mit den Katheten[4]

$$CD = \sqrt{a \cdot b}, DM = BD - BM$$
$$= b - \frac{a+b}{2} = \frac{b-a}{2}$$

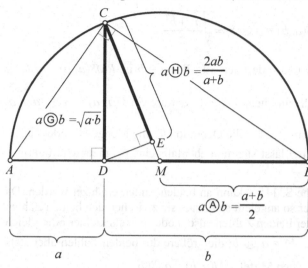

Bild 3.13

ist $CE$ ein Hypotenusenabschnitt. Folglich gilt nach dem Kathetensatz $CD^2 = CM \cdot CE$, also ist $CE = \dfrac{CD^2}{CM} = \dfrac{a \cdot b}{\dfrac{a+b}{2}} = \dfrac{2ab}{a+b}$ das harmonische Mittel.

**Übung 3.31:** Zeigen Sie: Für alle $a, b \in \mathbf{R}_+^*$ gilt

$$GM(a, b) = GM[AM(a, b), HM(a, b)] \quad \text{bzw.} \quad a \, \text{Ⓖ} \, b = (a \, \text{Ⓐ} \, b) \, \text{Ⓖ} \, (a \, \text{Ⓗ} \, b). \qquad (1)$$

Bildet man den Kehrwert des harmonischen Mittels $\dfrac{2ab}{a+b} = \dfrac{2}{\dfrac{1}{a} + \dfrac{1}{b}}$, so erhält man

$$\frac{1}{HM(a,b)} = AM(\frac{1}{a}, \frac{1}{b}) \quad \text{oder} \quad (a \, \text{Ⓗ} \, b)^{-1} = \frac{1}{a} \, \text{Ⓐ} \, \frac{1}{b} = a^{-1} \, \text{Ⓐ} \, b^{-1}, \qquad (2)$$

d. h., der Kehrwert des harmonischen Mittels ist gleich dem arithmetischen Mittel der Kehrwerte der positiven reellen Zahlen $a$ und $b$.

**Übung 3.32:** Beweisen Sie die folgende Ungleichungskette geometrisch und algebraisch. Wann liegt Gleichheit vor?

Es gilt für alle $a, b \in \mathbf{R}_+^*$

$$HM \le GM \le AM \quad \text{bzw.} \quad a \, \text{Ⓗ} \, b \le a \, \text{Ⓖ} \, b \le a \, \text{Ⓐ} \, b \quad \text{bzw.} \quad \frac{2ab}{a+b} \le \sqrt{a \cdot b} \le \frac{a+b}{2}. \qquad (3)$$

---

[4] káthetos (griech.) = senkrechte Linie, Lot.

Ein weiterer Mittelwert ist

– das **quadratische Mittel**[1] $RMS(a, b) = a \circledR b := \sqrt{\dfrac{a^2 + b^2}{2}}$ ,

das für beliebige reelle Zahlen $a$ und $b$ definiert ist[2]. Für $a = b$ ist $RMS(a, a) = a \circledR a$

$= \sqrt{\dfrac{a^2 + a^2}{2}} = \sqrt{a^2} = |a|$, d. h., für eine negative Zahl $a$ wäre $RMS(a, a) = a \circledR a \neq a$.

Deshalb ist es sinnvoll, als Trägermenge für die Operation $\circledR$ die Menge $\mathbf{R}_+$ oder $\mathbf{R}_+^*$ zu wählen. Für das quadratische Mittel lässt sich nun ebenfalls eine geometrische Interpretation gewinnen.

Die Ungleichungskette (3) – siehe S. 115 – kann an beiden Enden ergänzet werden. Da Mittelwerte von der Definition her so angelegt sind, dass sie zwischen den beiden Zahlen $a$ und $b$ liegen[3], ist die kleinere der beiden Zahlen, also $a$ oder $b$, stets kleiner oder gleich dem harmonischen Mittel $HM(a, b) = a \oplus b$; die größere der beiden Zahlen aber stets größer oder gleich dem arithmetischen Mittel $AM(a, b) = a \circledA b$.

Sind $a$ und $b$ beliebige Zahlen, so wird die kleinere der beiden Zahlen das *Minimum* $\min(a, b)$ dieser Zahlen genannt; für $a = b$ gilt $\min(a, b) = a = b$. Die größere der beiden Zahlen wird dagegen das *Maximum* $\max(a, b)$ dieser Zahlen genannt; für $a = b$ gilt $\max(a, b) = a = b$. In der Regel kann man aber o. B. d. A. voraussetzen, dass z. B. $a \leq b$ gelten möge. Damit kann die Kette (3) von Ungleichungen kürzer wie folgt geschrieben werden:

Für alle $a, b \in \mathbf{R}_+^*$ gilt      $\min(a, b) \leq a \oplus b \leq a \circledG b \leq a \circledA b \leq \max(a, b)$          (4)

bzw.                          $a \leq \dfrac{2ab}{a+b} \leq \sqrt{a \cdot b} \leq \dfrac{a+b}{2} \leq b.$          (4')

Jetzt wird diese Ungleichungskette durch das quadratische Mittel ergänzt. Dieser Mittelwert reiht sich zwischen arithmetischem Mittel und dem Maximum ein.

D. h., für alle $a, b \in \mathbf{R}_+^*$ (o. B. d. A. $a \leq b$) gilt:

$$\min(a, b) \leq a \oplus b \leq a \circledG b \leq a \circledA b \leq a \circledR b \leq \max(a, b) \qquad (5)$$

bzw.          $a \leq \dfrac{2ab}{a+b} \leq \sqrt{a \cdot b} \leq \dfrac{a+b}{2} \leq \sqrt{\dfrac{a^2 + b^2}{2}} \leq b.$          (5')

---

[1]  Englisch *root-mean-square*; deshalb die Abkürzung *RMS* bzw. $\circledR$.

[2]  Während die pythagoreischen Mittelwerte im Allgemeinen bekannt sind, trifft dies für das *quadratische Mittel* so wohl nicht zu. In der Technik hat das quadratische Mittel besondere Bedeutung bei periodisch veränderlichen Signalen, wie z. B. dem Wechselstrom, weil dessen Stromwärme (Leistungsumsatz in einem ohmschen Widerstand) mit dem Quadrat der Stromstärke ansteigt. Man spricht hier vom Effektivwert des Stromes.

[3]  Sie fallen genau dann mit einer der beiden Zahlen zusammen, wenn $a = b$ gilt.

Für das quadratische Mittel

$$a \circledR b = \sqrt{\frac{a^2 + b^2}{2}}$$

lässt sich nun ebenfalls eine geometrische Interpretation gewinnen.

**Übung 3.33:** Zeigen Sie, dass die halbe Diagonale des Quadrates über der Hypotenuse des rechtwinkligen Dreiecks mit den Katheten $a$ und $b$ das Verlangte leistet (Bild 3.14).

**Übung 3.34:** Beweisen Sie die Ungleichungskette (5). Wann liegt Gleichheit vor?

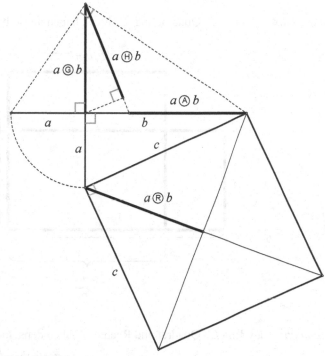

Bild 3.14

Diese Mittelwerte lassen sich sogar innerhalb eines Halbkreises darstellen (Bild 3.15).

**Übung 3.35:** Zeigen Sie, dass die Hypotenuse $DF$ im Dreieck $\Delta DFM$ das quadratische Mittel $a \circledR b$ repräsentiert, wenn $a$ und $b$ die Hypotenusenabschnitte $AD$ bzw. $BD$ im rechtwinkligen Dreieck $\Delta ABC$ sind.

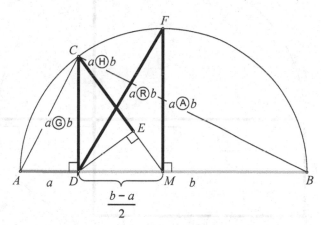

Bild 3.15

Die hier betrachteten Mittelwerte lassen sich auch auf die folgende Weise sehr schön veranschaulichen. Es sei ein Rechteck mit den Seitenlängen $a$ und $b$ gegeben; o. B. d. A. sei $a \geq b$. Wir suchen ein Quadrat mit der Seitenlänge $x$, so dass dieses $x$ gerade einen der vier Mittelwerte darstellt. Mit $a$ und $b$ ist folglich auch $x$ eine positive reelle Zahl; wird eine dieser Zahlen null, entartet die Figur zur Strecke oder zum Punkt.

*Arithmetisches Mittel*:   Quadrat und Rechteck haben denselben Umfang

$$x = a\text{Ⓐ}b = \frac{a+b}{2}$$

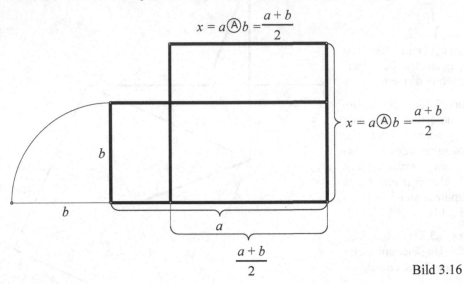

$$x = a\text{Ⓐ}b = \frac{a+b}{2}$$

$$\frac{a+b}{2}$$

Bild 3.16

*Geometrisches Mittel*:   Quadrat und Rechteck haben denselben Flächeninhalt

$$x = a\text{Ⓖ}b = \sqrt{a \cdot b}$$

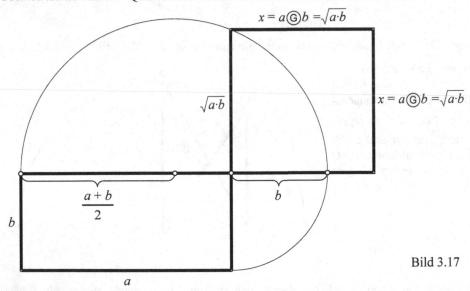

$$x = a\text{Ⓖ}b = \sqrt{a \cdot b}$$

Bild 3.17

**Übung 3.36:** Zeigen Sie, dass für das harmonische bzw. quadratische Mittel die folgenden Bedingungen gelten:
a)  die Quotienten aus Flächeninhalt und Umfang sind gleich (*harmonisches Mittel*),
b)  die Diagonalen sind gleichlang (*quadratisches Mittel*).

Diese verschiedenen Mittelwerte lassen sich auch sämtlich durch Strecken in einem Trapez veranschaulichen, wenn $a$ und $b$ die Längen der zueinander parallelen Trapezseiten sind. Eine weitere Visualisierung lässt sich mithilfe einer Hyperbel[1] verwirklichen[2].

Abschließend sei noch

- das **heronische**[3] Mittel $NM(a, b) = a \circledN b := \dfrac{a + \sqrt{ab} + b}{3}$ (für alle $a, b \in \mathbf{R}_+^*$)

betrachtet.

Das heronische Mittel wird auch benutzt, um das Volumen eines Pyramidenstumpfes zu berechnen. Zudem hängt dieses Mittel eng mit dem arithmetischen und dem geometrischen Mittel zusammen:

$$\frac{a + \sqrt{ab} + b}{3} = \frac{1}{3} \cdot \left( a + b + \sqrt{ab} \right) = \frac{1}{3} \cdot \left( 2 \cdot \frac{a+b}{2} + \sqrt{ab} \right) = \frac{1}{3} \cdot (2\, AM(a, b) + GM(a, b)).$$

Folglich gilt für alle $a, b \in \mathbf{R}_+^*$      $a \circledN b = \dfrac{2}{3} \cdot (a \circledA b) + \dfrac{1}{3} \cdot (a \circledG b).$

**Übung 3.37:** Zeigen Sie: Das heronische Mittel liegt stets zwischen dem arithmetischen und dem geometrischen Mittel, d. h., die Ungleichungskette (5) kann wie folgt ergänzt werden:

Für alle $a, b \in \mathbf{R}_+^*$ gilt:

$$\min(a, b) \le a \circledH b \le a \circledG b \le a \circledN b \le a \circledA b \le a \circledR b \le \max(a, b) \qquad \text{bzw.} \qquad (6)$$

$$a \le \frac{2ab}{a+b} \le \sqrt{a \cdot b} \le \frac{a + \sqrt{ab} + b}{3} \le \frac{a+b}{2} \le \sqrt{\frac{a^2 + b^2}{2}} \le b. \qquad (6')$$

Es gibt eine Vielzahl weiterer Mittelwerte, von denen hier einige genannt sein mögen[2]: das *Quadratwurzelmittel* (*Wurzelmittel*), das *kubische Mittel*, das *kontraharmonische Mittel*, das *kontroidale Mittel*, das *logarithmische Mittel*, das *identrische Mittel*, das *Pyramidenstumpf-Mittel*, das *Chuquet-Mittel*, das *Heinz-Mittel*, das *Lehmer-Mittel*, das *Hölder-Mittel* (*Minkowski-Mittel*), das *Lorentz-Mittel*, das *Stolarsky-Mittel*.

Die Mittelwerte sind ein eindrucksvolles Beispiel binärer Operationen, die einerseits eine enge Verbindung zwischen Algebra und Geometrie herstellen, andererseits sich in Bezug auf ihre Eigenschaften doch deutlich von den Grundrechenoperationen unterscheiden.

---

[1]  hyperbállein (griech.) = über das Ziel hinaus werfen.
[2]  Siehe z. B. POSAMENTIER, A. S.; LEHMANN, I.: Mathematical Curiosities. A Treasure Trove of Unexpected Entertainments. Amherst (New York): Prometheus Books 2014, S. 291-314.
[3]  Benannt nach HERON VON ALEXANDRIA, 1. Jh. n. Chr. ? (40? – 120? n. Chr.), griechischer Mathematiker. Da mit „H" bereits das harmonische Mittel bezeichnet wird, wurde der letzte Buchstabe des Namens von HERON gewählt.

## 3.5   Kapriolen der Null

### 3.5.1   0 durch 0   (Division)

Durch 0 dürfen wir nicht dividieren. Stehen wir jedoch unverhofft vor der Aufgabe 0 : 0 und argumentieren wir in Analogie zu 12 : 4 = 3, denn $3 \cdot 4 = 12$, ließe sich eine Division durch null ja doch rechtfertigen:  0 : 0 = 0, denn $0 \cdot 0 = 0$.

Damit stellt sich die Frage, ob diese so praktizierte Begründung überhaupt korrekt ist. Oder: Warum lässt uns diese Begründung im Falle der Null im Stich?
Wir haben die Erfahrung gemacht, dass bei einer Divisionsaufgabe entweder genau eine Lösung (z. B. 12 : 4 = 3) oder aber keine Lösung (z. B. 12 : 5 in **N**) existiert. Die Möglichkeit, dass $a : b = x$, also $b \cdot x = a$, auch mehrere Lösungen $x_1, x_2, \ldots$ haben könnte, ziehen wir an dieser Stelle gar nicht erst in Betracht. Und letztlich ist es ja gerade die *Kürzbarkeit* (s. Definition 3.6, S. 100) der Multiplikation, die im Falle der Existenz einer Lösung der Gleichung $b \cdot x = a$ auch deren Eindeutigkeit sichert.

Für alle $a, b \in$ **N** mit $b \neq 0$ hat die Gleichung $b \cdot x = a$ tatsächlich stets höchstens[1] eine Lösung (auch für $a = 0$, nämlich $x = 0$).
Für $b = 0$ ist diese Eindeutigkeit aber nicht mehr gesichert. So hat die Gleichung $0 \cdot x = a$ im Falle $a \neq 0$ überhaupt keine Lösung und im Falle $a = 0$ unendlich viele Lösungen. Ersteres verhindert die Definition von z. B. 12 : 0; letzteres die Definition von 0 : 0.
Beschränkt man sich etwa auf den Bereich der natürlichen oder der ganzen Zahlen, so ist der Term 12 : 0 also aus demselben Grund nicht definiert wie 12 : 5; denn weder die Gleichung $0 \cdot x = 12$ noch die Gleichung $5 \cdot x = 12$ hat in **N** bzw. in **Z** eine Lösung.

Sagt man nun, 0 : 0 ist sinnlos, weil die Gleichung $0 \cdot x = 0$ unendlich viele Lösungen hat, sollen wir doch akzeptieren, dass beim Dividieren zweier Zahlen grundsätzlich nicht mehr als ein Ergebnis auftreten darf. Weil man also die Eindeutigkeit der Division nicht aufgeben will, muss 0 : 0 undefiniert bleiben. Die Operation *Division* ist folglich eine eindeutige Abbildung, d. h. eine (zweistellige) Funktion. Der Eindeutigkeit der Division entspricht aber gerade die Kürzbarkeit der Multiplikation.

Die eingangs zitierte Argumentation für 12 : 4 = 3, die sich ja auf die Tatsache stützt, dass die Division *Umkehroperation* der Multiplikation ist, wäre also erst vollständig, wenn uns neben der Begründung „denn $3 \cdot 4 = 12$" auch bewusst wäre, dass wir hierbei außerdem die Kürzbarkeit der Multiplikation benutzen. Wird die Null jedoch einbezogen, ist die Multiplikation nicht mehr kürzbar.

Für binäre *Gleitkommazahlen*[2] ist allerdings durch den Standard IEEE 754 eine Division durch 0 definiert[3]. Zum Rechnen in einem Computer benötigt man diese Gleitkommazahlen. Dieser Standard unterscheidet zwei Zahlen mit dem Wert 0, eine positive Zahl +0 und eine negative Zahl −0. Negative kleine Zahlen werden so zu −0,0 gerundet, positive Zahlen zu +0,0. Beim direkten Vergleich werden +0,0 und −0,0 als gleich angesehen.

---

[1]   Legen wir die gebrochenen Zahlen **Q**$_+$ zugrunde, hat die Gleichung $b \cdot x = a$ (mit $b \neq 0$) darüber hinaus auch stets wenigstens eine Lösung. Sind aber *Eindeutigkeit* (höchstens eine Lösung) und *Existenz* (wenigstens eine Lösung) gewährleistet, sagt man ja, die Gleichung ist *eindeutig lösbar* bzw. sie besitzt *genau eine Lösung*.

[2]   Eine Gleitkommazahl ist eine approximative Darstellung einer reellen Zahl. Die Menge der Gleitkommazahlen ist eine endliche Teilmenge von **Q** (vgl. Kap. 1.8.7, S. 53).

[3]   Standard for Binary Floating-Point Arithmetic for microprocessor systems (ANSI/IEEE Std 754-1985).

### 3.5.2   0 teilt 0     (Teilbarkeit)

Während es bei der Division mathematische Gründe sind, die die Definition von 12 : 0 und 0 : 0 verbieten, ist das z. B. bei $0 \mid 0$ nicht der Fall. Während die *Teilbarkeit* eine **zwei**stellige Relation ist, ist die (partielle) zweistellige Operation *Division* eine **drei**stellige Relation. Ist also bei der Teilbarkeit eine *Ja-Nein-Entscheidung* für zwei gegebene Zahlen zu fällen, sucht man bei der Division zu zwei gegebenen Zahlen eine dritte Zahl. Die folgende Veranschaulichung mittels *Automaten* macht diesen Unterschied besonders deutlich (s. Bilder 3.18 a, b):

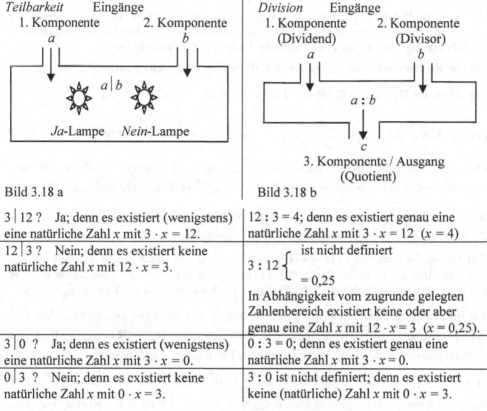

| Teilbarkeit  Eingänge | Division  Eingänge |
|---|---|
| Bild 3.18 a | Bild 3.18 b |

| $3 \mid 12$ ?   Ja; denn es existiert (wenigstens) eine natürliche Zahl $x$ mit $3 \cdot x = 12$. | $12 : 3 = 4$; denn es existiert genau eine natürliche Zahl $x$ mit $3 \cdot x = 12$  $(x = 4)$. |
|---|---|
| $12 \mid 3$ ?   Nein; denn es existiert keine natürliche Zahl $x$ mit $12 \cdot x = 3$. | $3 : 12 \begin{cases} \text{ist nicht definiert} \\ = 0{,}25 \end{cases}$  In Abhängigkeit vom zugrunde gelegten Zahlenbereich existiert keine oder aber genau eine Zahl $x$ mit $12 \cdot x = 3$  $(x = 0{,}25)$. |
| $3 \mid 0$ ?   Ja; denn es existiert (wenigstens) eine natürliche Zahl $x$ mit $3 \cdot x = 0$. | $0 : 3 = 0$; denn es existiert genau eine natürliche Zahl $x$ mit $3 \cdot x = 0$. |
| $0 \mid 3$ ?   Nein; denn es existiert keine natürliche Zahl $x$ mit $0 \cdot x = 3$. | $3 : 0$ ist nicht definiert; denn es existiert keine (natürliche) Zahl $x$ mit $0 \cdot x = 3$. |

Beschränkt man sich nur auf die Untersuchung der Ausführbarkeit der Division $b : a$ in **N**, ist das immer noch nicht mit der Frage $a \mid b$ identisch. Im Falle $a \mid b$ ist nämlich nur eine Aussage über die **Existenz** einer (natürlichen) Zahl $x$ mit $a \cdot x = b$ erforderlich, während im Falle $b : a$ darüber hinaus noch die **Eindeutigkeit** einer solchen Zahl $x$ gesichert sein muss. Tatsächlich folgt aber in beiden Fällen aus der Existenz einer Zahl $x$ schon ihre Eindeutigkeit, *solange man die Null nicht ins Spiel bringt.*

| $0 \mid 0$ ?   Ja; denn es existiert eine natürliche Zahl $x$ (sogar unendlich viele) mit $0 \cdot x = 0$. | $0 : 0$ ist nicht definiert; denn es existiert nicht nur eine natürliche Zahl $x$ mit $0 \cdot x = 0$ (z. B. $x_1 = 5$, $x_2 = 7$). |
|---|---|

### 3.5.3   0 hoch 0      (Potenzieren)

Es wird zunächst definiert, was unter einer *Potenz* zu verstehen ist. $b^n$ ist eine kurze Schreibweise für das Produkt aus $n$ Faktoren $b$ ($b \in \mathbf{R}$, $n \in \mathbf{N}$, $n > 1$). Daraus wird nun schrittweise ein allgemeinerer Begriff für die Potenz entwickelt:

$$b^1 := b\ (b \in \mathbf{R}),\ b^0 := 1\ (b \in \mathbf{R}^*),\ b^{-n} := \frac{1}{b^n}\ (b \in \mathbf{R}^*, n \in \mathbf{N}),\ b^{\frac{1}{n}} := \sqrt[n]{b}\ (b \in \mathbf{R}_+, n \in \mathbf{N},$$

$n \geq 2$), $b^{\frac{m}{n}} := \sqrt[n]{b^m}$ ($b \in \mathbf{R}_+^*, m \in \mathbf{Z}, n \in \mathbf{N}^*$; für $m \in \mathbf{N}^*$ ist auch $b = 0$ zugelassen).

Damit ist die **Potenz** $b^r$ für jede positive, reelle *Basis* $b$ und jeden rationalen *Exponenten* $r$ definiert. Die Erweiterung des zugelassenen Zahlbereichs für den Exponenten hat eine Einschränkung des zugelassenen Zahlbereichs für die Basis zur Folge.

Für das Rechnen mit Potenzen gelten u. a. die folgenden **Potenzgesetze**:

Für alle $a, b \in \mathbf{R}_+^*$, $m, n \in \mathbf{Q}$ gilt:     (1)  $a^m \cdot a^n = a^{m+n}$,     (2)  $\dfrac{a^m}{a^n} = a^{m-n}$,

(3)  $a^n \cdot b^n = (a \cdot b)^n$,     (4)  $\dfrac{a^n}{b^n} = \left(\dfrac{a}{b}\right)^n$     und     (5)  $\left(a^m\right)^n = a^{m \cdot n} = \left(a^n\right)^m$ .

Durch den Potenzbegriff sind auch Potenzen mit der Basis 0 wie $0^n = 0$ für $n \in \mathbf{N}^*$ und Potenzen mit dem Exponenten 0 wie $b^0 = 1$ für $b \in \mathbf{R}^*$ erklärt. Nicht erklärt ist $0^0$.

In $0^n = 0$ und $0^{\frac{m}{n}} = 0$ ($m \in \mathbf{N}^*, n \in \mathbf{N}, n \geq 2$) würde sich $0^0 = 0$ gut einfügen.

Zu $b^0 = 1$ ($b \in \mathbf{R}^*$) hingegen würde $0^0 = 1$ gut passen.

Der Graph der Funktion $f: \mathbf{R}^* \to \mathbf{R}$ mit $f(x) = x^0$ ist eine zur $x$-Achse parallele Gerade mit dem Abstand 1, die im Punkt $P(0, 1)$ eine Lücke aufweist. Die Funktion $g: \mathbf{R} \to \mathbf{R}$ mit $g(x) = 1$ ist eine Fortsetzung der Funktion $f$. Das spricht für die Festlegung $0^0 := 1$.

Für die Funktion $f: \mathbf{Q}_+^* \to \mathbf{R}$ mit $f(x) = 0^x$ liegen die Punkte des Graphen auf dem Teil der $x$-Achse, die positive Koordinaten hat. Die Funktion $g: \mathbf{Q}_+ \to \mathbf{R}$ mit $g(x) = 0$ ist eine Fortsetzung der Funktion $f$. Hierzu würde die Festlegung $0^0 := 0$ passen.

Wir betrachten nun die zweistellige Funktion $f: \mathbf{R}_+^* \times \mathbf{Q}_+^* \to \mathbf{R}_+$ mit $f(x, y) = x^y$. Diese Funktion kann durch $g(0, y) = 0$ für $y \in \mathbf{Q}_+^*$ und $g(x, 0) = 1$ für $x \in \mathbf{R}_+^*$ zu einer Funktion $g: \mathbf{R}_+ \times \mathbf{Q}_+ \setminus \{(0, 0)\} \to \mathbf{R}_+$ fortgesetzt werden. Für $(0, 0)$ findet sich kein Funktionswert, der sich gut einpasst.

*Fazit*: Es gibt keine für alle Situationen befriedigende Festlegung für $0^0$.

Ungeachtet dieser Überlegungen ist es zweckmäßig, in einigen mathematischen Teilgebieten (z. B. in der Theorie der Potenzreihen oder in der Kombinatorik) mit der Festlegung $0^0 := 1$ zu arbeiten, was auch in der Informatik üblich ist.

Man beachte aber, dass eine Definition $0^0 := 1$ keineswegs bedeutet, die Funktion $f$ mit $f(x, y) = x^y$ sei an der Stelle $x = y = 0$ stetig.

**Übung 3.38:** Seien $a, b \in \mathbf{R}$ mit $a > b$. Dann existiert ein $c \in \mathbf{R}_+^*$ mit $a = b + c$. Multiplikation der Gleichung mit $(a - b)$ ergibt $a(a - b) = (b + c)(a - b)$, was $a^2 - ab = ab + ac - b^2 - bc$ zur Folge hat. Durch Umordnung entsteht $a^2 - ab - ac = ab - b^2 - bc$. Nun kann ausgeklammert werden, auf der linken Seite $a$ und auf der rechten Seite $b$. Es ergibt sich $a(a - b - c) = b(a - b - c)$. Wird durch den gemeinsamen Faktor $(a - b - c)$ dividiert, so ergibt sich $a = b$. Wo steckt der Fehler?

**Beispiel 3.18:** Mit $n! := 1 \cdot 2 \cdot 3 \cdot \ldots \cdot n$ $(n \in \mathbf{N}, n > 1)$ ist ein Produkt natürlicher Zahlen erklärt, das **$n$-Fakultät** genannt wird. Zusätzlich wird oft $0! := 1$ und $1! := 1$ festgesetzt, was im Falle $0!$ überraschen kann, wo vielleicht eher $0! = 0$ erwartet wird. Die Festsetzung erlaubt, dass Formeln leichter zu schreiben sind und schwerfällige Fallunterscheidungen vermieden werden können.

Als **Binomialkoeffizient** $\begin{pmatrix} n \\ k \end{pmatrix}$, gelesen „$n$ über $k$", ist festgelegt $\begin{pmatrix} n \\ k \end{pmatrix} := \dfrac{n!}{k!(n-k)!}$ für

$n, k \in \mathbf{N}, n \geq k$. Mit $n = k = 0$ ergibt sich speziell $\begin{pmatrix} 0 \\ 0 \end{pmatrix} = \dfrac{0!}{0!(0!-0!)} = \dfrac{1}{1 \cdot 1} = 1$.

**Übung 3.39:** Mithilfe des Binomialkoeffizienten $\begin{pmatrix} n \\ k \end{pmatrix}$ kann die Anzahl der Möglichkeiten der Auswahl von $k$ Elementen aus einer $n$-elementigen Menge (ohne Berücksichtigung der Anordnung der Elemente) bestimmt werden.

a) Geben Sie an, welche Möglichkeiten der Auswahl von 3 Elementen es aus einer Menge mit 7 Elementen gibt.

b) Interpretieren Sie $\begin{pmatrix} 0 \\ 0 \end{pmatrix}$.

c) Welche Konsequenz ergäbe sich für den Binomialkoeffizienten, wenn $0!$ nicht definiert oder durch $0! := 0$ festgelegt wäre.

**Übung: 3.40:** Sei $a \in \mathbf{N}$. Entscheiden Sie a) $a \,|\, 0$, b) $0 \,|\, a$, c) $0 \,|\, 0$.

d) Die natürlichen Zahlen lassen sich mit der Teilbarkeitsrelation teilweise ordnen (s. Beispiel 2.31, S. 83). Ist die folgende Aussage gerechtfertigt? Bezüglich der Teilbarkeit ist die Zahl 1 die kleinste, die Zahl 0 aber die größte natürliche Zahl.

**Übung 3.41:** Seien in den Potenzgesetzen (1) – (5) auf S. 122 $a, b, m, n \in \mathbf{N}^*$. Welche der Gesetze lassen sich auf die Festlegungen a) $0^0 := 0$ und b) $0^0 := 1$ ausdehnen?

**Beispiel 3.19:** Die binomische Formel $(a + b)^2 = a^2 + 2ab + b^2$ ist (mit $a, b \in \mathbf{R}$) ein Spezialfall des **Binomischen Satzes**: Seien $a, b \in \mathbf{R}$ und $n \in \mathbf{N}$. Dann gilt

$$(a + b)^n = \begin{pmatrix} n \\ 0 \end{pmatrix} a^n b^0 + \begin{pmatrix} n \\ 1 \end{pmatrix} a^{n-1} b^1 + \begin{pmatrix} n \\ 2 \end{pmatrix} a^{n-2} b^2 + \ldots + \begin{pmatrix} n \\ n-1 \end{pmatrix} a^1 b^{n-1} + \begin{pmatrix} n \\ n \end{pmatrix} a^0 b^n.$$

Diese Formel ist mit $0^0 := 1$ auch für $a = 0$ oder $b = 0$ bzw. für $a + b = 0$ sinnvoll.

**Übung 3.42:** Stellen Sie fest, wie verschiedene Taschenrechner und Computeralgebrasysteme (CAS) auf die Eingabe von $0^0$ reagieren.

## 3.6    Nullstellen von Funktionen

*Nullstellen* sind ausgezeichnete Argumente einer Funktion, die bei der Untersuchung von Funktionen besonders interessieren.

---

**Definition 3.8**: Es sei $f$ eine Funktion mit $D(f) \subseteq \mathbf{R}$ und $W(f) \subseteq \mathbf{R}$.

Jede Zahl $x \in D(f)$, die Lösung der Gleichung $f(x) = 0$ ist, heißt **Nullstelle** der Funktion $f$.

---

Die Nullstellen einer Funktion sind also die Argumente $x$, deren Funktionswerte 0 sind, bzw. die $x$-Koordinaten derjenigen Punkte, in denen der Graph der Funktion die $x$-Achse berührt oder schneidet. Eine Nullstelle ist also eine *Zahl*, obwohl die Bezeichnung eher einen *Punkt* vermuten lässt.

➤    Die Nullstellen einer Funktion $f$ werden berechnet, indem die Gleichung $f(x) = 0$ gelöst wird.

Zum Lösen von Gleichungen $f(x) = 0$ können diese äquivalent umgeformt werden (s. Anhang B, S. 164ff.). Es werden auch Lösungsformeln (wie z. B. für Gleichungen 1., 2., 3. oder 4. Grades) eingesetzt. Wenn eine solche geschlossene Lösung nicht gelingt (oder nicht möglich ist, was im Allgemeinen schon bei Gleichungen höheren als vierten Grades eintritt), greift man auch auf numerische Näherungsverfahren (z. B. Regula Falsi[1]) zurück. Man kann eine Gleichung auch graphisch lösen.

### 3.6.1 Graphisches Lösen von Gleichungen

Nullstellen einer Funktion können, wenn auch meist nur näherungsweise, bestimmt werden, indem man den Graphen der Funktion zeichnet und eventuelle Nullstellen abliest.

Auch die folgende Vorgehensweise führt in vielen Situationen zum Ziel: Die zu lösende Gleichung $f(x) = 0$ wird äquivalent zu einer Gleichung umgeformt, bei der auf beiden Seiten Terme stehen, die zwei Funktionen $g$ und $h$ definieren. Es ergibt sich eine Gleichung $g(x) = h(x)$. Nun werden die Graphen der Funktionen $g$ und $h$ gezeichnet. Die $x$-Koordinaten der Schnittpunkte beider Graphen sind dann die Nullstellen der Funktion $f$. Problematisch ist diese Vorgehensweise, wenn sich die Graphen der beiden Funktionen unter einem so kleinen Winkel schneiden, dass sie einen „schleifenden Schnitt" bilden.

### 3.6.2 Regula Falsi

Es sei $f$ eine (stetige) Funktion, die im Intervall $[a, b]$ eine Nullstelle $x_0$ hat. Haben weiterhin die Funktionswerte $f(a)$ und $f(b)$ voneinander verschiedene Vorzeichen, so schneidet die Gerade durch die Punkte $A(a, f(a))$ und $B(b, f(b))$ die $x$-Achse in einem Punkt $S(x_S, 0)$. Die Zahl $x_S$ ist dann ein Näherungswert für $x_0$, also eine Näherungslösung der Gleichung $f(x) = 0$. Es gilt $x_S = a - \dfrac{f(a)(b-a)}{f(b) - f(a)}$. Ist dieser Näherungswert nicht gut genug, so gilt für eines der Intervalle $[a, x_S]$ oder $[x_S, b]$ wieder die Ausgangssituation. Es kann also wieder eine Gerade gefunden werden, die die $x$-Achse schneidet, usw.

---

[1]   regula falsi (lat.) = Regel des Falschen, Vermeintlichen; falscher Ansatz.

**Beispiel 3.20:** Die Funktion $f$ mit $f(x) = x^2 - 2x - 3$ ($x \in \mathbf{R}$) hat die beiden Nullstellen $x_1 = 3$ und $x_2 = -1$. Die Gleichung $x^2 - 2x - 3 = 0$ hat nach der Lösungsformel für quadratische Gleichungen die Lösungen $x_{1/2} = 1 \pm \sqrt{1 - (-3)}$. Da der Definitionsbereich von $f$ nicht eingeschränkt wurde, sind beide Lösungen auch Nullstellen der Funktion.

**Übung 3.43:** Berechnen Sie die Nullstellen der Funktionen $f$ mit $f(x) = x^2 + 4$ ($x \in \mathbf{R}$) und $g$ mit $g(x) = x^2 - 2x + 1$ ($x \in \mathbf{R}$)!

**Beispiel 3.21:** Die drei Nullstellen der Funktion $f$ mit $f(x) = 0{,}5x^3 - 1{,}5x + 0{,}5$ werden graphisch ermittelt. In Bild 3.19 sind die beiden Funktionen $g$ mit $g(x) = 0{,}5x^3$ und $h$ mit $h(x) = 1{,}5x - 0{,}5$ dargestellt. Beide Graphen haben drei Schnittpunkte miteinander. Die $x$-Koordinaten dieser Punkte lauten: $x_1 \approx -1{,}9$, $x_2 \approx 0{,}3$ und $x_3 \approx 1{,}5$. Wegen $f(x_1) = 0{,}0795$, $f(x_2) = 0{,}0635$ und $f(x_3) = -0{,}0625$ sind alle abgelesenen Zahlen Näherungswerte für die Nullstellen. Es entsteht kein „schleifender Schnitt".

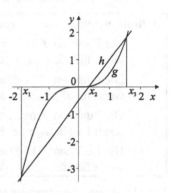

**Übung 3.44:**
a) Begründen Sie, dass das in Beispiel 3.21 benutzte Verfahren zum Ziel führt!
b) Ermitteln Sie graphisch die Nullstellen der Funktion $f$ mit $f(x) = x^3 - 2x + 1$!

Bild 3.19

**Beispiel 3.22:** Die Nullstelle $x_0$ der Funktion $f$ mit $f(x) = x^3 - 3x^2 + 1$ im Intervall $[0, 1]$ (s. Bild 3.20) wird mithilfe der Regula Falsi berechnet. Mit der Regula Falsi ergibt sich für $A(0, 1)$ und $B(1, -1)$:

$$x_s = 0 - \frac{f(0)(1-0)}{f(1) - f(0)}, \text{ also } x_s = -\frac{1(1-0)}{-1-1} = 0{,}5. \text{ Wegen}$$

$f(0{,}5) = 0{,}375$ ist das noch kein guter Näherungswert für $x_0$. Die Rechnung wird für das Intervall $[0{,}5; 1]$ fortgesetzt, denn dort liegt ein Vorzeichenwechsel für die Funktionswerte an den Intervallenden vor.

Es ergibt sich $x_s = 0{,}5 - \dfrac{f(0{,}5)(1 - 0{,}5)}{f(1) - f(0{,}5)} \approx 0{,}64$.

Wegen $f(0{,}64) \approx 0{,}033$ wird die Rechnung mit dem Ergebnis $x_0 \approx 0{,}64$ beendet.

Bild 3.20

**Übung 3.45:** Berechnen Sie mithilfe der Regula Falsi mindestens eine Nullstelle der Funktion $f$!

a) $f(x) = x^3 - \dfrac{1}{3}x^2 - 2x + \dfrac{2}{3}$,   b) $f(x) = 2x^3 + x^2 + 5x - 3$,   c) $f(x) = 3x^3 + 4x^2 - \dfrac{1}{3}$.

**Übung 3.46:** Leiten Sie die auf S. 124 im Zusammenhang mit der Regula Falsi genannte Formel für die Berechnung einer Näherungswertes $x_s$ für eine Nullstelle $x_0$ her!

## 3.7   Monotone Funktionen

Unter den Eigenschaften von Zahl-Zahl-Funktionen spielt die *Monotonie* eine besondere
Rolle. Für monotone Funktionen können weitreichende Folgerungen gezogen werden
(s. Kap 3.8, S. 128, und Kap. 3.17, S. 146ff.).

Da viele Funktionen in verschiedenen Teilen ihres Definitionsbereiches ein unterschied-
liches Monotonieverhalten aufweisen, wird die Monotonie einer Funktion für Teilmengen des Definitionsbereiches erklärt.

---

**Definition 3.9:** Es seien $f$ eine Funktion mit $D(f) \subseteq \mathbf{R}$, $W(f) \subseteq \mathbf{R}$ und $M \subseteq D(f)$.

Die Funktion $f$ heißt auf $M$ **monoton wachsend** genau dann,
wenn für alle $x_1, x_2 \in M$ gilt: Wenn $x_1 < x_2$, so $f(x_1) \leq f(x_2)$.

Die Funktion $f$ heißt auf $M$ **streng monoton wachsend** genau dann,
wenn für alle $x_1, x_2 \in M$ gilt: Wenn $x_1 < x_2$, so $f(x_1) < f(x_2)$.

Die Funktion $f$ heißt auf $M$ **monoton fallend** genau dann,
wenn für alle $x_1, x_2 \in M$ gilt: Wenn $x_1 < x_2$, so $f(x_1) \geq f(x_2)$.

Die Funktion $f$ heißt auf $M$ **streng monoton fallend** genau dann,
wenn für alle $x_1, x_2 \in M$ gilt: Wenn $x_1 < x_2$, so $f(x_1) > f(x_2)$.

---

Eine Funktion, die entweder streng monoton wachsend oder streng monoton fallend ist,
wird manchmal verkürzend nur **streng monoton** genannt.

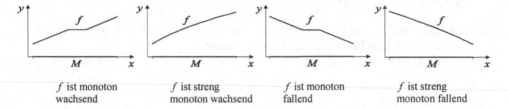

|  |  |  |  |
|---|---|---|---|
| $f$ ist monoton wachsend | $f$ ist streng monoton wachsend | $f$ ist monoton fallend | $f$ ist streng monoton fallend |

Bild 3.21

> Für die Untersuchung der Monotonie einer Funktion $f$ auf einer Menge $M$ ist es
> manchmal zweckmäßig, die Differenzen $f(x_2) - f(x_1)$ für alle $x_1, x_2 \in M$ mit $x_1 < x_2$
> zu betrachten.
> Wenn $f(x_2) - f(x_1)$ immer positiv ist, so ist $f$ streng monoton wachsend.
> Wenn $f(x_2) - f(x_1)$ immer eine negative Zahl ist, so ist $f$ streng monoton fallend.
> Wenn $f(x_2) - f(x_1)$ immer eine nichtnegative Zahl ist, so ist $f$ monoton wachsend.
> Wenn $f(x_2) - f(x_1)$ immer eine nichtpositive Zahl ist, so ist $f$ monoton fallend.

Für Funktionen $f$, die differenzierbar sind, kann das Monotonieverhalten mithilfe der
Ableitung $f'$ untersucht werden.

So wie es einerseits Funktionen gibt, die ihr Monotonieverhalten nicht ändern (s. Übung
3.48 a)), gibt es andererseits auch Funktionen, die auf keinem Teilintervall ihres
Definitionsbereiches monoton sind (s. Übung 3.49 b)).

**Beispiel 3.23:** Die Funktion $f$ mit $f(x) = x^2 - 2x - 3$ ($x \in \mathbb{R}$) ist weder monoton wachsend noch monoton fallend.
Für die drei Zahlen $x_1 = -2$, $x_2 = 0$ und $x_3 = 3$ gilt $x_1 < x_2 < x_3$ und
$f(x_1) = f(-2) = 5 > f(x_2) = f(0) = -3 < f(x_3) = f(3) = 0$.

**Beispiel 3.24:** Die Funktion $f: [0, 2] \to \{1, 2\}$ mit $f(x) = \begin{cases} 1, \text{wenn } 0 \le x < 1 \\ 2, \text{wenn } 1 \le x \le 2 \end{cases}$ ist monoton wachsend.

Es seien $x_1, x_2 \in [0, 1)$ und $x_1 < x_2$. Dann ist $f(x_1) = 1 = f(x_2)$, also $f(x_1) \le f(x_2)$.
Es seien $x_1 \in [0, 1)$ und $x_2 \in [1, 2]$. Dann ist $f(x_1) = 1 < 2 = f(x_2)$, also $f(x_1) < f(x_2)$.
Es seien $x_1, x_2 \in [1, 2]$ und $x_1 < x_2$. Dann ist $f(x_1) = 2 = f(x_2)$, also $f(x_1) \le f(x_2)$.
Insgesamt ergibt sich somit für alle $x_1, x_2 \in [0, 2]$ mit $x_1 < x_2$, dass $f(x_1) \le f(x_2)$ ist.

**Beispiel 3.25:** Die Funktion $f$ mit $f(x) = x^2 - 2x - 3$ ($x \in \mathbb{R}$) ist für $x \ge 1$ streng monoton wachsend.
*Erste Begründung*: Mit der quadratischen Ergänzung ergibt sich $f(x) = (x - 1)^2 - 4$. Sei $1 \le x_1 < x_2$. Dann ist (*) $0 \le x_1 - 1 < x_2 - 1$. Multiplikation von (*) mit der nichtnegativen Zahl $(x_1 - 1)$ ergibt $(x_1 - 1)^2 \le (x_1 - 1)(x_2 - 1)$. Multiplikation von (*) mit der positiven Zahl $(x_2 - 1)$ ergibt $(x_1 - 1)(x_2 - 1) < (x_2 - 1)^2$. Daher ist $(x_1 - 1)^2 < (x_2 - 1)^2$. Dann ist auch $(x_1 - 1)^2 - 4 < (x_2 - 1)^2 - 4$. Damit ist aber $f(x_1) < f(x_2)$ für alle $x \ge 1$.

*Zweite Begründung*: Es sei $1 \le x_1 < x_2$. Es gilt $f(x_2) - f(x_1) = (x_2^2 - 2x_2 - 3) - (x_1^2 - 2x_1 - 3)$
$= (x_2^2 - x_1^2) - (2x_2 - 2x_1) = (x_2 - x_1)(x_2 + x_1) - 2(x_2 - x_1) = (x_2 - x_1)(x_2 + x_1 - 2)$. Der erste Faktor dieses Produkts ist wegen $x_1 < x_2$ positiv. Der zweite Faktor ist wegen $1 \le x_1 < x_2$ positiv. Damit ist das Produkt positiv. Also ist die Funktion $f$ streng monoton wachsend.

**Übung 3.47:** Zeigen Sie, dass die Funktion $f$ aus Beispiel 3.25 für $x \le 1$ streng monoton fallend ist!

**Übung 3.48:**
a) Zeigen Sie, dass die Funktion $f : \mathbb{R} \to \mathbb{R}$ mit $f(x) = ax + b$ mit $a, b \in \mathbb{R}$, $a \ne 0$, für $a > 0$ streng monoton wachsend und für $a < 0$ streng monoton fallend ist!

b) Zeigen Sie, dass die Funktion[1] $f$ mit $f(x) = \begin{cases} 1, \text{wenn } x \in \mathbb{Q} \\ 0, \text{wenn } x \in \mathbb{R} \setminus \mathbb{Q} \end{cases}$ über keinem Intervall $[a, b]$ mit $a, b \in \mathbb{R}$ und $a < b$ monoton wachsend oder monoton fallend ist!

**Übung 3.49:** Es sei $f$ eine Funktion, die auf dem Intervall $[a; b]$ mit $a, b \in \mathbb{R}$ und $a < b$ nur positive Funktionswerte besitzt. Welches Monotonieverhalten hat $f$, wenn für alle $x_1, x_2 \in [a; b]$ mit $x_1 < x_2$ gilt:

a) $\dfrac{f(x_1)}{f(x_2)} < 1$, b) $\dfrac{f(x_1)}{f(x_2)} > 1$, c) $\dfrac{f(x_1)}{f(x_2)} \le 1$, d) $\dfrac{f(x_1)}{f(x_2)} \ge 1$.

---

[1] Diese Funktion wird oft auch als *Dirichlet-Funktion* bezeichnet – nach PETER GUSTAV LEJEUNE DIRICHLET (1805 – 1859).

## 3.8   Eineindeutige Funktionen

Bei einer Funktion ist jedem Argument eindeutig ein Funktionswert zugeordnet. Gilt nun zusätzlich auch, dass zu jedem Funktionswert genau ein Argument gehört, so ist die Funktion *eineindeutig*.

---

**Definition 3.10:** Es sei $f$ eine Funktion mit $D(f) \subseteq \mathbf{R}$ und $W(f) \subseteq \mathbf{R}$.
$f$ heißt **eineindeutig** genau dann, wenn immer gilt:
Wenn $f(x_1) = f(x_2)$, so ist $x_1 = x_2$.

---

➢    Bei eineindeutigen Funktionen gehören also zu verschiedenen Argumenten immer auch verschiedene Funktionswerte.

Bei Funktionen, also eindeutigen Zuordnungen, folgt aus der Gleichheit der Argumente immer die Gleichheit der Funktionswerte. Bei eineindeutigen Funktionen folgt außerdem aus der Gleichheit der Funktionswerte auch die Gleichheit der Argumente.

Eineindeutige Funktionen werden auch **injektive** Funktionen genannt. Da man bei eineindeutigen Funktionen von einem Funktionswert auf das Argument schließen kann, heißen diese Funktionen auch **eindeutig umkehrbare** Funktionen.

Für die streng monotonen Funktionen lässt sich die Eineindeutigkeit leicht nachweisen.

---

**Satz 3.3:** Es sei $f$ eine streng monotone Funktion. Dann ist $f$ eineindeutig.

---

**Beweis:** Es seien $x_1, x_2 \in D(f)$ mit $x_1 \neq x_2$, etwa $x_1 < x_2$. Da $f$ streng monoton ist, folgt aus $x_1 < x_2$ immer entweder $f(x_1) < f(x_2)$ oder $f(x_1) > f(x_2)$, also stets $f(x_1) \neq f(x_2)$. So gehören zu verschiedenen Argumenten auch immer verschiedene Funktionswerte.    ■

Vertauscht man bei einer eineindeutigen Funktion $f$ die Komponenten der geordneten Paare $(x, y) \in f$ miteinander, so entsteht wieder eine Funktion, die *Umkehrfunktion* von $f$.

---

**Definition 3.11:** Es sei $f$ eine eineindeutige Funktion von $X$ auf $Y$ mit $x \in X$ und $y \in Y$.
Die Menge $f^{-1} := \{(y, x) \mid (x, y) \in f\}$ heißt die **Umkehrfunktion** von $f$.

---

Offensichtlich gilt sowohl $W(f^{-1}) = D(f)$ als auch $D(f^{-1}) = W(f)$ (vgl. auch Kap. 2.2, inverse Relation, S. 56).

Vertauscht man nun in $f^{-1}$ die Komponenten der Paare miteinander, so entsteht wieder $f$. Damit ist auch $f$ Umkehrfunktion von $f^{-1}$. Es gilt $(f^{-1})^{-1} = f$. Man sagt daher auch, dass $f$ und $f^{-1}$ zueinander *inverse* Funktionen sind.

Stellt man eine Funktion $f$ und ihre Umkehrfunktion $f^{-1}$ in einem gemeinsamen Koordinatensystem dar, so entstehen Spiegelbilder bezüglich der Winkelhalbierenden des 1. und 3. Quadranten.

Ist eine eineindeutige Funktion $f$ durch eine Gleichung $y = f(x)$ gegeben, so kann man für die Umkehrfunktion $f^{-1}$ eine Gleichung auf folgende Weise erhalten:
1. Umstellung der Gleichung $y = f(x)$ nach $x$.
2. Vertauschen von $x$ und $y$.

**Beispiel 3.26:** Die lineare Funktion $f$ mit $f(x) = -2x + 5$ ist eineindeutig.
*Erste Begründung*: Es sei $-2x_1 + 5 = -2x_2 + 5$ für irgend zwei Zahlen $x_1, x_2 \in \mathbf{R}$. Dann ist $-2x_1 = -2x_2$, also $x_1 = x_2$. Zu gleichen Funktionswerten gehören also gleiche Argumente.
*Zweite Begründung*: Die Gleichung $y = -2x + 5$ hat für jedes gegebene $y$ genau eine Lösung. Umstellen dieser Gleichung nach $x$ ergibt $x = -\dfrac{y}{2} + \dfrac{5}{2}$.

*Dritte Begründung*: $f$ ist streng monoton fallend. Es kann Satz 3.3 angewendet werden.

**Beispiel 3.27:** Die Funktion $f$ mit $f(x) = x^2 - 2x - 3$ ($x \in \mathbf{R}$) ist nicht eineindeutig.
Zum Beispiel ist die Zahl 0 sowohl Funktionswert des Arguments 3 als auch des Arguments $-1$. Damit erfüllt $f$ nicht die Bedingungen von Definition 3.10.

**Beispiel 3.28:** Die quadratische Funktion $f$ mit $f(x) = x^2 - 2x - 3$ ($x \in \mathbf{R}$; $x \geq 1$) ist eineindeutig.
*Erste Begründung*: $f$ ist für $x \geq 1$, d. h. im Definitionsbereich, streng monoton wachsend (s. Beispiel 3.25, S. 127, bzw. Bild 3.22). Damit ist $f$ wegen Satz 3.3 eineindeutig.
*Zweite Begründung*: Die Funktionsgleichung $y = x^2 - 2x - 3$, also $y = (x - 1)^2 - 4$, hat für jedes gegebene $y$ mit $y \geq -4$ genau eine Lösung, denn es ergibt sich: $y + 4 = (x - 1)^2$. Ziehen der Quadratwurzel hat $\sqrt{y + 4} = |x - 1|$ zur Folge. Wegen $x \geq 1$ ist

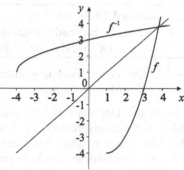

Bild 3.22

dann $x = \sqrt{y + 4} + 1$. Da sich für jedes $y \geq -4$ genau eine Lösung ergibt, ist $f$ eineindeutig.

**Übung 3.50:** Welche einstelligen Funktionen auf Ihrem Taschenrechner sind injektiv? Beachten Sie, dass Injektivität manchmal auch durch Einschränkung erzwungen werden kann (s. auch das Beispiel 3.25, S. 127, und die Übung 3.47, S. 127).

**Beispiel 3.29:** Für die Umkehrfunktion $f^{-1}$ der Funktion $f$ mit $f(x) = -2x + 5$ ($x \in \mathbf{R}$) gilt $f^{-1}(x) = -\dfrac{x}{2} + \dfrac{5}{2}$ ($x \in \mathbf{R}$).

Die Funktion $f$ ist eineindeutig (s. Beispiel 3.26) und besteht aus den Paaren $(a, -2a + 5)$ ($a \in \mathbf{R}$). Vertauscht man die Komponenten der Paare miteinander, so entstehen die Paare $(-2a + 5, a)$ ($a \in \mathbf{R}$) der Umkehrfunktion $f^{-1}$. Geht man zu den üblichen Bezeichnungen $x$ bzw. $y$ für Argumente bzw. Funktionswerte über, so entsteht die Gleichung $x = -2y + 5$. Daraus ergibt sich durch Umstellen nach $y$ die Funktionsgleichung für $f^{-1}$.

**Übung 3.51:** Gegeben ist die Funktion $f$ mit $f(x) = x^2 + 5x - 1$.
a) Geben Sie ein möglichst großes Intervall $I$ an, auf dem $f$ eineindeutig ist!
b) Welche Gleichung hat die Umkehrfunktion $f^{-1}$?
c) Stellen Sie $f$ und $f^{-1}$ für das Intervall $I$ in einem Koordinatensystem dar!

**Übung 3.52:** Zeigen Sie, dass die Umkehrfunktion $f^{-1}$ einer streng monoton wachsenden Funktion $f$ auch streng monoton wachsend ist.

## 3.9   Gerade und ungerade Funktionen

Besitzt eine Funktion eine der beiden folgenden Eigenschaften, so kann man sich bei der
weiteren Untersuchung der Funktion auf die positiven Argumente, die zum Definitionsbereich der Funktion gehören, beschränken. Gefundene Eigenschaften lassen sich dann
sofort auf die entsprechenden negativen Argumente übertragen.

---

**Definition 3.12:** Es sei $f$ eine Funktion mit $D(f) \subseteq \mathbf{R}$ und $W(f) \subseteq \mathbf{R}$.
$f$ heißt **gerade** genau dann, wenn für alle $x \in D(f)$ gilt:
$-x \in D(f)$ und $f(-x) = f(x)$.

---

➤    Der Graph einer geraden Funktion ist **axialsymmetrisch** zur $y$-Achse.

---

**Definition 3.13:** Es sei $f$ eine Funktion mit $D(f) \subseteq \mathbf{R}$ und $W(f) \subseteq \mathbf{R}$.
$f$ heißt **ungerade** genau dann, wenn für alle $x \in D(f)$ gilt:
$-x \in D(f)$ und $f(-x) = -f(x)$.

---

➤    Der Graph einer ungeraden Funktion ist **zentral-** oder **punktsymmetrisch** zum
     Koordinatenursprung.

Durch die Definitionen 3.12 und 3.13 werden zwei Spezialfälle einer allgemeineren
Situation hervorgehoben. Es gibt Funktionen, deren Graphen symmetrisch zu einer
Parallelen zur $y$-Achse bzw. zentralsymmetrisch zu einem vom Koordinatenursprung
$O(0, 0)$ verschiedenen Punkt liegen.

## 3.10   Periodische Funktionen

Besitzt eine Funktion die folgende Eigenschaft, so kann man sich bei der Untersuchung
der Funktion auf ein Intervall endlicher Länge beschränken. Gefundene Eigenschaften
lassen sich dann sofort auf weitere Argumente des Definitionsbereiches übertragen.

---

**Definition 3.14:** Es seien $f$ eine Funktion mit $D(f) \subseteq \mathbf{R}$ und $W(f) \subseteq \mathbf{R}$ und $p \neq 0$ eine
     reelle Zahl.
$f$ heißt **periodisch** mit der **Periode** $p$ genau dann, wenn für alle $x \in D(f)$ gilt:
$x + p \in D(f)$ und $f(x + p) = f(x)$.

---

Die Zahl $p = 0$ ist als Periode nicht zugelassen, da sonst jede Funktion periodisch
wäre. Ist $p$ eine positive Zahl und $f$ eine
Funktion mit der Periode $p$, so reicht es
zum Kennenlernen der Funktion aus, wenn
man sie auf einem Intervall der Länge $p$
untersucht (s. Bild 3.23). Offensichtlich ist
bei einer periodischen Funktion mit der

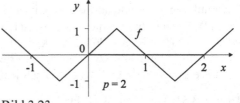

Bild 3.23

Periode $p$ auch jedes Vielfache $k \cdot p$ (mit $k \in \mathbf{Z}^*$) von $p$ eine Periode. Eine periodische
Funktion hat also unendlich viele Perioden. Wird von einer *kleinsten Periode* gesprochen, so ist immer die *kleinste positive Periode* gemeint. Es gibt periodische Funktionen,
die keine kleinste Periode besitzen (s. Übung 3.54).

**Beispiel 3.30:** Die Funktion $f$ mit $f(x) = x^4 - 1$ ist gerade. Ihr Graph liegt (axial-)symmetrisch zur $y$-Achse. Also ist die $y$-Achse Symmetrieachse (s. Bild 3.24).
Da für den Definitionsbereich von $f$ keine Festlegung getroffen wurde, kann vom größtmöglichen Definitionsbereich ausgegangen werden. Das ist $D = \mathbf{R}$. Damit ist mit $x \in D$ auch $-x \in D$. Wegen $f(x) = x^4 - 1 = (-x)^4 - 1$ $= f(-x)$ für beliebiges $x \in \mathbf{R}$ ist also immer $f(x) = f(-x)$.

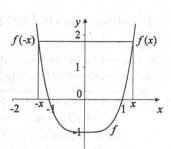

*Bemerkung*: Jede *Potenzfunktion* $f: \mathbf{R} \to \mathbf{R}$ mit $f(x) = x^{2n}$ ($n \in \mathbf{N}$) ist gerade. Damit sind die Graphen dieser Funktionen (axial-)symmetrisch zur $y$-Achse.

Bild 3.24

**Beispiel 3.31:** Die Funktion $f$ mit $f(x) = x^3 - x$ ist ungerade. Ihr Graph liegt zentralsymmetrisch zum Koordinatenursprung (s. Bild 3.25).
Offensichtlich ist $D(f) = \mathbf{R}$. Damit ist mit $x \in D$ auch $-x \in D$. Als Funktionswert für ein beliebig gewähltes Argument $-x$ ergibt sich: $f(-x) = (-x)^3 - (-x) = -x^3 + x =$ $-(x^3 - x) = -f(x)$.

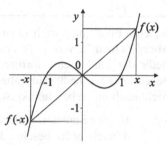

*Bemerkung*: Jede *Potenzfunktion* $f: \mathbf{R} \to \mathbf{R}$ mit $f(x) = x^{2n+1}$ ($n \in \mathbf{N}$) ist ungerade. Damit sind die Graphen dieser Funktionen zentral- oder punktsymmetrisch zum Koordinatenursprung $O(0, 0)$.

Bild 3.25

**Beispiel 3.32:** Die Funktion $f$ mit $f(x) = x^2 - 2x + 1$ ist weder gerade noch ungerade. Als Funktionswert für ein beliebiges Argument $-x$ ($x \neq 0$) ergibt sich:
$f(-x) = (-x)^2 - 2(-x) + 1 = x^2 + 2x + 1$. Diese Zahl stimmt weder mit $f(x) = x^2 - 2x + 1$ noch mit $-f(x) = -x^2 + 2x - 1$ überein.

**Übung 3.53:** Entscheiden Sie bei den Funktionen über Geradheit bzw. Ungeradheit!
a) $f(x) = x^3$, b) $f(x) = \cos x$, c) $f(x) = |x - 1|$, d) $f(x) = \tan x$.

**Beispiel 3.33:** Die *Dirichlet-Funktion* $f$ (s. Kap. 3.7, S. 127) ist gerade.
Es sei $x$ eine rationale Zahl. Dann ist $-x$ auch rational. Daher gilt $f(x) = 1 = f(-x)$. Es sei nun $x$ eine irrationale Zahl. Dann ist auch $-x$ irrational. Daher gilt $f(x) = 0 = f(-x)$. Damit ist die Geradheit von $f$ erwiesen.

**Übung 3.54:** Überzeugen Sie sich davon, dass die *Dirichlet-Funktion* (s. Beispiel 3.33) periodisch ist und keine kleinste Periode besitzt! Warum ist es nicht möglich, diese Funktion graphisch darzustellen?

**Übung 3.55:** Zeigen Sie, dass die folgenden Funktionen periodisch sind! Geben Sie, falls möglich, eine kleinste Periode an!
a) $f(x) = \sin 2x$, b) $f(x) = a$ ($a \in \mathbf{R}$), c) $f(x) = |\sin x|$, d) $f(x) = \cos 0{,}5x$.

## 3.11   Beschränkte Funktionen, Maximum und Minimum

Es gibt Funktionen einer reellen Veränderlichen mit reellen Funktionswerten, deren Wertebereich in einem Intervall mit endlicher Länge enthalten ist. Solche Funktionen werden als *beschränkt* bezeichnet.

---

**Definition 3.15:** Es sei $f$ eine Funktion mit $D(f) \subseteq \mathbf{R}$ und $W(f) \subseteq \mathbf{R}$.

$f$ heißt nach **oben beschränkt** genau dann, wenn es eine reelle Zahl $S$ derart gibt, dass für alle $x \in D(f)$ gilt: $f(x) \leq S$.

$f$ heißt nach **unten beschränkt** genau dann, wenn es eine reelle Zahl $s$ derart gibt, dass für alle $x \in D(f)$ gilt: $f(x) \geq s$.

$f$ heißt **beschränkt** genau dann, wenn $f$ nach oben und nach unten beschränkt ist.

---

Ist eine Funktion $f$ nach oben durch eine Zahl $S$ beschränkt, so heißt die Zahl $S$ eine **obere Schranke** von $f$. Ist eine Funktion $f$ nach unten durch eine Zahl $s$ beschränkt, so heißt die Zahl $s$ eine **untere Schranke** von $f$. Eine Funktion, die nicht nach oben beschränkt ist, heißt nach **oben unbeschränkt**. Entsprechend heißt eine Funktion, die nicht nach unten beschränkt ist, nach **unten unbeschränkt**.

- Ist eine Funktion $f$ durch eine Zahl $s$ nach unten beschränkt und durch eine Zahl $S$ nach oben beschränkt, so gilt $s \leq f(x) \leq S$ für alle Funktionswerte der Funktion. Damit gilt $W(f) \subseteq [s, S]$.

Wenn eine Zahl $s$ untere Schranke einer Funktion $f$ ist, dann ist jede Zahl $s'$ mit $s' < s$ ebenfalls eine untere Schranke von $f$. Ist $S$ eine obere Schranke einer Funktion $f$, so ist entsprechend jede Zahl $S'$ mit $S' > S$ eine obere Schranke von $f$.

Es gibt nach oben beschränkte Funktionen $f: \mathbf{R} \to \mathbf{R}$ mit der Eigenschaft, dass sich schon unter den Funktionswerten von $f$ selbst eine obere Schranke $S$ von $f$ befindet. Damit existiert mindestens ein $x \in D(f)$ mit $f(x) = S$. In diesem Falle ist $S$ nicht nur eine obere Schranke von $f$, sondern sogar der größte Funktionswert der Funktion $f$. Man sagt dann: $S$ ist das **(globale) Maximum** der Funktion $f$.

Befindet sich bei einer nach unten beschränkten Funktion $f: \mathbf{R} \to \mathbf{R}$ unter den Funktionswerten auch eine untere Schranke $s$ von $f$, so ist diese Zahl $s$ das **(globale) Minimum** der Funktion $f$.

Es ist nicht selbstverständlich, dass eine Funktion (globale) *Extremwerte* annimmt, also ein (globales) Maximum oder ein (globales) Minimum hat (s. Beispiel 3.36).

Die Analysis liefert Kriterien und Methoden, mit denen für eine große Menge von Funktionen die Existenz von Extremwerten gesichert und ihre Größe berechnet werden kann. Beispielsweise hat jede auf einem Intervall $[a, b]$ ($a, b \in \mathbf{R}$, $a < b$) stetige Funktion $f$ ein globales Maximum und ein globales Minimum.

**Beispiel 3.34:** Die Funktion $f$ mit $f(x) = x^2 - 3x + 4$ ist nach unten beschränkt, aber nach oben nicht beschränkt.

Es sei $x$ irgendeine reelle Zahl. Dann gilt $f(x) = (x - 1{,}5)^2 + 1{,}75 \geq 1{,}75$, denn $(x - 1{,}5)^2$ ist auf keinen Fall negativ. Damit ist $1{,}75$ eine untere Schranke von $f$. Jede Zahl, die kleiner ist als $1{,}75$, ist natürlich erst recht eine untere Schranke von $f$. Die untere Schranke $1{,}75$ ist sogar der Funktionswert $f(1{,}5)$. $1{,}75$ ist also globales Minimum. Wir nehmen an, dass es eine Zahl $S \geq 1$ derart gibt, dass $f(x) \leq S$ für alle $x \in \mathbf{R}$ ist. Bildet man nun für $S + 1{,}5$ den Funktionswert, so ergibt sich

$$f(S + 1{,}5) = (S + 1{,}5 - 1{,}5)^2 + 1{,}75 = S^2 + 1{,}75 > S^2 \geq S.$$

Das ist ein Widerspruch zu der Annnahme, dass $S$ eine obere Schranke von $f$ ist, denn es hat sich ein Funktionswert ergeben, der größer als $S$ ist.

**Übung 3.56:** Welche der Funktionen sind beschränkt bzw. nicht beschränkt? Begründen Sie Ihre Entscheidung!

a) $f: [0; 1) \to \mathbf{R}$ mit $f(x) = x^3$,  b) $f: \mathbf{R} \to \mathbf{R}$ mit $f(x) = x^3$,  c) $f: \mathbf{R}_+ \to \mathbf{R}$ mit $f(x) = x^3$.

**Übung 3.57:** Beweisen Sie die Aussage: „Eine Funktion $f: \mathbf{R} \to \mathbf{R}$ ist beschränkt genau dann, wenn für alle $x \in \mathbf{R}$ eine reelle Zahl $a$ derart existiert, dass $|f(x)| \leq a$ gilt."

**Beispiel 3.35:** Die Funktion $f: \mathbf{R} \to \mathbf{R}$ mit $f(x) = \dfrac{1}{1+x^2}$ ist beschränkt.

Offenbar sind alle Funktionswerte positiv. Damit ist $s = 0$ eine untere Schranke von $f$. Die Zahlen $1 + x^2$ sind immer größer oder gleich 1. Damit sind alle Funktionswerte von $f$ kleiner oder gleich 1. $S = 1$ ist somit eine obere Schranke von $f$. Damit gilt dann für jedes $x \in \mathbf{R}$: $0 \leq f(x) \leq 1$. Offensichtlich ist jede negative Zahl eine untere Schranke der Funktion und jede Zahl, die größer als 1 ist, eine obere Schranke der Funktion.

**Beispiel 3.36:** Die Funktion $f: \mathbf{R} \to \mathbf{R}$ mit $f(x) = \dfrac{1}{1+x^2}$ hat zwar ein (globales) Maximum, aber kein (globales) Minimum.

Die Zahl $S = 1$ ist eine obere Schranke von $f$ (s. Beispiel 3.35). Wegen $f(0) = 1$ ist 1 das (globale) Maximum der Funktion. Es wird nur an der Stelle 0 angenommen.

Die Zahl $s = 0$ ist eine untere Schranke von $f$ (s. Beispiel 3.35). Diese Zahl kann nicht das (globale) Minimum sein, weil alle Funktionswerte von $f$ positive Zahlen sind. Wenn $f$ ein (globales) Minimum hätte, dann müsste es also eine positive Zahl sein. Je größer nun $x$ gewählt wird, desto kleiner wird der Funktionswert $f(x)$. Da $1 + x^2$ nach oben nicht beschränkt ist, gibt es sogar Funktionswerte, die der Zahl 0 beliebig nahe kommen. Zu jeder positiven Zahl $\varepsilon$ gibt es also einen Funktionswert der Funktion, der kleiner ist als $\varepsilon$. Damit kann $f$ kein (globales) Minimum haben.

*Bemerkung*: Wie die Beispiele 3.34 und 3.36 zeigen, können manchmal auch Entscheidungen über Extremwerte getroffen werden, ohne die Differentialrechnung zu bemühen.

**Übung 3.58:** Geben Sie eine Funktion $f: \mathbf{R} \to \mathbf{R}$ mit folgenden Eigenschaften an!
a) $f$ hat Maximum und Minimum,       b) $f$ hat weder Maximum noch Minimum,
c) $f$ hat kein Maximum, aber ein Minimum.

## 3.12  Potenzfunktionen

In Kap. 3.5.3, S. 122, wurden Potenzen $b^r$ mit positiver reeller Basis $b$ und rationalem Exponenten $r$ definiert. Dieser Potenzbegriff kann auf Potenzen mit reellem Exponenten verallgemeinert werden. Dafür benötigt man einen Begriff aus der Analysis, z. B. die *Intervallschachtelung.* Jede reelle Zahl $x$ kann durch eine Folge von abgeschlossenen Intervallen $[a_n, b_n]$ $(a_n, b_n \in \mathbf{Q}, a_n \le b_n, n \in \mathbf{N})$ erfasst werden, wobei die Folge $(a_n)$ monoton wachsend, die Folge $(b_n)$ monoton fallend ist und die Folge $(b_n - a_n)$ gegen null konvergiert. Dann ist z. B. für $b > 1$ die Folge $([\,b^{a_n}, b^{b_n}\,])$ ebenfalls eine Intervallschachtelung und erfasst genau eine Zahl. Diese Zahl ist die Potenz $b^x$. Diese Vorgehensweise rechtfertigt, dass zur Berechnung von Potenzen mit reellem Exponenten Potenzen mit rationalen Näherungswerten als Exponenten benutzt werden können.

Damit können nun *Potenzfunktionen* definiert werden (s. Anhang A, S. 157).

---

**Definition 3.16:** Es sei $f$ eine Funktion mit $D(f) \subseteq \mathbf{R}$ und $W(f) \subseteq \mathbf{R}$, $a \in \mathbf{R}$.
$f$ mit $f(x) = x^a$ heißt **Potenzfunktion.**
Der größtmögliche Definitionsbereich $D(f)$ hängt von $a$ ab:
Es ist $D(f) = \mathbf{R}$ für $a \in \mathbf{N}^*$, $D(f) = \mathbf{R}^*$ für $a \in \mathbf{Z} \setminus \mathbf{N}^*$, $D(f) = \mathbf{R}_+$
für $a \in \mathbf{R}_+^* \setminus \mathbf{N}^*$ und $D(f) = \mathbf{R}_+^*$ für $a \in \mathbf{R}_-^* \setminus \mathbf{Z}_-^*$.

---

Manchmal heißen auch Funktionen $f$ mit $f(x) = c \cdot x^a$ $(c \in \mathbf{R}^*)$ Potenzfunktionen.
Potenzfunktionen haben für *positive* Argumente folgende Eigenschaften:

---

**Satz 3.4:** Die Potenzfunktion $f$ mit $f(x) = x^a$ $(x \in \mathbf{R}_+^*)$

    a) hat für $a \in \mathbf{R}^*$ den Wertebereich $W(f) = \mathbf{R}_+^*$ und für $a = 0$ den Wertebereich $W(f) = \{1\}$,

    b) ist für $a \in \mathbf{R}_+^*$ streng monoton wachsend, für $a \in \mathbf{R}_-^*$ streng monoton fallend und für $a = 0$ monoton wachsend und monoton fallend, also konstant.

    c) hat keine Nullstellen.

---

Für einen Beweis von a) sind Begriffsbildungen aus der Analysis notwendig, die hier nicht zur Verfügung stehen. Für Satz 3.4 b) siehe aber Übung 3.61.

Für $a \in \mathbf{N}^*$ kann $f$ mit $f(x) = x^a$ auf $\mathbf{R}$ definiert werden. Dort hat $f$ die Nullstelle 0. Für gerades $a$ ist $f$ in $\mathbf{R}$ eine gerade Funktion mit $W(f) = \mathbf{R}_+$. Für ungerades $a$ ist $f$ in $\mathbf{R}$ eine ungerade Funktion mit $W(f) = \mathbf{R}$ (s. die Bemerkungen auf S. 131).

Für $a \in \mathbf{Z} \setminus \mathbf{N}^*$ kann $f$ mit $f(x) = x^a$ auf $\mathbf{R}^*$ definiert werden. Für ungerades $a$ ist $f$ in $\mathbf{R}^*$ eine ungerade Funktion mit $W(f) = \mathbf{R}^*$. Für gerades $a$ $(a \ne 0)$ ist $f$ in $\mathbf{R}^*$ eine gerade Funktion mit $W(f) = \mathbf{R}_+^*$. Für $a = 0$ ist $f$ ist eine gerade Funktion mit $W(f) = \{1\}$.

Für $a \in \mathbf{R}_+^* \setminus \mathbf{N}^*$ kann $f$ mit $f(x) = x^a$ auf $\mathbf{R}_+$ definiert werden. Dort hat $f$ die Nullstelle 0.

Für $a \in \mathbf{R}_-^* \setminus \mathbf{Z}_-^*$ hat $f$ mit $f(x) = x^a$ den größtmöglichen Definitionsbereich $D(f) = \mathbf{R}_+^*$.

**Beispiel 3.37:** Die Potenzfunktion $f$ mit $f(x) = x^5$ hat den Definitionsbereich $D(f) = \mathbf{R}$ und den Wertebereich $W(f) = \mathbf{R}$. Sie ist eine ungerade, streng monoton wachsende Funktion und hat die Zahl 0 als einzige Nullstelle (s. Bild 3.26).

**Beispiel 3.38:** Die Potenzfunktion $g$ mit $g(x) = x^4$ hat den Definitionsbereich $D(g) = \mathbf{R}$ und den Wertebereich $W(g) = \mathbf{R}_+$. Sie ist eine gerade Funktion, die für $x < 0$ streng monoton fallend und für $x > 0$ streng monoton wachsend ist. Die Zahl 0 ist die einzige Nullstelle (s. Bild 3.26; gestrichelt).

**Beispiel 3.39:** Die Potenzfunktion $f$ mit $f(x) = x^{-2}$ hat den Definitionsbereich $D(f) = \mathbf{R}^*$ und den Wertebereich $W(f) = \mathbf{R}_+^*$. Sie ist eine gerade Funktion, die für $x < 0$ streng monoton wachsend und für $x > 0$ streng monoton fallend ist (s. Bild 3.27).

**Beispiel 3.40:** Die Potenzfunktion $g$ mit $g(x) = x^{-3}$ hat den Definitionsbereich $D(g) = \mathbf{R}^*$ und den Wertebereich $W(g) = \mathbf{R}^*$. Sie ist eine ungerade Funktion, die für $x < 0$ und für $x > 0$ streng monoton fallend ist (s. Bild 3.27; gestrichelt).

**Beispiel 3.41:** Die Potenzfunktion $f$ mit $f(x) = \sqrt[3]{x^4}$ hat den Definitionsbereich $D(f) = \mathbf{R}_+$ und den Wertebereich $W(f) = \mathbf{R}_+$. Sie ist streng monoton wachsend und hat die Zahl 0 als einzige Nullstelle (s. Bild 3.28).

**Beispiel 3.42:** Die Potenzfunktion $g$ mit $g(x) = \sqrt[5]{x^{-2}}$ hat den Definitionsbereich $D(g) = \mathbf{R}_+^*$ und den Wertebereich $W(g) = \mathbf{R}_+^*$. Sie ist streng monoton fallend (s. Bild 3.28; gestrichelt).

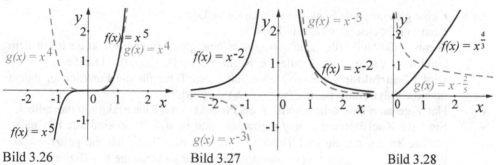

Bild 3.26                          Bild 3.27                              Bild 3.28

**Übung 3.59:** Geben Sie für die Funktionen $f$ Eigenschaften gemäß Satz 3.4 an! Beweisen Sie die Aussagen zur Monotonie!
a) $f(x) = x^0$,        b) $f(x) = x^{0,5}$,      c) $f(x) = x^{-7}$,      d) $f(x) = x^8$,        e) $f(x) = x^{-1,2}$.

**Übung 3.60:** Begründen Sie, warum die Funktion $g$ aus Beispiel 3.40 zwar für $x < 0$ und für $x > 0$ streng monoton fallend ist, aber nicht in $\mathbf{R}^*$.

**Übung 3.61:** Für alle Zahlen $a, b, r \in \mathbf{R}_+^*$ mit $a < b$ gilt $a^r < b^r$.

Beweisen Sie diese Aussage, indem Sie schrittweise $r \in \mathbf{N}$, $r \in \mathbf{Q}_+^*$ und $r \in \mathbf{R}_+^*$ wählen.

## 3.13   Ganzrationale Funktionen

Durch Verallgemeinerung kann man aus den linearen und den quadratischen Funktionen die *ganzrationalen Funktionen* gewinnen (vgl. Anhang A, S. 156).

---

**Definition 3.17:** Es sei $f$ eine Funktion mit $D(f) \subseteq \mathbf{R}$ und $W(f) \subseteq \mathbf{R}$, $n \in \mathbf{N}$,
$a_0, a_1, a_2, \dots, a_n \in \mathbf{R}$, $a_n \neq 0$.

$f$ heißt **ganzrationale** Funktion mit dem (oder vom) **Grad** $n$ genau dann, wenn für alle $x \in D(f)$ gilt:

$$f(x) = a_n x^n + a_{n-1} x^{n-1} + \dots + a_2 x^2 + a_1 x + a_0 = \sum_{i=0}^{n} a_i x^i \, .$$

---

Die Zahlen $a_0, a_1, a_2, \dots, a_n$ heißen **Koeffizienten** der ganzrationalen Funktion $f$. Eine ganzrationale Funktion $n$-ten Grades wird auch als **Polynom**[1] $n$-ten Grades bezeichnet.

Die in der Schule behandelten *Potenzfunktionen* $f$ mit $f(x) = x^n$ ($n \in \mathbf{N}$) sind offensichtlich eine Teilmenge der ganzrationalen Funktionen, während die *Potenzfunktionen* $f$ mit $f(x) = x^n$ ($n \in \mathbf{Z} \setminus \mathbf{N}$ bzw. $n \in \mathbf{R} \setminus \mathbf{N}$) keine ganzrationalen Funktionen sind.

Zur Berechnung der Nullstellen einer Funktion $f$ ist die Gleichung $f(x) = 0$ zu lösen. Für ganzrationale Funktionen mit dem Grad 0 oder 1, also den konstanten und den linearen Funktionen, ist dies sehr einfach. Für ganzrationale Funktionen mit dem Grad 2, 3 oder 4 existieren Lösungsformeln, die allerdings nur für die quadratischen Funktionen leicht zu handhaben sind. Daher ist es nützlich, viele Informationen zur Verfügung zu haben, um Nullstellen einer solchen Funktion zu finden.

Es sei $f$ eine ganzrationale Funktion vom Grade $n$. Dann gilt:
- $f$ hat in $\mathbf{R}$ höchstens $n$ Nullstellen.
- Wenn $f$ die Nullstelle $x_0$ hat, so gibt es eine ganzrationale Funktion $g$ mit dem Grad $n-1$ derart, dass für alle $x \in \mathbf{R}$ gilt: $f(x) = (x - x_0) \cdot g(x)$. Der Term $(x - x_0)$ wird **Linearfaktor** genannt. Man erhält einen Term für die Funktion $g$, indem man die **Polynomdivision** $f(x) : (x - x_0)$ ausführt.
- Hat $f$ genau $n$ Nullstellen, so ist $f$ als Produkt von $n$ Linearfaktoren darstellbar.
- Sind alle Koeffizienten von $f$ ganzzahlig und ist $a_n = 1$, so sind alle rationalen Nullstellen ganzzahlig und Teiler von $a_0$. (Ist $a_n \neq 1$, so hat die ganzrationale Funktion $g$ mit $a_n \cdot g(x) = f(x)$ manchmal auch nur ganzzahlige Koeffizienten.)

Die hier zusammengestellten Eigenschaften können genutzt werden, um Nullstellen zu suchen. Mithilfe von gefundenen Nullstellen kann der Grad der zu untersuchenden Funktion durch Polynomdivision verringert werden.

Bei den ganzrationalen Funktionen ist es manchmal sinnvoll, auch von *mehrfachen* Nullstellen zu sprechen. So hat die Funktion $f$ mit $f(x) = x^3 - 3x^2 + 3x - 1 = (x-1)^3$ zwar nur die Zahl 1 als Nullstelle, aber wegen $f(x) = (x-1)(x-1)(x-1)$ (der Linearfaktorzerlegung für $f$) kann die Nullstelle dreifach gezählt werden.

---

[1]  Aus polýs (griech.) = viel und nómos (griech.) = Gesetz.

**Beispiel 3.43:** Jede *konstante* Funktion $f$ mit $f(x) = a$ ($a \in \mathbf{R}^*$) ist eine ganzrationale Funktion 0-ten Grades, die keine Nullstelle hat. Für die Funktion $g$ mit $g(x) = 0$, die Definition 3.17 nicht erfüllt, ist offensichtlich jedes Element von $D(g)$ eine Nullstelle. Die Funktion $f$ erfüllt die Definition 3.17 (s. Anhang A, S. 156). Dabei ist die Zahl $a$ der einzige auftretende Koeffizient. $a$ entspricht also der Zahl $a_0$ in der Definition. Zur Berechnung der Nullstellen ist die Gleichung $f(x) = 0$ zu lösen. Die Gleichung $a = 0$ hat keine Lösung für $a \neq 0$. Also hat $f$ keine Nullstelle.

**Beispiel 3.44:** Die *linearen* Funktionen $f$ mit $f(x) = ax + b$ ($a, b \in \mathbf{R}$, $a \neq 0$) sind die ganzrationalen Funktionen 1-ten Grades. Sie haben für $D(f) = \mathbf{R}$ *genau* eine Nullstelle. Die Funktionen erfüllen die Definition 3.17 (s. Anhang A, S. 156). Für die Koeffizienten gilt $a = a_1$, $b = a_0$. Wegen $a_1 \neq 0$ haben die Funktionen den Grad 1. Die *lineare Gleichung* $ax + b = 0$ hat genau eine Lösung, nämlich $x = -\dfrac{b}{a}$.

**Beispiel 3.45:** Die *quadratischen* Funktionen $f$ mit $f(x) = ax^2 + bx + c$ ($a, b, c \in \mathbf{R}$, $a \neq 0$) sind die ganzrationalen Funktionen 2-ten Grades. Sie haben für $D(f) = \mathbf{R}$ *höchstens* zwei reelle Nullstellen.
Die Funktionen erfüllen die Definition 3.17 (s. Anhang A, S. 156).
Für die Koeffizienten gilt $a = a_2$, $b = a_1$, $c = a_0$.
Die Lösungsformel der allgemeinen *quadratischen Gleichung* lautet:

$$x_{1/2} = \frac{-b}{2a} \pm \frac{\sqrt{b^2 - 4ac}}{2|a|}$$   (s. auch Anhang B, S. 161f.). Ihr entnimmt man,

- dass *keine* reelle Lösung genau dann existiert, wenn $b^2 - 4ac < 0$ ist,
- dass *genau eine* reelle Lösung genau dann existiert, wenn $b^2 - 4ac = 0$ ist, und
- dass *genau zwei* reelle Lösungen genau dann existieren, wenn $b^2 - 4ac > 0$ ist.

**Beispiel 3.46:** Die reellen Nullstellen des Polynoms $f$ mit $f(x) = x^4 + x^3 - 5x^2 + x - 6$ werden ermittelt.
$f$ ist eine Funktion 4.Grades, hat also höchstens vier reelle Nullstellen. Die Koeffizienten von $f$ sind alle ganzzahlig und es ist $a_4 = 1$. Daher sind die Teiler von $a_0 = -6$, also die Zahlen 1, –1, 2, –2, 3, –3, 6 und –6, mögliche Nullstellen. Durch Einsetzen dieser Zahlen in die Funktionsgleichung ergibt sich, dass $x_1 = 2$ und $x_2 = -3$ Nullstellen sind. Damit gilt für alle $x \in \mathbf{R}$: $f(x) = (x - 2)(x + 3) \cdot g(x)$. Die Polynomdivision von $f(x)$ durch $(x - 2)(x + 3) = x^2 + x - 6$ ergibt einen Term für $g(x)$. Man erhält

$$
\begin{array}{l}
(x^4 + x^3 - 5x^2 + x - 6) : (x^2 + x - 6) = x^2 + 1 \\
\underline{-(x^4 + x^3 - 6x^2)} \\
\qquad\qquad x^2 + x - 6 \\
\qquad\quad \underline{-(x^2 + x - 6)} \\
\qquad\qquad\qquad\quad 0
\end{array}
$$

Die Funktion $g$ mit $g(x) = x^2 + 1$ hat keine reelle Nullstelle. In $\mathbf{C}$ hat diese Funktion die beiden Nullstellen $x_1 = i$ und $x_2 = -i$.

Damit hat $f$ genau die zwei reellen Nullstellen 2 und –3.

**Übung 3.62:** Ermitteln Sie die reellen Nullstellen der Funktion $f$!
a) $f(x) = x^4 - 9$,   b) $f(x) = x^3 - 2x^2 - 5x + 6$,   c) $f(x) = x^3 - 2x^2 + x$.

## 3.14   Rationale Funktionen

Mithilfe der ganzrationalen Funktionen kann eine weitere Menge von Funktionen mit interessanten Eigenschaften gebildet werden.

---

**Definition 3.18:** Es seien $f$ eine Funktion und $u$, $v$ ganzrationale Funktionen.

$f$ heißt **rationale** Funktion genau dann, wenn für alle $x \in D(f)$ gilt: $f(x) = \dfrac{u(x)}{v(x)}$.

---

Der größtmögliche Definitionsbereich einer rationalen Funktion $f$ ist die Menge $\{x \mid x \in \mathbf{R} \wedge v(x) \neq 0\}$. Die Nullstellen des Nennerpolynoms $v$ einer rationalen Funktion $f$ gehören also nicht zum Definitionsbereich von $f$. Eine rationale Funktion[1] liegt in *Normalform* vor, wenn die Funktionen $u$ und $v$ keine gemeinsamen Nullstellen haben.

---

**Definition 3.19:** Es seien $f$ eine rationale Funktion in Normalform mit $f(x) = \dfrac{u(x)}{v(x)}$

für alle $x \in D(f)$ und $x_\mathrm{P}$ eine reelle Zahl.

$x_\mathrm{P}$ heißt **Polstelle** von $f$ genau dann, wenn $u(x_\mathrm{P}) \neq 0$ und $v(x_\mathrm{P}) = 0$ ist.

---

Wenn $x_\mathrm{P}$ Polstelle einer rationalen Funktion $f$ ist und $a$, $b$ reelle Zahlen mit $a < x_\mathrm{P} < b$ sind, dann ist die Menge der Funktionswerte von $f$ auf den Intervallen $(a, x_\mathrm{P})$ und $(x_\mathrm{P}, b)$ nicht *beschränkt* (s. Beispiel 3.48). Man beachte: $x_\mathrm{P} \notin D(f)$.

➤   Aus der Definition 3.8, S. 124, ergibt sich, dass eine Zahl $x_0$ Nullstelle einer rationalen Funktion $f$ mit $f(x) = \dfrac{u(x)}{v(x)}$ genau dann ist, wenn $u(x_0) = 0$ und $v(x_0) \neq 0$ ist.

Ist der Grad des Zählerpolynoms $u$ einer rationalen Funktion $f$ kleiner als der Grad des Nennerpolynoms $v$, so wird $f$ **echt gebrochenrationale** Funktion genannt. Ist der Grad von $u$ größer oder gleich dem Grad von $v$, so wird von einer **unecht gebrochenrationalen** Funktion gesprochen. Unecht gebrochenrationale Funktionen sind entweder ganzrationale Funktionen, oder sie lassen sich mithilfe der Polynomdivision in eine Summe aus einer ganzrationalen Funktion $p$ und einer echt gebrochenrationalen Funktion $q$ zerlegen. Der Graph von $p$ heißt **Asymptote**[2] des Graphen von $f$, denn der Graph von $f$ schmiegt sich an den Graphen von $p$ an, ohne ihn dabei zu berühren bzw. zu schneiden.

➤   Hat eine rationale Funktion $f$ die Polstelle $x_\mathrm{P}$, so ist die Gerade, die parallel zur Ordinatenachse durch $x_\mathrm{P}$ verläuft, eine **senkrechte Asymptote** des Graphen von $f$. Für jede echt gebrochenrationale Funktion $f$ ist die $x$-Achse eine **waagerechte Asymptote** des Graphen von $f$.

Haben Zählerpolynom und Nennerpolynom einer rationalen Funktion eine gemeinsame Nullstelle, so kann dort eine Polstelle vorliegen (s. Beispiel 3.48), es kann sich aber auch um eine *Lücke* handeln (s. Beispiel 3.49).

---

[1]   Zur Einordung der rationalen Funktionen in die reellen Funktionen s. Anhang A, S. 156.
[2]   Aus sympíptein (griech.) = zusammenfallen und der Verneinung "a"; asýmptōtos = nicht übereinstimmend.

**Beispiel 3.47:** Die unecht gebrochenrationale Funktion $f$ mit $f(x) = \dfrac{2x^2 + x}{x + 1}$ $(x \neq -1)$

wird als Summe einer ganzrationalen Funktion $g$ und einer echt gebrochenrationalen Funktion $h$ dargestellt.
Mithilfe der Polynomdivision ergibt sich:

$$(2x^2 + x) : (x + 1) = 2x - 1 + \dfrac{1}{x + 1}.$$

$$\underline{-\,(2x^2 + 2x)}$$
$$\qquad -x$$
$$\qquad \underline{-(x - 1)}$$
$$\qquad\qquad 1$$

$$g\colon x \mapsto 2x - 1$$

$$h\colon x \mapsto \dfrac{1}{x + 1}$$

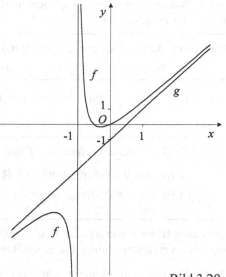

Der Graph der linearen Funktion $g$ mit $g(x)$ $= 2x - 1$ ist eine **schiefe Asymptote** des Graphen der Funktion $f$ (s. Bild 3.29).

**Beispiel 3.48:** Die Funktion $f$ mit

$f(x) = \dfrac{x}{x^2}$ hat für $x = 0$ eine Polstelle.

Die Funktion $f$ ist auf $\mathbf{R}^*$ definiert. Das Zähler- und das Nennerpolynom haben

Bild 3.29

beide die Nullstelle 0. $f$ liegt also nicht in Normalform vor. Für $x \neq 0$ kann gekürzt werden, und es gilt $f(x) = \dfrac{1}{x}$. Ist $x > 0$ und sehr nahe bei null, so ist $\dfrac{1}{x}$ sehr groß. Die

Zahl $x$ kann so klein gewählt werden, dass jede noch so große positive Zahl übertroffen wird. Für $x = 0{,}0001$ ist z. B. schon $f(x) = 10000$. Ist $x < 0$ und sehr nahe bei null, so ist

$\dfrac{1}{x}$ negativ und sehr klein. Es kann jede noch so kleine negative Zahl unterboten werden.

Die Menge der Funktionswerte von $f$ ist damit nicht beschränkt (s. Kap. 3.11, S. 132).

**Beispiel 3.49:** Die Funktion $f$ mit $f(x) = \dfrac{x^2}{x}$ hat für $x = 0$ eine Lücke.

Die Funktion $f$ ist auf $\mathbf{R}^*$ definiert. Das Zähler- und das Nennerpolynom haben beide die Nullstelle 0. $f$ liegt also nicht in Normalform vor. Für $x \neq 0$ kann gekürzt werden und es gilt $f(x) = x$. Der Graph von $f$ ist eine *punktierte* Gerade, d. h., ein Punkt der Geraden, nämlich $P(0, 0)$, gehört nicht zum Graphen, denn für $x = 0$ existiert kein Funktionswert.

*Bemerkung*: Die Funktionen $f$ mit $f(x) = \dfrac{x^2}{x}$ $(x \in \mathbf{R}^*)$ und $g$ mit $g(x) = x$ $(x \in \mathbf{R})$ sind

also nicht gleich, da sie nicht den gleichen Definitionsbereich haben.

**Übung 3.63:** Untersuchen Sie die Funktionen $f$ auf Nullstellen, Polstellen und Lücken!

a) $f(x) = \dfrac{x^3 + 2x^2 - 2x - 4}{x^2 + 2}$,  b) $f(x) = \dfrac{x^2 - x - 2}{x^2 - 4}$,  c) $f(x) = \dfrac{x^3 + 1}{x^3 - 2x^2 + x - 2}$.

## 3.15   Exponential- und Logarithmusfunktionen

In Kap. 3.5.3, S. 122, und Kap. 3.12, S. 134, wurde der Potenzbegriff für positive Basen und rationale bzw. reelle Exponenten definiert. Damit ist es möglich *Exponentialfunktionen* zu definieren:

---

**Definition 3.20:** Es sei $f$ eine Funktion mit $D(f) = \mathbf{R}$, $a \in \mathbf{R}_+^*$, $a \neq 1$.

Die Funktion $f$ mit $f(x) = a^x$ heißt **Exponentialfunktion mit der Basis $a$**.

---

Manchmal heißen auch Funktionen $f$ mit $f(x) = c \cdot a^x$ $(c \in \mathbf{R}_+^*)$ Exponentialfunktionen.

Es gilt

---

**Satz 3.5:** Die Exponentialfunktion $f$ mit $f(x) = a^x$ $(a \in \mathbf{R}_+^*, a \neq 1)$

  a) hat den Wertebereich $W(f) = \mathbf{R}_+^*$,

  b) ist für $a > 1$ streng monoton wachsend und für $0 < a < 1$ streng monoton
     fallend.

---

Für einen Beweis von a) sind Begriffsbildungen aus der Analysis notwendig, die hier nicht zur Verfügung stehen. Für einen Beweis von b) siehe Übung 3.65.

Da die Exponentialfunktion $f$ mit $f(x) = a^x$ $(a \in \mathbf{R}_+^*, a \neq 1)$ auf $\mathbf{R}$ streng monoton ist, ist sie wegen Satz 3.3, S. 128, eineindeutig. Daher besitzt sie eine Umkehrfunktion $f^{-1}$.

---

**Definition 3.21:** Es sei $f$ eine Exponentialfunktion mit $f(x) = a^x$ $(a \in \mathbf{R}_+^*, a \neq 1)$.

Die zu $f$ gehörige Umkehrfunktion $f^{-1}$ heißt **Logarithmusfunktion mit der
Basis $a$** und wird mit $f^{-1}(x) = \log_a x$ bezeichnet.

---

Es gilt

---

**Satz 3.6:** Die Logarithmusfunktion $f$ mit $f(x) = \log_a x$ $(a \in \mathbf{R}_+^*, a \neq 1)$

  a) hat den Definitionsbereich $D(f) = \mathbf{R}_+^*$ und den Wertebereich $W(f) = \mathbf{R}$,

  b) ist für $a > 1$ streng monoton wachsend und für $0 < a < 1$ streng monoton
     fallend,

  c) hat mit $x = 1$ genau eine Nullstelle.

---

Ein Beweis ergibt sich aus den Ergebnissen von Satz 3.5 und Eigenschaften für Umkehrfunktionen (s. Kap. 3.8, S. 128) sowie dem Ergebnis von Übung 3.52, S. 129. Die *Eulersche Zahl* $e = 2,718\ldots$, die als Grenzwert der Zahlenfolge $(a_n)$ mit $a_n = (1 + \frac{1}{n})^n$ definiert werden kann, ist die Basis der *natürlichen Exponentialfunktion* $f$ mit

$f(x) = e^x$ und der *natürlichen Logarithmusfunktion* $f^{-1}(x) = \log_e x = \ln x$.

Neben der Basis $e$ treten häufig noch die Basen 2 und 10 auf:

$g(x) = 2^x$ und $g^{-1}(x) = \log_2 x = \operatorname{ld} x$ sowie $h(x) = 10^x$ und $h^{-1}(x) = \log_{10} x = \lg x$.

**Beispiel 3.50:** Die Funktion $f$ mit $f(x) = 1{,}5^x$ ist eine streng monoton wachsende Funktion (s. Bild 3.30). Die $x$-Achse ist dabei eine Asymptote[1] für den Graphen der Funktion. Sehr kleine negative Argumente haben sehr kleine positive Funktionswerte.

**Beispiel 3.51:** Die Funktion $g$ mit $g(x) = 0{,}5^x$ ist eine streng monoton fallende Funktion (s. Bild 3.31). Die $x$-Achse ist dabei eine waagerechte Asymptote[1] für den Graphen der Funktion. Sehr große positive Argumente haben sehr kleine positive Funktionswerte.

**Übung 3.64:** In der Definition 3.20 ist die Basis $a = 1$ ausgeschlossen worden. Welche Konsequenzen hat es, wenn bei Exponentialfunktionen $a = 1$ zugelassen wird?

**Übung 3.65:**

a)  Für allen reellen Zahlen $a, r$ mit $a > 1$ und $r > 0$ gilt $a^r > 1$. Beweisen Sie diese Aussage, indem Sie schrittweise $r \in \mathbf{N}^*$, $r \in \mathbf{Q}_+^*$ und $r \in \mathbf{R}_+^*$ wählen.

b)  Begründen Sie, dass für alle reellen Zahlen $a, r$ (mit $a > 1$ und $r < 0$) $0 < a^r < 1$ gilt.

c)  Begründen Sie mithilfe des für alle Zahlen $a, r, s \in \mathbf{R}$ mit $a > 1$ geltenden Potenzgesetzes $a^r \cdot a^s = a^{r+s}$ und dem Ergebnis aus a), dass die Exponentialfunktionen mit der Basis $a$ ($a > 1$) streng monoton wachsend sind.

*Bemerkung:* Durch die Ergebnisse a) und b) der Übung 3.65 ist bewiesen, dass Exponentialfunktionen keine Nullstellen haben.

**Beispiel 3.52:** Die Funktion $h$ mit $h(x) = \log_{1{,}5} x$ ist eine streng monoton wachsende Funktion, die für $x = 1$ eine einzige Nullstelle hat. (s. Bild 3.32). Die $y$-Achse ist dabei eine senkrechte Asymptote[1] für den Graphen der Funktion. Sehr kleine positive Argumente haben sehr kleine negative (dem Betrage nach sehr große) Funktionswerte.

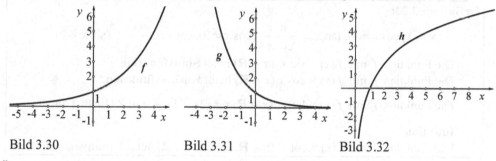

Bild 3.30                          Bild 3.31                          Bild 3.32

**Übung 3.66:**

a)  Es sei $f$ eine eineindeutige Funktion und $f^{-1}$ ihre Umkehrfunktion. Sei $x \in D(f)$. Was ergibt sich für $f^{-1}(f(x))$?

b)  Begründen Sie, dass $x = a^{\log_a x}$ mit $a \in \mathbf{R}_+^*$, $a \neq 1$, für $x > 0$ gilt.

c)  Begründen Sie, dass $a = e^{\ln a}$ für $a > 0$ gilt.

d)  Interpretieren Sie Identität $a^x = e^{x \ln a}$ für $a > 1$ und $x \in \mathbf{R}$.

---

[1] Der auf S. 138 für rationale Funktionen erklärte Begriff *Asymptote* wird sinngemäß auch für die Exponential- und Logarithmusfunktionen verwendet.

## 3.16  Winkelfunktionen oder Trigonometrische Funktionen

Im rechtwinkligen Dreieck $\Delta ABC$ können Winkelgrößen Seitenverhältnisse zugeordnet werden. Für den Winkel $\alpha$ mit $0° < \alpha < 90°$ wird festgelegt (s. Bild 3.33):

$$\sin \alpha := \frac{a}{c}, \cos \alpha := \frac{b}{c}, \tan \alpha := \frac{a}{b}, \cot \alpha := \frac{b}{a}.$$

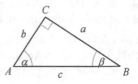

Bild 3.33

Diese Beziehungen können durch Übertragung auf einen Einheitskreis zur Definition von *Winkelfunktionen* genutzt werden. Dafür betrachten wir den Einheitskreis ($r = 1$ Längeneinheit), dessen Mittelpunkt im Koordinatenursprung $O$ eines Koordinatensystems liegt (s. Bild 3.34). Ein Strahl mit dem Anfangspunkt $O$ bildet mit dem nichtnegativen Teil der Abszissenachse einen Winkel der Größe $x$. Der Strahl schneidet den Kreis im Punkt $P(u, v)$. Der Fußpunkt des Lotes von $P$ auf die Abszissenachse wird mit $Q$ bezeichnet. Das Dreieck $\Delta OQP$ ist rechtwinklig, die Hypotenuse $OP$ hat die Länge 1.

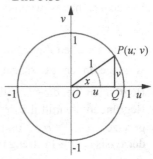

Bild 3.34

Bei Drehung des Strahls um $O$ entstehen unterschiedliche Winkel der Größe $x$ und der Punkt $P$ wandert auf dem Einheitskreis. Es wird vereinbart, dass bei Drehung gegen den Uhrzeigersinn (also mathematisch im positiven Sinn) positiv orientierte Winkel und bei Drehung im Uhrzeigersinn (also mathematisch im negativen Sinn) negativ orientierte Winkel entstehen (s. auch Beispiel 3.8, S. 99). Damit wird festgelegt:

---

**Definition 3.22:**

$$\sin x := v, \cos x := u, \tan x := \frac{\sin x}{\cos x} \ (\cos x \neq 0), \cot x := \frac{\cos x}{\sin x} \ (\sin x \neq 0).$$

Die Funktion $f$ mit $f(x) = \sin x \ (x \in \mathbf{R})$ heißt **Sinusfunktion**.
Die Funktion $f$ mit $f(x) = \cos x \ (x \in \mathbf{R})$ heißt **Kosinusfunktion**.

Die Funktion $f$ mit $f(x) = \tan x \ (x \in \mathbf{R}, x \neq (2k + 1)\frac{\pi}{2}, k \in \mathbf{Z})$ heißt **Tangensfunktion**.

Die Funktion $f$ mit $f(x) = \cot x \ (x \in \mathbf{R}, x \neq k\pi, k \in \mathbf{Z})$ heißt **Kotangensfunktion**.

---

*Bemerkung*: Durch die Definition 3.22 werden für spitze Winkel die gleichen Funktionswerte wie oben im rechtwinkligen Dreieck erzeugt und die Beschränkung der Winkelgrößen ist aufgehoben. Es ist üblich, die Argumente der Winkelfunktionen in Bogenmaß anzugeben. Die Umrechnung einer Winkelgröße $\alpha$ in Gradmaß in eine Winkelgröße in Bogenmaß arc $\alpha$ kann mithilfe der Formel arc $\alpha = \frac{\pi}{180°} \cdot \alpha$ erfolgen.

Im Einheitskreis ist arc $\alpha$ die zu dem Zentriwinkel $\alpha$ gehörende Bogenlänge.

*Bemerkung*: Die auf S. 138 für rationale Funktionen erklärten Begriffe *Polstelle* und *Asymptote* werden sinngemäß für die Tangens- und Kotangensfunktion verwendet.

**Übung 3.67:** Nutzen Sie Bild 3.33 um

a)    $\sin \beta$, $\cos \beta$, $\tan \beta$ und $\cot \beta$ festzulegen, b)  zu zeigen, dass $\sin^2\alpha + \cos^2\alpha = 1$ ist.

**Beispiel 3.53:** Die Sinusfunktion $f$ mit $f(x) = \sin x$ ($x \in$ **R**) hat das Intervall $[-1, 1]$ als Wertebereich, denn die Ordinaten der Punkte auf dem Einheitskreis durchlaufen dieses Intervall. $f$ ist ungerade, denn die Ordinaten, die zu entgegengesetzten Argumenten gehören, haben unterschiedliche Vorzeichen und den gleichen Betrag. Die Nullstellen von $f$ sind die Zahlen $k\pi$, $k \in$ **Z**. $f$ ist periodisch mit der kleinsten Periode $2\pi$, denn erst nach einem vollen Umlauf des Strahls, also einer Drehung um $2\pi$, treten wiederum die gleichen Ordinaten des Punktes $P$ auf. Deshalb können wir uns auf das Intervall $[0, 2\pi]$ beschränken. Dort ist die Sinusfunktion streng monoton wachsend bzw. fallend, nämlich für $0 \le x \le \dfrac{\pi}{2}$ und für $\dfrac{3\pi}{2} \le x \le 2\pi$ bzw. für $\dfrac{\pi}{2} \le x \le \dfrac{3\pi}{2}$, was man den Änderungen der Ordinaten in Abhängigkeit vom Drehwinkel entnehmen kann (s. Bild 3.35).

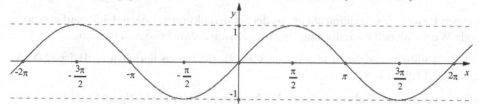

Bild 3.35

**Übung 3.68:** Geben Sie analog zu Beispiel 3.53 Eigenschaften der Kosinusfunktion an.

**Beispiel 3.54:** Die Tangensfunktion $f$ mit

$f(x) = \tan x$ ($x \in$ **R**, $x \neq (2k + 1)\dfrac{\pi}{2}$, $k \in$ **Z**)

hat den Wertebereich **R**. $f$ ist ungerade. Die Nullstellen der Tangensfunktion sind die Zahlen $k\pi$, $k \in$ **Z**. Die Tangensfunktion ist periodisch; ihre kleinste Periode ist $\pi$. Deshalb können wir uns auf das Intervall

$(-\dfrac{\pi}{2}, \dfrac{\pi}{2})$ beschränken. Dort ist die Tangens-

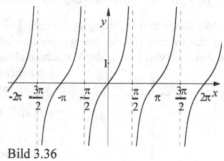

Bild 3.36

funktion streng monoton wachsend (s. Bild 3.36). Der Graph der Tangensfunktion hat senkrechte Asymptoten, die durch die Polstellen bestimmt werden.

**Übung 3.69:** Geben Sie Eigenschaften der Kotangensfunktion an (vgl. Beispiel 3.54).

**Übung 3.70:** Zeichnen Sie einen Graphen der Funktion $g$ mit $g(x) = 3\cdot\sin(2x + \dfrac{\pi}{2})$.

Geben Sie Eigenschaften dieser Funktion an. Wie beeinflussen die reellen Parameter $a$, $b$ und $c$ in $f(x) = a\cdot\sin(bx + c)$ die Eigenschaften der Funktion $f$?

Für die Winkelfunktionen sind die *Additionstheoreme* von besonderer Bedeutung.

Additionstheorem für die Sinusfunktion:

Für alle $x, y \in \mathbf{R}$ gilt $\sin(x + y) = \sin x \cdot \cos y + \cos x \cdot \sin y$.

Additionstheorem für die Kosinusfunktion:

Für alle $x, y \in \mathbf{R}$ gilt $\cos(x + y) = \cos x \cdot \cos y - \sin x \cdot \sin y$.

Additionstheorem für die Tangensfunktion:

Für alle $x, y \in \mathbf{R}$ mit $1 - \tan x \cdot \tan y \neq 0$ gilt $\tan(x + y) = \dfrac{\tan x + \tan y}{1 - \tan x \cdot \tan y}$.

Additionstheorem für die Kotangensfunktion:

Für alle $x, y \in \mathbf{R}$ mit $\cot x + \cot y \neq 0$ gilt $\cot(x + y) = \dfrac{\cot x \cdot \cot y - 1}{\cot x + \cot y}$.

Für einen Beweis des Additionstheorems der Sinusfunktion s. Beispiel 3.55; auf entsprechende Weise können auch die anderen Additionstheoreme bewiesen werden.

Aus den Additionstheoremen lassen sich viele Beziehungen herleiten (s. Beispiel 3.56 und Kap. 3.17.5, S. 148).

Winkelfunktionen sind als periodische Funktionen nicht eineindeutig und haben deshalb in ihrem Definitionsbereich jeweils keine Umkehrfunktion. Auf Intervallen, in denen Winkelfunktionen streng monoton sind, existiert allerdings eine Umkehrfunktion.

So ist z. B. die Einschränkung der Sinusfunktion auf das Intervall $[-\frac{\pi}{2}, \frac{\pi}{2}]$ streng monoton wachsend (s. Beispiel 3.53, S. 143) und die Einschränkung der Kosinusfunktion auf das Intervall $[0, \pi]$ streng monoton fallend (s. Übung 3.68, S. 143). In beiden Fällen ist das Intervall $[-1, 1]$ der Wertebereich der betrachteten Funktionen. So ergibt sich die Umkehrfunktion

**Arkussinus** (arcsin) mit

arcsin: $[-1, 1] \rightarrow [-\frac{\pi}{2}, \frac{\pi}{2}]$

und die Umkehrfunktion **Arkuscosinus** (arccos) mit
arccos: $[-1, 1] \rightarrow [0, \pi]$.

Diese Umkehrfunktionen (für die Graphen s. Bilder 3.37 und 3.38) werden als die *Hauptzweige* aller möglichen Umkehrfunktionen der Sinusfunktion bzw. der Kosinusfunktion bezeichnet.

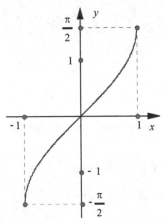

Bild 3.37

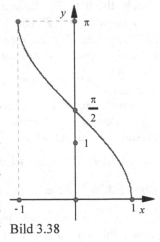

Bild 3.38

**Beispiel 3.55:**

Wir skizzieren einen Beweis des Additionstheorems der Sinusfunktion. Im Einheitskreis (s. Bild 3.39)

seien $\angle AOC = x$, $\angle BOA = y$ mit $0 < x, y, x + y < \dfrac{\pi}{2}$.

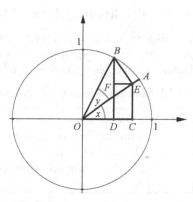

Mit $BE \perp OA$ ist das Dreieck $\triangle OEB$ rechtwinklig. Ferner ist $\angle AOC = \angle EBF = x$, da die Schenkel der Winkel paarweise senkrecht aufeinander stehen. In den Dreiecken $\triangle BFE$ und $\triangle OEB$ ergibt sich

$$\cos x = \frac{BF}{BE} \text{ und } \sin y = \frac{BE}{OB} = \frac{BE}{1} = BE.$$

Das führt zu $BF = \cos x \cdot \sin y$. In den Dreiecken $\triangle EOC$ und $\triangle BOE$ ergibt sich entsprechend

Bild 3.39

$$\sin x = \frac{EC}{OE} \text{ und } \cos y = \frac{OE}{OB} = \frac{OE}{1} = OE.$$ Das führt (da $EC = FD$) zu $EC = \sin x \cdot \cos y$.

Weiterhin gilt $\sin(x + y) = BD = BF + FD = BF + EC$, also
$\sin(x + y) = \sin x \cdot \cos y + \cos x \cdot \sin y$.
Für beliebige reelle Zahlen $x, y$ kann wegen der Periodizität der Sinus- und der Kosinusfunktion und der Beziehungen zwischen den Funktionswerten dieser Funktionen in den einzelnen Quadranten der oben bearbeitete Fall erreicht werden.                    ∎

**Beispiel 3.56:** Setzt man in den Additionstheoremen der Sinus- und der Kosinusfunktion $y = x$, so ergeben sich für alle $x \in \mathbf{R}$ die *Doppelwinkelformeln*:
$\sin(x + x) = \sin x \cdot \cos x + \cos x \cdot \sin x$, also $\sin 2x = 2\sin x \cdot \cos x$,
$\cos(x + x) = \cos x \cdot \cos x - \sin x \cdot \sin x$, also $\cos 2x = \cos^2 x - \sin^2 x$.

Damit ergibt sich $\sin 3x = \sin(2x + x) = \sin 2x \cdot \cos x + \cos 2x \cdot \sin x$, was auf
$\sin 3x = 2\sin x \cdot \cos^2 x + (\cos^2 x - \sin^2 x) \cdot \sin x = 3\sin x \cdot \cos^2 x - \sin^3 x =$
$3\sin x \cdot (1 - \sin^2 x) - \sin^3 x = 3\sin x - 4\sin^3 x$ führt.
Insgesamt gilt $\sin 3x = 3\sin x - 4\sin^3 x$ für alle $x \in \mathbf{R}$.

**Übung 3.71:** Gewinnen Sie aus den Additionstheoremen der Tangensfunktion und der Kotangensfunktion die Doppelwinkelformeln.

**Übung 3.72:** Gewinnen Sie aus den Additionstheoremen der Winkelfunktionen die *Subtraktionstheoreme*, also einen analogen Term für
a) $\sin(x - y)$,          b) $\cos(x - y)$,          c) $\tan(x - y)$,          d) $\cot(x - y)$.

**Übung 3.73:**
a)  Geben Sie Eigenschaften des Hauptzweiges der Umkehrfunktion **Arkustangens** der Tangensfunktion an (Orientieren Sie sich am Beispiel 3.54, S. 143).
b)  Zeichnen Sie einen Graphen der Funktion Arcustangens.
c)  Vergleichen Sie die Graphen der Tangensfunktion (im Intervall $[-\frac{\pi}{2}; \frac{\pi}{2}]$) und ihrer Umkehrfunktion miteinander.

## 3.17   Funktionale Charakterisierungen einiger Funktionen

Die Eigenschaften einer Funktion sind nicht alle gleich wichtig. Es gibt manchmal Eigenschaften, die so stark sind, dass man an ihnen eine spezielle Funktion erkennen kann. Dann kann sich eine *funktionale Charakterisierung* einer Funktion ergeben.

### 3.17.1 Eine funktionale Charakterisierung der direkten Proportionalitäten[1]

> **Satz 3.7:** Die für alle reellen Zahlen definierte Funktion $f$ mit $f(x) = ax$ ($a \in \mathbf{R}$, $a > 0$)
> ist die einzige Funktion mit den Eigenschaften
> (1)  $f(x + y) = f(x) + f(y)$ für alle $x, y \in \mathbf{R}^2$,
> (2)  $f$ ist streng monoton wachsend[3],
> (3)  $f(1) = a$.

**Beweis:** Die direkte Proportionalität $f$ mit $f(x) = ax$ ($a \in \mathbf{R}$, $a > 0$) hat die Eigenschaft (1), denn es gilt wegen des Distributivgesetzes immer $a(x + y) = ax + ay$. Für $a > 0$ folgt aus $x < y$ sofort $ax < ay$, also Eigenschaft (2). Eigenschaft (3) ist offensichtlich erfüllt. Damit ist die Existenz einer Funktion mit den genannten Eigenschaften gesichert.
Nun sei $f$ irgendeine Funktion mit den Eigenschaften (1), (2) und (3). Dann gilt:
a)  $f(0) = 0$. (Man setze in (1) $x = y = 0$.)
b)  Für jede reelle Zahl $x$ gilt $f(-x) = -f(x)$. (Man ersetze $y$ durch $-x$ in (1) und nutze a).)
c)  Für jede reelle Zahl $x$ und jede natürliche Zahl $k$ gilt $f(kx) = k \cdot f(x)$. (Beweis kann mit vollständiger Induktion bei Verwendung von (1) mit $x = y$ erfolgen.)
    Aus (3) ergibt sich daraus mit $x = 1$ dann $f(k) = ak$.
d)  Für jede gebrochene Zahl $q$ gilt $f(q) = aq$.
    Es sei $q = \dfrac{m}{n}$ ($m, n \in \mathbf{N}$, $n > 0$) eine gebrochene Zahl. Dann ist $nq = m$. Hieraus ergibt sich $f(nq) = f(m)$, woraus mit c) die Gleichung $n f(q) = am$ folgt, also $f(q) = aq$.
e)  Für jede rationale Zahl $r$ gilt $f(r) = ar$.
    Für $r = 0$ gilt die Behauptung wegen a). Für $r > 0$ gilt die Behauptung wegen d). Es sei nun $r < 0$. Dann ist $-r > 0$, und es gilt wegen d) $f(-r) = a \cdot (-r)$. Andererseits ist wegen b) $f(-r) = -f(r)$. Daraus ergibt sich die Behauptung.
f)  Für jede reelle Zahl $x$ gilt $f(x) = ax$.
    Für rationale Zahlen gilt die Behauptung bereits wegen e). Es sei $x_0$ eine irrationale Zahl. Wir nehmen an, dass $f(x_0) \neq ax_0$ ist. Gelte etwa $f(x_0) < ax_0$. Dann existiert eine rationale Zahl $r$ mit $f(x_0) < ar < ax_0$, was $f(x_0) < f(r) < ax_0$ zur Folge hat. Das steht wegen $r < x_0$ im Widerspruch zu (2).                                              ∎

*Bemerkung*: Die Eigenschaften (1) und (2) gemeinsam sind typisch für alle direkten Proportionalitäten. Durch Eigenschaft (3) wird eine *direkte Proportionalität* hervorgehoben.

---

[1]  proportionalis (spätlat.) = in gleichem Verhältnis stehend.
[2]  Diese Gleichung, wie auch die jeweilige Gleichung in den Sätzen 3.8, 3.9 und 3.10, heißt *Cauchysche Funktionalgleichung* nach AUGUSTIN LOUIS CAUCHY (1789 – 1857).
[3]  Auf die Monotonieforderung kann, wie auch in den Sätzen 3.8 bis 3.11, nicht verzichtet werden, denn es gibt nichtmonotone Funktionen mit sehr ungewöhnlichen Eigenschaften, die die Funktionalgleichungen erfüllen.

**Übung 3.74:** In Satz 3.7 wurde $a > 0$ gefordert. Welche Konsequenzen ergeben sich für die Bedingung $a < 0$? Formulieren Sie einen entsprechenden Satz und beweisen Sie ihn!

### 3.17.2 Eine funktionale Charakterisierung der Exponentialfunktionen

> **Satz 3.8:** Die für alle reellen Zahlen definierte *Exponentialfunktion* $f$ mit $f(x) = a^x$ ($a \in \mathbf{R}$, $a > 1$) ist die einzige Funktion mit den Eigenschaften
> (1)  $f(x + y) = f(x) \cdot f(y)$ für alle $x, y \in \mathbf{R}$,
> (2)  $f$ ist streng monoton wachsend,
> (3)  $f(1) = a$.

**Beweis**(skizze)[4]:   Die Funktion $f$ mit $f(x) = a^x$ ($a \in \mathbf{R}$, $a > 1$) hat wegen des für alle $a \in \mathbf{R}_+^*, x_1, x_2 \in \mathbf{R}$, geltenden Potenzgesetzes $a^{x_1+x_2} = a^{x_1} \cdot a^{x_2}$, Satz 3.5 b) sowie $f(1) = a$ die Eigenschaften (1), (2) und (3). Damit ist die Existenz einer Funktion gesichert. Nun sei $f$ irgendeine Funktion mit den Eigenschaften (1), (2) und (3). Dann kann gezeigt werden:
a) Für jedes $x \in \mathbf{R}$ gilt $f(x) > 0$.
b) Für jedes $x \in \mathbf{R}$ und jedes $k \in \mathbf{N}^*$ gilt $f(k \cdot x) = f(x)^k$.
   (Beweis kann mit vollständiger Induktion bei Verwendung von (1) mit $x = y$ erfolgen.) Mit (3) ergibt sich daraus $f(k) = a^k$.
c) Für jedes $x \in \mathbf{R}$ und jedes $r \in \mathbf{Q}$ gilt $f(rx) = f(x)^r$.
   Mit (3) ergibt sich daraus $f(r) = a^r$.
d) Für jedes $x \in \mathbf{R}$ gilt $f(x) = a^x$.
   Für rationale Zahlen gilt die Behauptung bereits wegen c). Es sei $x_0$ eine irrationale Zahl. Wir nehmen an, dass $f(x_0) \neq a^{x_0}$ ist. Gelte etwa $f(x_0) < a^{x_0}$. Dann existiert eine rationale Zahl $r$ mit $f(x_0) < a^r < a^{x_0}$, was $f(x_0) < f(r) < a^{x_0}$ zur Folge hat. Das steht wegen $r < x_0$ im Widerspruch zu (2).
Damit ist die Eindeutigkeit der Funktion $f$ mit $f(x) = a^x$ gezeigt und es gilt Satz 3.8.  ∎

*Bemerkung*: Die Eigenschaften (1) und (2) gemeinsam sind typisch für alle Exponentialfunktionen. Durch Eigenschaft (3) wird eine Exponentialfunktion hervorgehoben.

### 3.17.3 Eine funktionale Charakterisierung der Logarithmusfunktionen

Welche Eigenschaften der Logarithmusfunktionen ergeben sich aus Satz 3.8?
Wendet man auf Gleichung (1) in Satz 3.8 die Umkehrfunktion $f^{-1}$ an, so ergibt sich $f^{-1}(f(x_1 + x_2)) = f^{-1}(f(x_1) \cdot f(x_2))$, was zu der Gleichung (*) $x_1 + x_2 = f^{-1}(f(x_1) \cdot f(x_2))$ führt. Wenn $y_1 = f(x_1)$ ist, so ist $x_1 = f^{-1}(y_1)$. Damit ergibt sich aus der Gleichung (*) die Gleichung $f^{-1}(y_1) + f^{-1}(y_2) = f^{-1}(y_1 \cdot y_2)$. Diese Gleichung gilt für alle $y_1, y_2 \in \mathbf{R}_+^*$, denn der Wertebereich von $f$ ist $\mathbf{R}_+^*$. Mit $f$ ist auch $f^{-1}$ streng monoton wachsend (s. Übung 3.52, S. 129). Schließlich ist wegen $f(1) = a$ noch $f^{-1}(a) = 1$.
Damit gilt folgender Satz:

---

[4]  BREHMER, S.; APELT, H: Analysis I. Folgen, Reihen, Funktionen. Berlin: Deutscher Verlag der Wissenschaften 1982, S. 47-51.

---

**Satz 3.9:** Die für alle positiven reellen Zahlen definierte *Logarithmusfunktion* $f$ mit
$f(x) = \log_a x$ ($a \in \mathbf{R}$, $a > 1$) ist die einzige Funktion mit den Eigenschaften

(1) $f(x \cdot y) = f(x) + f(y)$ für alle $x, y \in \mathbf{R}_+^*$,

(2) $f$ ist streng monoton wachsend,

(3) $f(a) = 1$.

---

**Übung 3.75**: In den Sätzen 3.8 und 3.9 wurde $a > 1$ gefordert. Welche Konsequenzen ergeben sich für die Bedingung $0 < a < 1$? Formulieren Sie entsprechende Sätze!

### 3.17.4 Eine funktionale Charakterisierung der Potenzfunktionen

---

**Satz 3.10:** Die für alle positiven reellen Zahlen definierte *Potenzfunktion* $f$ mit
$f(x) = x^a$ ($a > 0$) ist die einzige Funktion mit den Eigenschaften

(1) $f(x \cdot y) = f(x) \cdot f(y)$ für alle $x, y \in \mathbf{R}_+^*$,

(2) $f$ ist streng monoton wachsend,

(3) $f(b) = c$ ($b \neq 1$, $c > 1$ für $b > 1$ und $0 < c < 1$ für $0 < b < 1$, $c = b^a$).

---

**Beweis:** Wegen $x = b^{\log_b x}$ (s. Übung 3.66 b), S. 141) können die Potenzfunktionen $f$ mit $f(x) = x^a$ ($a > 0$) für $x > 0$ mithilfe der Exponentialfunktionen definiert werden. $f(x) = x^a = (b^{\log_b x})^a = b^{a \log_b x}$. Für diese Funktionen gilt $(x \cdot y)^a = (b^{\log_b x \cdot y})^a = (b^{\log_b x + \log_b y})^a = b^{a(\log_b x + \log_b y)} = b^{a \log_b x + a \log_b y} = b^{a \log_b x} \cdot b^{a \log_b y} = x^a \cdot y^a$ und damit Eigenschaft (1). Wegen Satz 3.4 b), S. 134, ist Eigenschaft (2) erfüllt. Eigenschaft (3) gilt ebenfalls. Damit ist die Existenz einer Funktion mit den genannten Eigenschaften gesichert.

Sei $f$ eine Funktion mit $x \in \mathbf{R}_+^*$ und den Eigenschaften (1), (2) und (3) aus Satz 3.10. Wegen $x > 0$ kann $x = b^t$ gesetzt werden. Dann ist die Funktion $g$ mit $g(t) = f(b^t) = f(x)$ für alle $t \in \mathbf{R}$ definiert und es gilt: $g(t_1 + t_2) = f(b^{t_1 + t_2})$. Nun ist $f(b^{t_1 + t_2}) = f(b^{t_1} \cdot b^{t_2})$ wegen des entsprechenden Potenzgesetzes. Weiterhin gilt für $f$ nach Voraussetzung $f(b^{t_1} \cdot b^{t_2}) = f(b^{t_1}) \cdot f(b^{t_2})$. Mit der Definition von $g$ gilt $f(b^{t_1}) \cdot f(b^{t_2}) = g(t_1) \cdot g(t_2)$. Insgesamt ergibt sich, dass $g$ die Eigenschaft (1) aus Satz 3.8 hat. $g$ hat auch die Eigenschaft (2), denn mit $f$ ist auch $g$ streng monoton wachsend. Also ist $g$ mit Satz 3.8 eine Exponentialfunktion: $g(t) = b^t$ und $g(1) = f(b^1) = f(b) = c$. Daher gilt $g(t) = c^t$ für alle $t \in \mathbf{R}$. Damit und wegen $c = b^a$ und $x = b^t$ gilt $g(t) = c^t = (b^a)^t = b^{ta} = (b^t)^a = x^a$. ∎

**Übung 3.76**: In Satz 3.10 wurde $a > 0$ gefordert. Welche Konsequenzen ergeben sich für die Bedingung $a < 0$? Formulieren Sie einen entsprechenden Satz!

### 3.17.5 Eine funktionale Charakterisierung der Sinusfunktion

Für die Winkelfunktionen können ebenfalls funktionale Charakterisierungen vorgenommen werden. Dabei spielen neben den Additionstheoremen (s. S. 144) auch entsprechende Subtraktionstheoreme eine Rolle. Exemplarisch[1] geben wir in Satz 3.11

---

[1] Weitere Charakterisierungen siehe z. B. ILSE, D.; LEHMANN, I.; SCHULZ, W.: Gruppoide und Funktionalgleichungen. Berlin: Deutscher Verlag der Wissenschaften 1984, S. 221 - 248.

eine Charakterisierung für die Sinusfunktion an. Dafür verwenden wir das Additionstheorem und das Subtraktionstheorem der Sinusfunktion:

Für alle $x, y \in \mathbf{R}$ gilt $\sin(x + y) = \sin x \cdot \cos y + \cos x \cdot \sin y$ und

für alle $x, y \in \mathbf{R}$ gilt $\sin(x - y) = \sin x \cdot \cos y - \cos x \cdot \sin y$.

In beiden Gleichungen treten sowohl die Sinusfunktion als auch die Kosinusfunktion
auf.

Die Multiplikation beider Gleichungen führt zu

$\sin(x + y) \cdot \sin(x - y) = (\sin x \cdot \cos y + \cos x \cdot \sin y) \cdot (\sin x \cdot \cos y - \cos x \cdot \sin y) =$
$\sin^2 x \cdot \cos^2 y - \cos^2 x \cdot \sin^2 y = \sin^2 x \cdot (1 - \sin^2 y) - (1 - \sin^2 x) \cdot \sin^2 y = \sin^2 x - \sin^2 y$.

Die Umformungen führen zu der für alle $x, y \in \mathbf{R}$ geltenden Identität

$\sin(x + y) \cdot \sin(x - y) = \sin^2 x - \sin^2 y$, die nur noch die Sinusfunktion enthält. Daraus
resultiert die *d'Alembertsche*[2] *Funktionalgleichung*:

Für alle $x, y \in \mathbf{R}$ gilt $f(x + y) \cdot f(x - y) = f^2(x) - f^2(y)$.

Mit ihrer Hilfe kann die *Sinusunktion* funktional charakterisiert werden. Es gilt

---

**Satz 3.11:** Die für alle positiven reellen Zahlen definierte Funktion $f$ mit $f(x) = \sin x$
ist die einzige Funktion mit den Eigenschaften

(1) $f(x + y) \cdot f(x - y) = f^2(x) - f^2(y)$ für alle $x, y \in \mathbf{R}$,

(2) $f$ ist streng monoton wachsend im Intervall $[\,0, \frac{\pi}{2}\,]$ und

streng monoton fallend im Intervall $[\frac{\pi}{2}, \pi]$,

(3) $f(\frac{\pi}{2}) = 1$,

(4) $\pi$ ist die kleinste positive Nullstelle von $f$.

---

Für einen Beweis und weitere Charakterisierungen verweisen wir auf die Literatur.

*Bemerkung*: Die Forderung (1) wird nicht nur von der Sinusfunktion erfüllt, sondern
auch von der *linearen Funktion* $g$ mit $g(x) = x$ sowie der *Hyperbelfunktion* $h$ mit $h(x)$
$= \sinh x = \dfrac{e^x - e^{-x}}{2}$ (*Sinus Hyperbolicus*). Beide Funktionen sind aber streng monoton
wachsend und erfüllen nicht Forderung (2). Die Funktionen erfüllen auch nicht die
Forderungen (3) und (4): $g(\frac{\pi}{2}) = \frac{\pi}{2} \approx 1{,}5708$ und $h(\frac{\pi}{2}) = \sinh \frac{\pi}{2} \approx 2{,}3013$ und ihre
einzige Nullstelle ist $x_N = 0$.

Es gibt auch Funktionen, die die Forderung (1) erfüllen und deren Graphen in der Ebene
dicht liegen. Die Forderung (2) verhindert das.

**Übung 3.77:** Zeigen Sie, dass mit Additions- und Subtraktionstheoremen für Winkelfunktionen eine Funktionalgleichung für die *Kosinusfunktion* gewonnen werden kann.

---

[2]  Nach JEAN-BAPTISTE LE ROND D'ALEMBERT (1717 – 1783).

## 3.18   Operationen mit Funktionen

Komplizierte Funktionen werden manchmal untersucht, indem man sie in einfachere Funktionen zerlegt und zunächst diese analysiert. Andererseits kann man aus einfachen Funktionen durch verschiedene Operationen kompliziertere Funktionen bilden. Eine Grundlage für solche Überlegungen liefern die folgenden Definitionen für *Addition*, *Subtraktion*, *Multiplikation* und *Division* von Funktionen:

---

**Definition 3.23:** Es seien $f$ und $g$ zwei Funktionen mit $D(f) \subseteq \mathbf{R}$, $W(f) \subseteq \mathbf{R}$, $D(g) \subseteq \mathbf{R}$, $W(g) \subseteq \mathbf{R}$ und dem identischen Definitionsbereich $D$.

Die Funktion $s$ mit $s(x) := f(x) + g(x)$ für alle $x \in D$ heißt **Summe** der Funktionen $f$ und $g$ (Kurzschreibweise: $s = f + g$).

Die Funktion $d$ mit $d(x) := f(x) - g(x)$ für alle $x \in D$ heißt **Differenz** der Funktionen $f$ und $g$ (Kurzschreibweise: $d = f - g$).

Die Funktion $p$ mit $p(x) := f(x) \cdot g(x)$ für alle $x \in D$ heißt **Produkt** der Funktionen $f$ und $g$ (Kurzschreibweise: $p = f \cdot g$).

Die Funktion $q$ mit $q(x) := \dfrac{f(x)}{g(x)}$ für alle $x \in D$ mit $g(x) \neq 0$ heißt **Quotient** der Funktionen $f$ und $g$ (Kurzschreibweise: $q = \dfrac{f}{g}$).

---

Haben zwei Funktionen $f$ und $g$ nicht den gleichen Definitionsbereich, so können Summe, Differenz, Produkt und Quotient dieser Funktionen für die Menge $D(f) \cap D(g)$ gebildet werden. Bei der Funktion $\dfrac{f}{g}$ ist zusätzlich die Bedingung $g(x) \neq 0$ zu beachten.

Eine weitere Operation für Funktionen ist die *Nacheinanderausführung* von zwei Funktionen, die auch *Verkettung* genannt wird (vgl. auch Kap. 2.2.1, S. 58/59).

---

**Definition 3.24:** Es seien $f$ und $g$ zwei Funktionen, wobei $W(f) \cap D(g) \neq \varnothing$ ist.

Die Funktion $v$ mit $v(x) := g(f(x))$ für alle $f(x) \in D(g)$ heißt **Nacheinanderausführung** der Funktionen $f$ und $g$ (Kurzschreibweise: $v = g \circ f$).

---

Die Funktion $g$ in Definition 3.24 heißt **äußere Funktion**, und die Funktion $f$ heißt **innere Funktion** der Nacheinanderausführung $v = g \circ f$ (gelesen: $g$ nach $f$).

Der Definitionsbereich der Funktion $v$ besteht gerade aus den Elementen von $D(f)$, die ihrerseits durch $f$ auf Elemente in $D(g)$ abgebildet werden (s. Bild 3.40).

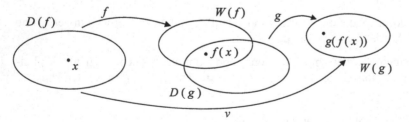

Bild 3.40

**Beispiel 3.57:** Es seien $f$ eine Funktion, die auf $\mathbf{R}$ definiert ist, und $a \in \mathbf{R}_+$. In Abhängigkeit von $a$ unterscheidet sich der Graph der Funktion $a \cdot f$ vom Graphen der Funktion $f$. Für $a > 1$ ist der Graph von $a \cdot f$ gegenüber dem Graphen von $f$ um den Faktor $a$ *gestreckt*. Für $a = 1$ sind beide Graphen identisch. Für $0 < a < 1$ ist der Graph von $a \cdot f$ gegenüber dem Graphen von $f$ um den Faktor $a$ *gestaucht*. Für $a = 0$ fällt der Graph von $a \cdot f$ mit der $x$-Achse zusammen. Für $a < 0$ kommt zu den Streckungen bzw. Stauchungen noch eine Spiegelung an der $x$-Achse hinzu.

**Beispiel 3.58:** Das Polynom $p$ mit $p(x) = x^2 + 2x - 1$ kann aus der Funktion $f = id_{\mathbf{R}}$ mit $f(x) = x$ und den konstanten Funktionen $g$ und $h$ mit $g(x) = 2$ bzw. $h(x) = -1$ mithilfe der Addition und der Multiplikation von Funktionen zusammengesetzt werden.
Es gilt nämlich $p = id_{\mathbf{R}} \cdot id_{\mathbf{R}} + g \cdot id_{\mathbf{R}} + h$.

*Bemerkung*: Jede rationale Funktion kann unter ausschließlicher Verwendung der Funktion $id_{\mathbf{R}}$ und der konstanten Funktionen mithilfe von Summe, Produkt und Quotient gemäß Definition 3.23 zusammengesetzt werden.

**Übung 3.78:** Setzen Sie die Funktion $f$ mit $f(x) = \dfrac{2x+1}{x^3 - 2x + 1}$ mithilfe von Summe, Produkt und Quotient unter ausschließlicher Verwendung der Funktion $id_{\mathbf{R}}$ und konstanten Funktionen zusammen! Welchen Definitionsbereich hat die Funktion?

**Beispiel 3.59:** Die „komplizierte" Funktion $v$ mit $v(x) = \sqrt{1 - x^2}$ wird als Verkettung zweier „einfacherer" Funktionen $f$ und $g$ dargestellt.
Es seien $f$ und $g$ die zwei Funktionen mit $f(x) = 1 - x^2$ $(x \in \mathbf{R})$ und $g(y) = \sqrt{y}$ $(y \in \mathbf{R}_+)$. Dann ist $v = g \circ f$ bzw. $v(x) = g(f(x))$. Der Wertebereich von $f$ besteht aus allen Zahlen, die kleiner oder gleich 1 sind. Der Definitionsbereich von $g$ besteht aus allen nichtnegativen Zahlen. Damit ist $W(f) \cap D(g) = [0, 1]$ der maximale Definitionsbereich der Funktion $v$. Der Wertebereich von $v$ ist dann eine echte Teilmenge des Wertebereichs von $f$, denn es gilt $W(v) = [0, 1] \subset W(f) = \{y \mid y \in \mathbf{R} \wedge y \le 1\}$.

**Beispiel 3.60:** Die Verkettung von zwei Funktionen ist im Allgemeinen nicht kommutativ.
Wir bilden mit den Funktionen $f$ und $g$ aus Beispiel 3.59 die Verkettung $f \circ g$. Es ergibt sich die Funktion $u$ mit $u(y) = f(g(y)) = 1 - (\sqrt{y})^2 = 1 - y$ mit $D(u) = D(g) = \mathbf{R}_+$. Offensichtlich ist die Funktion $u$ verschieden von der Funktion $v$ aus Beispiel 3.59.

**Übung 3.79:** Bilden Sie die Verkettungen $v = f \circ g$ und $u = g \circ f$ für die Funktionen $f$ und $g$! Geben Sie die maximalen Definitions- und Wertebereiche der beteiligten Funktionen an!

a)   $f(y) = y + 1$; $g(x) = x^2$,          b)   $f(y) = y^3$; $g(x) = \dfrac{1}{x-1}$.

**Übung 3.80:** Stellen Sie die Funktion $p$ mit $p(x) = (2x - 1)^3$ sowohl als additive und multiplikative Zusammensetzung der Funktion $id_{\mathbf{R}}$ mit konstanten Funktionen als auch als Verkettung von zwei Funktionen dar!

## 3.19    Ausblick auf Funktionen als Abbildungen

In den bisherigen Ausführungen wurden Funktionen vorwiegend in der Weise verwendet, wie es in der Analysis und auch im nichtgeometrischen Teil des Mathematikunterrichts weitgehend üblich ist. Nun soll ein Sichtwechsel vorgenommen werden. Dabei wird auch angedeutet, in welcher Vielfalt mit Funktionen unter anderen Bezeichnungen und in anderen Zusammenhängen in der Mathematik umgegangen wird.

Während in der Analysis das Wort „Funktion" als Synonym für eine eindeutige Zuordnung steht, wird in der Algebra und in der Geometrie dem Wort „Abbildung" der Vorzug gegeben (s. Kap. 3.1, S. 94). Dabei werden in der Algebra Abbildungen mitunter nicht notwendigerweise als eindeutig vorausgesetzt. In der Geometrie sind jedoch Abbildungen traditionell eindeutig. Verschiedene Spezialisierungen und unterschiedliche historische Entwicklungen einzelner mathematischer Disziplinen haben so zu einer ganzen Palette von (z. T. synonymen) Begriffen geführt.

So hat sich z. B. durch den Bourbakismus[1] das „Dreigestirn" *injektiv – surjektiv – bijektiv* etabliert. Eine Abbildung (oder Zuordnung) heißt **injektiv** genau dann, wenn sie *eineindeutig* ist (s. Kap. 3.8, S. 128). Eine Abbildung (oder Zuordnung) heißt **surjektiv** genau dann, wenn sie eine Abbildung *auf* eine Menge ist (s. Kap. 3.1, S. 94). Eine Abbildung (oder Zuordnung) heißt **bijektiv** genau dann, wenn sie injektiv und surjektiv ist (s. Kap. 3.2, S. 97). Mithilfe dieser Begriffe werden im Folgenden weitere Funktionen beschrieben.

Für Mengen, die durch Relationen oder Operationen zusätzlich strukturiert sind, hat sich das Begriffssystem der **Morphismen**[2] herausgebildet. Im einfachsten Fall bedeutet das für zwei Mengen $M_1$ und $M_2$ mit den Relationen $R_1$ bzw. $R_2$, dass eine (eindeutige) Abbildung $\varphi: M_1 \to M_2$ die Beziehungen zwischen den Elementen invariant lässt, d. h., stehen Elemente $x$ und $y$ aus $M_1$ in der Relation $R_1$, so stehen deren Bilder $\varphi(x)$ und $\varphi(y)$ in $M_2$ in der Relation $R_2$:
Für alle $x, y \in M_1$ gilt also $x\ R_1\ y \Leftrightarrow \varphi(x)\ R_2\ \varphi(y)$. Man sagt dann, die Abbildung ist *relationstreu*.

Fordert man nun *Relations- bzw. Operationstreue*[3] einer Abbildung zwischen solchen Mengen, so benutzt man im Allgemeinen folgende Bezeichnungen:

Eine Abbildung heißt **homomorph**[2] (bzw. ein **Homomorphismus**) genau dann, wenn die Abbildung eindeutig und relationstreu ist.

Eine Abbildung heißt **monomorph**[2] (bzw. ein **Monomorphismus**) genau dann, wenn die Abbildung injektiv und relationstreu ist.

---

[1]  Unter dem Pseudonym NICOLAS BOURBAKI hat eine Gruppe vorwiegend französischer Mathematiker im 20. Jahrhundert versucht, eine begrifflich präzise Grundlegung der gesamten Mathematik vorzunehmen.

[2]  morphé (griech.) = Gestalt, Form; homós (griech.) = gleich, entsprechend; mónos (griech.) = allein, einzig; epí (griech.) = darauf; ísos (griech.) = gleich; éndon (griech.) = innerhalb; autós (griech.) = selbst.

[3]  Da Operationen spezielle Relationen sind, wird im Falle der *Operationstreue*, d. h., für alle $x, y \in M_1$ gilt $\varphi(x \circ_1 y) = \varphi(x) \circ_2 \varphi(y)$, oft auch hier von *Relationstreue* gesprochen.

Eine Abbildung heißt **epimorph**[2] (bzw. ein **Epimorphismus**) genau dann, wenn die Abbildung eindeutig, surjektiv und relationstreu ist.

Eine Abbildung heißt **isomorph**[2] (bzw. ein **Isomorphismus**) genau dann, wenn die Abbildung bijektiv und relationstreu ist.

Eine Abbildung heißt ein **Endomorphismus**[2] genau dann, wenn die Abbildung ein Homomorphismus in sich ist.

Eine Abbildung heißt ein **Automorphismus**[2] genau dann, wenn die Abbildung ein Isomorphismus auf sich ist.

Aus der Vielzahl der Möglichkeiten der Beispiele für Morphismen greifen wir einen Isomorphismus zwischen zwei *Gruppen*[4] $(G_1, \circ_1)$ und $(G_2, \circ_2)$ heraus. Es seien zwei Mengen $G_1$ und $G_2$ gegeben, in denen jeweils eine Gruppenoperation $\circ_1$ bzw. $\circ_2$ definiert ist. Die Multiplikation reeller Zahlen liefert z. B. in der Menge $\mathbf{R}_+^*$ die Gruppe $(\mathbf{R}_+^*, \cdot)$, die Addition reeller Zahlen hingegen die Gruppe $(\mathbf{R}, +)$. Jede Logarithmusfunktion $\log_a$ mit der Basis $a$ ($a \in \mathbf{R}_+^*$; $a \neq 1$) ist dann ein Isomorphismus zwischen der *multiplikativen Gruppe* $(\mathbf{R}_+^*, \cdot)$ und der *additiven Gruppe* $(\mathbf{R}, +)$, denn es gilt für alle $x, y \in \mathbf{R}_+^*$

- $\log_a(x \cdot y) = \log_a(x) + \log_a(y)$          (s. Kap 3.18, S. 147, Satz 3.9 und Übung 3.75).

Auf diesem Isomorphismus beruht das logarithmische Rechnen (nach diesem Prinzip arbeitet auch der *Rechenstab*).

Hat man Mengen im Blick, in denen Relationen oder Operationen (zunächst) keine Rolle spielen, so unterscheidet man z. B. noch zwischen *Permutationen*[5] und *Transformationen*. Eine Abbildung (oder Zuordnung) heißt **Permutation** (vom Grade $n$) genau dann, wenn sie eine bijektive Abbildung einer endlichen Menge $M$ (mit $n$ Elementen) auf sich ist. Eine Abbildung (oder Zuordnung) heißt **Transformation** genau dann, wenn sie eine bijektive Abbildung einer beliebigen Menge $M$ auf sich ist.

Als Beispiel betrachten wir eine Menge mit 3 Elementen: $M = \{1, 2, 3\}$. Die Abbildung $\varphi = \begin{pmatrix} 1\,2\,3 \\ 2\,3\,1 \end{pmatrix}$, die der 1 die 2, der 2 die 3 und der 3 die 1 zuordnet, ist eine *Permutation* der Menge $M$ vom Grade 3. Die Menge aller Permutationen vom Grade $n$ bildet im Übrigen bezüglich der Nacheinanderausführung ihrerseits eine Gruppe, die sogenannte *volle Permutationsgruppe* oder auch *symmetrische Gruppe* $\mathfrak{S}_n$ vom Grade $n$.

Die Spiegelung der Menge aller Punkte einer Ebene an einer Geraden dieser Ebene ist eine spezielle Bewegung der Ebene auf sich und damit eine *Transformation*. Auch die Menge aller Transformationen einer beliebigen Menge $M$ bildet bezüglich der Nacheinanderausführung eine Gruppe, die sogenannte *Transformationsgruppe* $\mathfrak{T}(M)$.

---

[4]  Zum Gruppenbegriff siehe z. B. Kap. 3.4.2, S. 104, und GÖTHNER, P.: Elemente der Algebra. Leipzig: Teubner 1997, S. 12.

[5]  permutatio (lat.) = Veränderung; transformatio (spätlat.) = Umwandlung, Umformung.

## 3.20  Ausblick auf (einstellige) komplexe Funktionen[1]

Wenn für eine Funktion $f$ der Definitionsbereich und der Wertebereich Teilmengen der
der Menge $\mathbf{C}$ der komplexen Zahlen sind, dann ist $f$ eine *komplexe Funktion*.

---
**Definition 3.25:** Eine Funktion $f$ mit $D(f) \subseteq \mathbf{C}$ und $W(f) \subseteq \mathbf{C}$ heißt (einstellige)
    **komplexe Funktion**.

---

Jede komplexe Zahl $z$ kann als $z = x + y\mathrm{i}$ mit $x, y \in \mathbf{R}$ geschrieben werden (s. Kap. 1.8.6,
S. 53). Daher lässt sich jede komplexe Zahl als Punkt in der Gaußschen Zahlenebene
darstellen. Damit kann der Definitionsbereich einer komplexen Funktion als zweidimen-
sionales Gebilde aufgefasst werden. Entsprechendes gilt für ihren Wertebereich. Ein
geordnetes Paar $(z, f(z))$ einer komplexen Funktion $f$ lässt sich mit zwei reellen Koordinaten für $z$ und zwei reellen Koordinaten für $f(z)$ beschreiben. Auf diese Weise kann
$(z, f(z))$ als 4-tupel reeller Zahlen dargestellt werden. Der Graph einer solchen (einstelligen) komplexen Funktion ist eine reelle zweidimensionale Fläche im vierdimensionalen
Raum $(\mathbf{R} \times \mathbf{R}) \times (\mathbf{R} \times \mathbf{R}) = \mathbf{R}^4$ und entzieht sich damit der unmittelbaren Anschauung.

Komplexe Funktionen werden in einem eigenen Gebiet der Mathematik, der Funktionentheorie, untersucht. Dabei werden Begriffsbildungen aus der Analysis (wie z. B.
Differenzierbarkeit) benutzt, die hier nicht zur Verfügung stehen. Wir beschränken uns
hier auf einige elementare Aspekte.

Da in der Menge $\mathbf{C}$ der komplexen Zahlen keine Ordnungsrelation erklärt werden kann,
die mit den Rechenoperationen verträglich ist, kann für komplexe Funktionen auch kein
Monotoniebegriff definiert werden.

Die Funktionswerte einer (einstelligen) komplexen Funktion sind komplexe Zahlen,
bestehen daher jeweils aus einem Realteil und einem Imaginärteil, die ihrerseits von den
Realteilen und den Imaginärteilen der Argumente abhängen. Damit lässt sich die komplexe Funktion $f$ mit $w = f(z)$ mit $z = x + y\mathrm{i}$ durch $w = f(z) = u(x, y) + v(x, y)\mathrm{i}$
beschreiben, wobei $u$ und $v$ zweistellige reelle Funktionen sind.

**Beispiel 3.61:** Sei $f: \mathbf{C} \to \mathbf{C}$ mit $f(z) = z^2$.
Für $z = x + y\mathrm{i}$ mit $x, y \in \mathbf{R}$ ist $w = f(z) = (x + y\mathrm{i})^2 = x^2 + 2xy\mathrm{i} + y^2\mathrm{i}^2 = x^2 + 2xy\mathrm{i} - y^2$.
Damit sind die Funktionen $u: \mathbf{R}^2 \to \mathbf{R}$ mit $u(x, y) = x^2 - y^2$ und $v: \mathbf{R}^2 \to \mathbf{R}$ mit $v(x, y) = 2xy$
festgelegt.

Welche Nullstellen[2] hat die Funktion $f: \mathbf{C} \to \mathbf{C}$ mit $f(z) = z^2$?
Aus $w = f(z) = z^2 = 0$ ergibt sich $u(x, y) + v(x, y)\mathrm{i} = 0$, also (I) $x^2 - y^2 = 0$ und (II) $2xy = 0$.
Aus (II) folgt, dass mindestens eine der Zahlen $x$ oder $y$ null sein muss. Wegen (I) hat
dies zur Folge, dass beide Zahlen null sein müssen. Die Funktion $f$ mit $f(z) = z^2$ hat die
komplexe Zahl $z_0 = 0 + 0 \cdot \mathrm{i} = 0$ als einzige Nullstelle. Da der Imaginärteil von $z_0$ null ist,
lässt sich $z_0$ als reelle Zahl 0 auffassen.

Die Funktion $f: \mathbf{C} \to \mathbf{C}$ mit $f(z) = z^2$ ist wegen $(-z)^2 = z^2$ eine gerade Funktion[3]. Daher
ist es ausreichend, diese Funktion für eine Halbebene zu untersuchen.

---
[1]  Der Begriff *komplexe Funktion* wird in der Literatur nicht einheitlich verwendet.
[2]  Die Definition 3.8, S. 124, für *Nullstelle* kann für komplexe Funktionen angepasst werden.
[3]  Die Definition 3.12, S. 130, für *gerade Funktion* kann für komplexe Funktionen angepasst werden.

Für den Betrag einer komplexen Zahl $z = x + y\mathrm{i}$ mit $x, y \in \mathbf{R}$ gilt $|z| = \sqrt{x^2 + y^2}$ , für die
Funktion $f$ mit $f(z) = z^2$ gilt (s. Definition der Multiplikation in $\mathbf{C}$, Kap. 3.4.3, S. 106)

$$f(z) = z^2 = (x + y\mathrm{i})(x + y\mathrm{i}) = (x^2 - y^2) + 2xy\mathrm{i}, \text{ also } |f(z)| = \sqrt{(x^2 - y^2)^2 + (2xy)^2} = x^2 + y^2.$$

Wie können komplexe Funktionen $w$ mit $w = f(z) = u(x, y) + v(x, y)\mathrm{i}$ graphisch dargestellt werden?
Eine Möglichkeit besteht darin, dass man sich auf die Darstellung des Betrages

$|w| = |f(z)| = \sqrt{u^2(x, y) + v^2(x, y)}$ , des Realteils $u(x, y)$ oder des Imaginärteils $v(x, y)$
der Funktionswerte beschränkt. Dabei hat man es dann mit den graphischen Darstellungen von zweistelligen reellen Funktionen zu tun. Für die Funktion $f : \mathbf{C} \to \mathbf{C}$ mit
$f(z) = z^2$ ist z. B. im Bild 3.3, S. 99, der Realteil $u(x, y) = x^2 - y^2$ graphisch dargestellt.

Bei einer anderen Möglichkeit betrachtet man ausgewählte Gebiete (geometrische
Figuren) für die Argumente der komplexen Funktion und untersucht, welche Figuren
sich daraus als Funktionswerte ergeben. Man stellt sowohl den Definitionsbereich als
auch den Wertebereich in zwei verschiedenen komplexen Ebenen dar. Wir sehen uns
dafür die Funktion $f : \mathbf{C} \to \mathbf{C}$ mit $f(z) = z^2$ an und betrachten alle Geraden der oberen
Halbebene, die parallel zur $x$-Achse verlaufen. Für sie gilt $y = y_0$ ( $y_0 \geq 0$ ).
Damit ist $u(x, y_0) = x^2 - y_0^2$ und $v(x, y_0) = 2xy_0$. Für $y_0 = 0$ ergibt sich $u = x^2$ und $v = 0$.

Für $y_0 > 0$ ergibt sich aus $v = 2xy_0$ nach Umstellen $x = \dfrac{v}{2y_0}$ und damit $u = \dfrac{v^2}{4y_0^2} - y_0^2$ .

Die Graphen dieser Funktionen sind nach rechts
geöffnete Parabeln[4], die symmetrisch zur
$u$-Achse mit dem Brennpunkt 0 liegen. Wegen
der Geradheit der Funktion ergeben sich für die
Punkte der unteren Halbebene die gleichen
Ergebnisse.
Wir betrachten nun die zur $y$-Achse parallelen
Geraden $x = x_0$ ( $x_0 \geq 0$ ) der rechten Halbebene.
Was sind ihre Bilder bei der Funktion
$f : \mathbf{C} \to \mathbf{C}$ mit $f(z) = z^2$?

Für diese Geraden gilt $u(x_0, y) = x_0^2 - y^2$ und
$v(x_0, y) = 2x_0 y$.
Für $x_0 = 0$ ergibt sich $u = -y^2$ und $v = 0$.

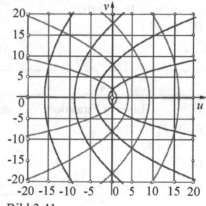

Bild 3.41

Für $x_0 > 0$ ergibt sich aus $v = 2x_0 y$ nach Umstellen $y = \dfrac{v}{2x_0}$ und damit $u = x_0^2 - \dfrac{v^2}{4x_0^2}$ .

Die Graphen dieser Funktionen sind nach links geöffnete Parabeln, die symmetrisch zur
$u$-Achse mit dem Brennpunkt 0 liegen. Wegen der Geradheit der Funktion ergeben sich
für die Punkte der unteren Halbebene die gleichen Ergebnisse (s. Bild 3.41).

---

[4]  parabállein (griech.) = vergleichen; daneben (hin)werfen.

## Anhang A: Funktionen im Überblick

### Einstellige reelle Funktionen

Es seien $X$, $Y$ Teilmengen reeller Zahlen und $f: X \to Y$ eine Funktion.
$f$ heißt dann **einstellige reelle Funktion**.

Für $x \in X$, $y \in Y$ mit $y = f(x)$ entstehen geordnete Paare $(x, f(x))$, die als Punkte in einem zweidimensionalen Koordinatensystem graphisch dargestellt werden (s. diverse Bilder in den Kap. 3.6 bis 3.16).

### Rationale Funktionen

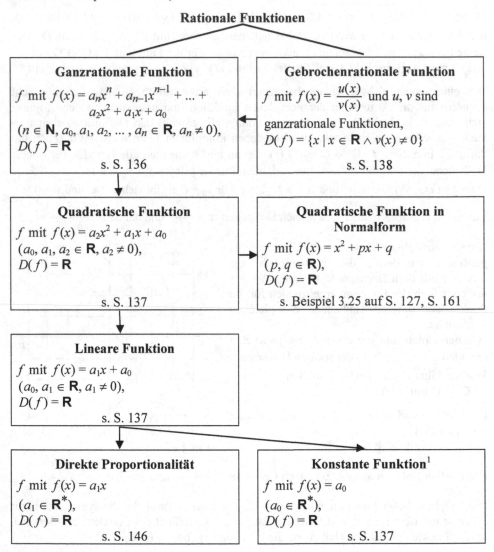

**Ganzrationale Funktion**

$f$ mit $f(x) = a_n x^n + a_{n-1} x^{n-1} + \ldots + a_2 x^2 + a_1 x + a_0$
$(n \in \mathbf{N}, a_0, a_1, a_2, \ldots, a_n \in \mathbf{R}, a_n \neq 0)$,
$D(f) = \mathbf{R}$

s. S. 136

**Gebrochenrationale Funktion**

$f$ mit $f(x) = \dfrac{u(x)}{v(x)}$ und $u$, $v$ sind ganzrationale Funktionen,
$D(f) = \{x \mid x \in \mathbf{R} \wedge v(x) \neq 0\}$

s. S. 138

**Quadratische Funktion**

$f$ mit $f(x) = a_2 x^2 + a_1 x + a_0$
$(a_0, a_1, a_2 \in \mathbf{R}, a_2 \neq 0)$,
$D(f) = \mathbf{R}$

s. S. 137

**Quadratische Funktion in Normalform**

$f$ mit $f(x) = x^2 + px + q$
$(p, q \in \mathbf{R})$,
$D(f) = \mathbf{R}$

s. Beispiel 3.25 auf S. 127, S. 161

**Lineare Funktion**

$f$ mit $f(x) = a_1 x + a_0$
$(a_0, a_1 \in \mathbf{R}, a_1 \neq 0)$,
$D(f) = \mathbf{R}$

s. S. 137

**Direkte Proportionalität**

$f$ mit $f(x) = a_1 x$
$(a_1 \in \mathbf{R}^*)$,
$D(f) = \mathbf{R}$

s. S. 146

**Konstante Funktion**[1]

$f$ mit $f(x) = a_0$
$(a_0 \in \mathbf{R}^*)$,
$D(f) = \mathbf{R}$

s. S. 137

---

[1]  Die Funktion $f$ mit $f(x) = 0$ ist gemäß dieser Einteilung keine konstante Funktion.

## Einstellige reelle (nichtrationale)Funktionen

| **Potenzfunktion**[2] | **Winkelfunktionen** |
|---|---|
| $f$ mit $f(x) = x^a$ <br> $(a \in \mathbf{R})$, <br> der Definitionsbereich $D(f)$ ist abhängig von $a$ (s. S. 134) <br><br><br> s. S. 134, S. 148 | $f$ mit $f(x) = \sin x$, $\quad D(f) = \mathbf{R}$ <br> $g$ mit $g(x) = \cos x$, $\quad D(g) = \mathbf{R}$ <br> $h$ mit $h(x) = \tan x$, <br> $D(h) = \{x \mid x \in \mathbf{R}, x \neq (2k+1)\dfrac{\pi}{2}, k \in \mathbf{Z}\}$ <br> $j$ mit $j(x) = \cot x$, <br> $D(j) = \{x \mid x \in \mathbf{R}, x \neq k\pi, k \in \mathbf{Z}\}$ <br> s. S. 142, S. 149 |

| **Exponentialfunktion** | **Logarithmusfunktion** |
|---|---|
| $f$ mit $f(x) = a^x$ <br> $(a \in \mathbf{R}_+^*, a \neq 1)$, <br> $D(f) = \mathbf{R}$ <br> s. S. 140, S. 147 | $f$ mit $f(x) = \log_a x$ <br> $(a \in \mathbf{R}_+^*, a \neq 1)$, <br> $D(f) = \mathbf{R}_+^*$ <br> s. S. 140, S.147 |

## Zweistellige reelle Funktionen

Es seien $X$, $Y$ und $Z$ Teilmengen reeller Zahlen und $f: X \times Y \to Z$ eine Funktion. Dann heißt $f$ **zweistellige reelle Funktion**.

Für $x \in X$, $y \in Y$ und $z \in Z$ entstehen geordnete Paare $((x, y), z) = ((x, y), f(x, y))$, also $z = f(x, y)$. Diese Paare können als Tripel $(x, y, z)$ und damit als Punkte in einem dreidimensionalen Koordinatensystem graphisch dargestellt werden (s. Bild 3.3, S. 99). Alle Grundrechenarten in $\mathbf{R}$ (s. Kap. 3.4.3, S. 106) sind zweistellige reelle Funktionen.

## (Einstellige) komplexe Funktionen

Es seien $X$, $Y$ Teilmengen komplexer Zahlen und $f: X \to Y$ eine Funktion. $f$ heißt dann **(einstellige) komplexe Funktion**.

Komplexe Zahlen können als Paare reeller Zahlen dargestellt werden. Somit sind bei einer komplexen Funktion die Argumente und die Funktionswerte Paare reeller Zahlen. Ein geordnetes Paar $(z, f(z))$ einer komplexen Funktion $f$ lässt sich daher als 4-tupel reeller Zahlen beschreiben. Eine graphische Darstellung in der üblichen Form entzieht sich deshalb der Anschauung.
Für die Funktion $f: \mathbf{C} \to \mathbf{C}$ mit $f(z) = z^2$ siehe S. 154/155.

---

[2] Für $a \in \mathbf{N}^*$ ist $f$ auch eine ganzrationale Funktion. Für negative ganze Zahlen $a$ ist $f$ auch eine gebrochenrationale Funktion.

## Anhang B: Gleichungen und Ungleichungen[1]

**Variablen**[2]: *Variablen* sind Zeichen für beliebige Elemente aus einem vorgegebenen Grundbereich, dem *Variablengrundbereich*. Die Variablengrundbereiche sind vorwiegend Zahl- oder Größenbereiche oder auch Punktmengen.

**Terme**: Ein *Term* ist eine Zeichenreihe. In einer Zeichenreihe treten z. B. *Zahlnamen (Ziffern), Variablen, Operationszeichen, Funktionsnamen, Klammern* usw. auf[3].

Ziffern, Variablen und „sinnvolle" Zusammensetzungen aus ihnen mithilfe der Rechenzeichen $+, -, \cdot, :$ oder mit Funktionssymbolen wie $\sqrt{\phantom{x}}$, sin, $f$ sind also Terme, wobei auch die Betragsstriche, der Bruchstrich, das Komma, die Potenzschreibweise und Klammern benutzt werden. Mitunter benutzt man *Ausdruck* als Synonym für *Term*.

*Terme ohne Variablen*, wie z. B. die Ziffern oder $\pi$ (= 3,14…), bezeichnen konkrete Objekte aus dem jeweiligen Grundbereich. *Terme mit Variablen* bezeichnen erst nach dem Einsetzen für alle frei vorkommenden Variablen ein konkretes Objekt des jeweiligen Grundbereichs. Dieses heißt dann ein *Wert des Terms*. Der Wert des Terms ist im Allgemeinen von der jeweiligen Einsetzung für die Variable abhängig.

Der *Bruchterm* $\dfrac{3}{x-1}$ ist für $x = 1$ nicht definiert, da der Nenner für $x = 1$ den Wert 0 hat.

Wir schreiben deshalb: $\dfrac{3}{x-1}$ $(x \neq 1)$. Das bedeutet: $\dfrac{3}{x-1}$ hat den *Definitionsbereich*

$\mathbf{D} = \{x \in \mathbf{R} \mid x \neq 1\} = \mathbf{R} \setminus \{1\}$.

Die heute noch üblichen *Regeln zur Klammereinsparung* wurden von ERNST SCHRÖDER (1841 – 1902) in Form zweier „Conventionen" formuliert und durch eine vollständige Fallunterscheidung (88 Fälle!) für die sieben Rechenoperationen ergänzt (1873).

Viele Sachverhalte lassen sich mithilfe von Termen ausdrücken. Ob das Textaufgaben, Rechengesetze oder geometrische Zusammenhänge sind, mittels Variablen bzw. Termen werden diese Sachverhalte wesentlich übersichtlicher dargestellt. In Formeln haben wir es stets mit Termen zu tun.

Mitunter findet man auch *gar keinen Term für einen bestimmten Sachverhalt*. So ist bis heute nicht bekannt, ob es einen Term gibt, der die Folge der (ihrer Größe nach geordneten) Primzahlen erzeugt.

Wird eine Funktion untersucht, ist zumeist ein Term mit im Spiel, der sogenannte *Funktionsterm*. Wird ein und dieselbe Funktion durch unterschiedliche Terme beschrieben, so sind diese Terme zueinander äquivalent (s. Beispiel 3.4, S. 95).

---

[1] Für die hier folgenden Begriffe wie *Variable, Term, Gleichung* und *Ungleichung* stehen in der Schule die für eine präzise Definition erforderlichen Mittel nicht zur Verfügung. Deshalb reichert man diese Begriffe mit immer weiteren Beispielen an, ohne eine exakte Definition anzustreben.

[2] Der Variablenbegriff ist vielschichtig. Seine verschiedenen Aspekte (Variable als allgemeine oder *unbekannte Zahl*; Variable als *Platzhalter* für Zahlen; Variable als *Zeichen*, mit dem nach Regeln operiert werden kann) spielen in der Schule eine wichtige Rolle.

[3] Die *Syntax* (einer formalen Sprache) legt fest, welche Zeichenreihen zulässig sind. Die *Semantik* sichert, dass beim Einsetzen von Zahlnamen für die Variablen aus einem Term ein Zahlname wird (und aus einer Aussageform eine Aussage – s. Kap. 1.2, S. 10). Eine formale Definition des Begriffes *Term* stellt die mathematische Logik zur Verfügung.

**Gleichung**: Sind $T_1$, $T_2$ Terme, so ist $T_1 = T_2$ eine *Gleichung*.
3 = 4 ist also eine Gleichung, wenn auch mit einer falschen Aussage.

**Ungleichung**: Sind $T_1$, $T_2$ Terme, so sind $T_1 < T_2$, $T_1 > T_2$, $T_1 \le T_2$, $T_1 \ge T_2$ und $T_1 \ne T_2$ *Ungleichungen*.

Werden die Terme aus einem Zahlbereich gewählt, so hat man es mit *Zahlengleichungen* zu tun. Wählt man als Grundbereich z. B. Mengen, so entstehen Gleichungen, die Mengen miteinander in Beziehung setzen (s. z. B. Kap. 1.7.8, S. 38 ff.). Wählt man als Grundbereich Elemente von Mengen, so entstehen Gleichungen, die Beziehungen zwischen den Elementen herstellen (s. z. B. Kap. 3.4, S. 100 ff.). Entsprechendes gilt für Ungleichungen. Es können auch *Funktionalgleichungen*, *Größengleichungen* oder *Vektorgleichungen* definiert werden.

$T_1$ heißt *linke Seite* der Gleichung (Ungleichung), $T_2$ heißt *rechte Seite* der Gleichung (Ungleichung).

Treten in einer Gleichung (Ungleichung) nur *Konstanten* und *gebundene Variablen* auf, so handelt es sich um einen *Aussage*, die entweder wahr oder falsch ist. Solche Gleichungen (Ungleichungen) werden oft benutzt, um Eigenschaften von mathematischen Objekten zu beschreiben (s. z. B. die Gruppenaxiome bzw. -eigenschaften, Kap. 3.4.2, S. 104, oder die Potenzgesetze, Kap. 3.5.3, S. 122). Treten in einer Gleichung (Ungleichung) *freie Variablen* auf, so handelt es sich um eine *Aussageform*. Werden die freien Variablen durch Konstanten belegt, so entsteht eine Aussage.

Die Menge der Elemente, die für die Variablen in eine Gleichung (Ungleichung) eingesetzt werden kann, bildet den *Variablengrundbereich*.

Mitunter unterscheidet man auch zwischen *identischen Gleichungen*, *Bestimmungsgleichungen* und *Funktionsgleichungen*.

Eine *identische Gleichung* ist eine Gleichung zwischen zwei Termen (Ausdrücken), die bei Einsetzen beliebiger (Zahlen-)Werte anstelle der darin aufgeführten Buchstabensymbole erhalten bleibt; z. B. $a(b + c) = ab + ac$ für alle reellen Zahlen $a$, $b$, $c$.
Eine *Bestimmungsgleichung* ist eine Gleichung, in der Variable (Unbekannte) auftreten, die durch eine Rechnung bestimmt werden sollen. Mithilfe zulässiger Rechenoperationen sollen alle Werte der Variablen aus dem zugrunde liegenden Zahlbereich bestimmt werden, für die die Gleichung erfüllt ist, z. B. $2x + 3 = 5$.
Eine *Funktionsgleichung* dient dazu, eine Funktion zu definieren; z. B. $y = \sin x$.

Im Folgenden werden Zahlengleichungen (Zahlenungleichungen) mit einer freien Variablen betrachtet. Gleichungen (Ungleichungen) mit mehreren Variablen und Gleichungssysteme (Ungleichungssysteme) werden also hier nicht einbezogen.

Der Variablengrundbereich ist dann eine festzulegende Menge von Zahlen.

**Lösung einer Gleichung (Ungleichung) mit einer freien Variablen**

Setzt man für die freie Variable in einer Gleichung (Ungleichung) eine Zahl aus dem Variablengrundbereich ein und es entsteht eine wahre Aussage, so ist die eingesetzte Zahl eine **Lösung** der Gleichung (Ungleichung).

Eine **Gleichung** (**Ungleichung**) mit einer (freien) Variablen **lösen** heißt, alle Zahlen zu finden, die die Gleichung (Ungleichung) erfüllen, d. h. sie zu einer wahren Aussage machen. Alle diese Zahlen bilden die **Lösungsmenge** der Gleichung (Ungleichung).

*Beispiele* (in **R**)

| | |
|---|---|
| $x + 2 = 3$ | Lösung: $x = 1$; Lösungsmenge: $L = \{1\}$ |
| $x + 2 = x + 3$ | keine Lösung; Lösungsmenge: $L = \varnothing$ |
| $\lvert x - 2 \rvert < 3$ | Lösungen: $-1 < x < 5$; Lösungsmenge: $L = (-1; 5)$ |
| $2x + 1 = x^2 - 2$ | Lösungen: $x = 3$ oder $x = -1$; Lösungsmenge: $L = \{-1; 3\}$ |

**Äquivalente Gleichungen (Ungleichungen)**

Zwei Gleichungen (Ungleichungen) sind über einem gegebenen Variablengrundbereich (zueinander) **äquivalent** genau dann, wenn sie dort dieselbe Lösungsmenge besitzen.

**Äquivalente Umformungen für Gleichungen (Ungleichungen)**

Eine Umformung einer Gleichung bzw. Ungleichung, die die Lösungsmenge nicht ändert, heißt **äquivalente Umformung**.

**Äquivalente Umformungen für Gleichungen sind**

(1) Umformungen auf einer Seite der Gleichung: Zusammenfassen einander entsprechender Glieder, Ausmultiplizieren von Klammerausdrücken, Ausklammern in Summen oder Differenzen.

(2) Addition oder Subtraktion derselben Zahl oder desselben Vielfachen der Variablen bzw. gleicher Potenzen von ihr auf beiden Seiten.

(3) Multiplikation beider Seiten mit derselben von null verschiedenen Zahl; Division beider Seiten durch dieselbe von null verschiedene Zahl.

(4) Multiplikation beider Seiten mit der Variablen bzw. Division beider Seiten durch die Variable, wobei vorausgesetzt wird, dass die Variable eine von null verschiedene Zahl ist.

(5) Potenzieren mit ungeradzahligen Exponenten, Radizieren (in $\mathbf{R}_+$) oder Logarithmieren (in $\mathbf{R}_+^*$) beider Seiten (vgl. die folgende Bemerkung).

(6) Vertauschung der Seiten.

*Bemerkung*

Das Potenzieren mit geradzahligen Exponenten ist keine äquivalente Umformung: $x = -2$ mit $L = \{-2\}$, aber $x^2 = (-2)^2 = 4$ mit $L = \{-2; 2\}$. Das Potenzieren mit ungeradzahligen Exponenten liefert dagegen keine „Scheinlösungen": $x = -2$ mit $L = \{-2\}$ und $x^3 = (-2)^3 = -8$ mit $L = \{-2\}$. Das Radizieren liefert stets dieselbe Lösungsmenge, so es denn erlaubt ist. Formal haben zwar $x^3 = -8$ mit $L = \{-2\}$ und $x = \sqrt[3]{-8}$ mit $L = \varnothing$ verschiedene Lösungsmengen; diese Umformung ist jedoch für negative Radikanden gar nicht gestattet. Entsprechend verhält es sich beim Logarithmieren: Mit $(-2)^x = -8$ gilt $L = \{3\}$ und (formal) $x = \log_{-2}(-8)$, also $L = \varnothing$. In $\mathbf{R}_+^*$ ist der Term $\log_{-2}(-8)$ jedoch gar nicht definiert.

Auch das Kürzen von Faktoren mit Variablen (Multiplikation mit null) ist eine *nichtäquivalente Umformung*.

**Äquivalente Umformungen für Ungleichungen**

Die Regeln (1), (2) und (5) zum Umformen für Gleichungen gelten analog auch für Ungleichungen. Während Regel (6) entfällt, müssen (3) und (4) wie folgt gefasst werden:

(3a) Multiplikation beider Seiten mit derselben positiven Zahl; Division beider Seiten durch dieselbe positive Zahl.

(3b) Multiplikation beider Seiten mit derselben negativen Zahl bzw. Division beider Seiten durch dieselbe negative Zahl mit Veränderung des Relationszeichens ($<$ in $>$, $>$ in $<$, $\leq$ in $\geq$, $\geq$ in $\leq$).

(4) Multiplikation beider Seiten mit der Variablen bzw. Division beider Seiten durch die Variable, wobei vorausgesetzt wird, dass die Variable eine positive Zahl ist.

**Probe bei Gleichungen (Ungleichungen)**

Bei einer **Probe** setzt man die errechneten Zahlen in die Ausgangsgleichung (Ausgangsungleichung) ein und stellt fest, ob die entstehende Aussage wahr bzw. falsch ist. Wurden nur äquivalente Umformungen durchgeführt, so ist keine Probe erforderlich. (Sie dient dann lediglich zum Aufspüren von Rechenfehlern.) Wurde eine Gleichung (Ungleichung) jedoch nichtäquivalent umgeformt, so ist eine Probe *aus mathematischen Gründen* zwingend erforderlich; die Probe dient in diesem Fall dazu, die *Existenz einer Lösung* zu sichern, m. a. W., die Probe spürt sogenannte „Scheinlösungen" auf.

**Beispiele zum Lösen von Gleichungen (Ungleichungen)**

a) Aus $5x - 1 = 19$ folgt nach Auflösen eindeutig $x = 4$, und dies ist offenbar eine Lösung dieser Gleichung (in **R**); als Lösungsmenge erhalten wir $L = \{4\}$.

Dagegen folgt aus der Gleichung $\sqrt{x-3} = \sqrt{2x+1}$ durch Quadrieren $x - 3 = 2x + 1$ und daraus $x = -4$; dies ist aber keine Lösung der ursprünglichen Gleichung (in **R**), da für diesen Wert bereits die linke Seite $\sqrt{x-3}$ keinen Sinn ergibt – die rechte übrigens auch nicht; als Lösungsmenge erhalten wir $L = \varnothing$.

Der Grund: Das Quadrieren ist keine äquivalente Umformung.

Betrachtet man diese Gleichung in **C**, so hat sie die Lösung $x = -4$. Eine Probe ergibt sowohl auf der linken Seite als auch auf der rechten Seite $\sqrt{-7} = \sqrt{7} \cdot i$ (s. Kap. 3.4.3, S. 108).

Werden Nullstellen von reellen Funktionen gesucht, so entstehen Gleichungen, die zu lösen sind.

– Liegt eine lineare Funktion (in **R**) zugrunde, so entsteht eine *lineare Gleichung* der Form $ax + b = 0$ mit der Lösung $x = \dfrac{-b}{a}$.

– Liegt eine quadratische Funktion (in **R**) zugrunde, so entsteht eine *quadratische Gleichung* (s. Beispiel 3.20, S. 125), die mit einer Lösungsformel gelöst werden kann (s. Beispiel 3.45, S. 137). Diese Lösungsformel gilt auch in **C**. Im Folgenden wird sie für die *Normalform* einer quadratische Gleichung $x^2 + px + q = 0$ ($p, q \in$ **R**) im Reellen entwickelt. Durch eine quadratische Ergänzung wird die Gleichung zu $x^2 + px + \dfrac{p^2}{4} - \dfrac{p^2}{4} + q = 0$. Daraus folgt $(x + \dfrac{p}{2})^2 = \dfrac{p^2}{4} - q$. Mit $\dfrac{p^2}{4} - q \geq 0$ kann in **R** auf beiden Seiten die Quadratwurzel gezogen werden; in **C** ist dies immer möglich

(s. Kap. 3.4.3, S. 107). Es ist $\left|x+\dfrac{p}{2}\right| = \sqrt{\dfrac{p^2}{4}-q}$ .

*1. Fall*: $x+\dfrac{p}{2} \geq 0$ . Dann ist $\left|x+\dfrac{p}{2}\right| = x+\dfrac{p}{2}$ . Somit ergibt sich $x+\dfrac{p}{2} = \sqrt{\dfrac{p^2}{4}-q}$ .

Das führt zu der Lösung $x_1 = -\dfrac{p}{2}+\sqrt{\dfrac{p^2}{4}-q}$ .

*2. Fall*: $x+\dfrac{p}{2} < 0$ . Dann ist $\left|x+\dfrac{p}{2}\right| = -x-\dfrac{p}{2}$ . Somit ergibt sich $-x-\dfrac{p}{2} = \sqrt{\dfrac{p^2}{4}-q}$ .

Das führt zu der Lösung $x_2 = -\dfrac{p}{2}-\sqrt{\dfrac{p^2}{4}-q}$ .

Insgesamt erhält man als Lösungsformel[1]:     $x_{1/2} = -\dfrac{p}{2}\pm\sqrt{\dfrac{p^2}{4}-q}$ .

Im Bereich **R** der reellen Zahlen gibt es dann (und nur dann) zwei Lösungen, wenn der Radikand $\dfrac{p^2}{4}-q$ größer als null ist; für $\dfrac{p^2}{4}-q = 0$ ergibt sich eine sogenannte Doppellösung. Im Bereich **C** der komplexen Zahlen hat diese Gleichung dagegen stets zwei Lösungen, die genau dann zusammenfallen, wenn $\dfrac{p^2}{4}-q = 0$ gilt.

Die Lösungen $x_1 = -\dfrac{p}{2}+\sqrt{\dfrac{p^2}{4}+q}$ und $x_2 = -\dfrac{p}{2}-\sqrt{\dfrac{p^2}{4}+q}$ der quadratischen Glei-

chung $x^2+px+q = 0$ $(x, p, q \in$ **R** bzw. $x, p, q \in$ **C**) stehen mit deren Koeffizienten $p$ und $q$ in einem engen Zusammenhang.
Es gilt $x_1+x_2 = -p$ und $x_1 \cdot x_2 = q$ .
Das ist die Aussage des *Vietaschen Wurzelsatzes*, benannt nach FRANÇOIS VIÈTE.

*Beispiel*: $x^2+2x+5 = 0$
Für diese quadratische Gleichung führt die Lösungsformel auf $x_{1/2} = -1\pm\sqrt{1-5}$ . Die Gleichung hat in **R** also keine Lösung. Wird als Variablengrundbereich **C** gewählt, so ergeben sich als Lösungen: $x_{1/2} = -1\pm\sqrt{-4} = -1\pm\sqrt{i^2\cdot 4} = -1\pm 2i$ .

---

[1] In **C** fehlt für die hier vorgenommene Fallunterscheidung die $<$-Relation. Man erhält dennoch dieselben zwei Fälle, da die Quadratwurzel aus $(x+\dfrac{p}{2})^2$ die beiden Lösungen $x+\dfrac{p}{2}$ und $-(x+\dfrac{p}{2}) = -x-\dfrac{p}{2}$ hat.

Lineare und quadratische Gleichungen können natürlich auch ohne Verwendung einer Lösungsformel direkt mithilfe von Umformungen gelöst werden.

– Auch für Gleichungen 3. und 4. Grades gibt es Lösungsformeln, die aber recht umständlich zu handhaben sind. Daher werden beim Lösen solcher Gleichungen im Allgemeinen Näherungsverfahren (z. B. die *Regula Falsi*, s. S. 124, und Übung 3.45, S.125) verwendet[2].

– Für Gleichungen höheren als 4. Grades gibt es keine allgemeinen geschlossenen Lösungsformeln. Hier wird direkt mit Näherungsverfahren gearbeitet bzw. ein CAS verwendet.

b)     $2x - 9 = \sqrt{x^2 + 21}$ für $x \in \mathbf{R}$

Quadrieren der Gleichung liefert $(2x - 9)^2 = x^2 + 21$, was zu $4x^2 - 36x + 81 = x^2 + 21$ bzw. $3x^2 - 36x + 60 = 0$ äquivalent ist. Division durch 3 liefert die Normalform dieser Gleichung,

$$x^2 - 12x + 20 = 0.$$

Als Lösungen ergeben sich $x_{1/2} = 6 \pm \sqrt{36 - 20}$, also $x_1 = 2$ oder $x_2 = 10$. In der Probe bestätigt sich nur $x_2$ als Lösung. $x_1$ erfüllt die Ausgangsgleichung nicht.

c)     $2x - 9 < \sqrt{x^2 + 21}$ für $x \in \mathbf{R}$

Für $x \leq \dfrac{9}{2}$ gilt $2x - 9 \leq 0$, d. h., die linke Seite der Ungleichung ist nicht positiv. Die rechte Seite der Ungleichung ist dagegen wegen $\sqrt{x^2 + 21} \geq \sqrt{21}$ ($\approx 4{,}58$) für alle $x \in \mathbf{R}$ positiv. Folglich gehören alle Zahlen $x$ mit $x \leq \dfrac{9}{2}$ zur Lösungsmenge. Die Gleichung

$2x - 9 = \sqrt{x^2 + 21}$ hat die einzige Lösung $x = 10$ (siehe zuvor). Damit ist $x = 10$ keine Lösung dieser Ungleichung.

Die nach dem Quadrieren der Ungleichung entstehende neue Ungleichung lautet
$(2x - 9)^2 < x^2 + 21$ bzw. $x^2 - 12x + 20 < 0$
bzw. (nach Zerlegung in Linearfaktoren)
$(x - 2) \cdot (x - 10) < 0$.
Ein Produkt zweier von null verschiedener Zahlen ist genau dann negativ, wenn genau ein Faktor negativ ist.

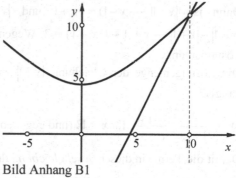

Bild Anhang B1

---

[2] Setzt man ein Computer-Algebra-System (CAS) ein, kann man zwischen der algebraischen und der numerischen Lösung wählen.

*1. Fall*: $x - 2 > 0$ und $x - 10 < 0$, d. h., $2 < x < 10$. Ein Rückschluss bestätigt, dass diese Zahlen zur Lösungsmenge gehören.

*2. Fall*: $x - 2 < 0$ und $x - 10 > 0$, d. h., $x < 2$ und $x > 10$ (Widerspruch).

Für diesen 2. Fall gibt es also keine Lösungen. Demzufolge hat die Ungleichung $2x - 9 < \sqrt{x^2 + 21}$ die Lösungsmenge $L = (-\infty, 10)$. Eine graphische Darstellung der Ungleichung findet man im Bild Anhang B1, aus dem die Lösungsmenge abgelesen werden kann.

d)   $|x - 1| - |x + 1| = 2$ für $x \in \mathbf{R}$

Es bieten sich drei Fälle für eine vollständige Fallunterscheidung an: $x \geq 1$, $-1 < x < 1$ und $x \leq -1$.

*1. Fall*: $x \geq 1$

Dann ist $|x - 1| = x - 1$ und $|x + 1| = x + 1$. Damit ergibt sich $|x - 1| - |x + 1|$ $= x - 1 - (x + 1) = -2$.

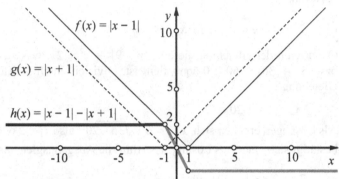

Bild Anhang B2

Mit $-2 \neq 2$ liefert dieser Fall keinen Beitrag zur Lösung.

*2. Fall*: $-1 < x < 1$

Dann ist $|x - 1| = -(x - 1) = -x + 1$ und $|x + 1| = x + 1$. Damit ergibt sich $|x - 1| - |x + 1| =$ $-x + 1 - (x + 1) = -2x$. Mit $-2x = 2$ oder $x = -1$ im Widerspruch zu $-1 < x < 1$ liefert auch dieser Fall keinen Beitrag zur Lösung.

*3. Fall*: $x \leq -1$

Dann ist $|x - 1| = -(x - 1) = -x + 1$ und $|x + 1| = -(x + 1) = -x - 1$. Damit ergibt sich $|x - 1| - |x + 1| = -x + 1 - (-x - 1) = 2$. Wegen $2 = 2$ gehören alle betrachteten Zahlen zur Lösungsmenge.

Die Lösungsmenge der Gleichung $|x - 1| - |x + 1| = 2$ ist $L = (-\infty; -1]$ – siehe Bild AnhangB2.

e)   $\dfrac{2}{x - a} = \dfrac{3 + a}{a - 3x}$ für $x \in \mathbf{R}$ (und gegebenem Parameter $a \in \mathbf{R}$)

Damit die Terme in dieser *Bruchgleichung* definiert sind, müssen die Bedingungen

(1) $x - a \neq 0$, also $x \neq a$ und (2) $a - 3x \neq 0$, also $x \neq \dfrac{a}{3}$, erfüllt sein. Umformen der Glei-

chung liefert $2(a - 3x) = (3 + a)(x - a)$ und schließlich $x = \dfrac{a^2 + 5a}{a + 9}$ mit (3) $a + 9 \neq 0$, also

$a \neq -9$. Wegen (1) ist $\dfrac{a^2+5a}{a+9} \neq a$, also $a^2 + 5a \neq a(a+9) = a^2 + 9a$, d. h., $5a \neq 9a$ bzw.

(4) $a \neq 0$. Wegen (2) ist $\dfrac{a^2+5a}{a+9} \neq \dfrac{a}{3}$, also $a^2 + 5a \neq \dfrac{a}{3}(a+9)$ bzw. $3a^2 + 15a \neq a(a+9)$

$= a^2 + 9a$, d. h., $2a^2 + 6a \neq 0$ bzw. $a(a+3) \neq 0$, also (5) $a \neq 0$ und $a \neq -3$. Damit erhält

man als Lösungsmenge $L = \{x \mid x \in \mathbf{R} \wedge x = \dfrac{a^2+5a}{a+9} \wedge a \in \mathbf{R} \setminus \{-9, -3, 0\}\}$.

f) $\quad \sqrt[3]{3^{2x-1}} = \sqrt[4]{2^{3x+2}}$ für $x \in \mathbf{R}$

Diese *Exponentialgleichung* geht mithilfe gebrochener Exponenten über in $3^{\frac{2x-1}{3}} = 2^{\frac{3x+2}{4}}$.

Logarithmieren (zur selben Basis; hier e) liefert die Gleichung $\ln 3^{\frac{2x-1}{3}} = \ln 2^{\frac{3x+2}{4}}$, was

zu $\dfrac{2x-1}{3}\ln 3 = \dfrac{3x+2}{4}\ln 2$ bzw. $2x - 1 = \dfrac{3 \cdot \ln 2}{4 \cdot \ln 3}(3x+2)$ äquivalent ist (Logarithmenge-

setz). Wird letztere Gleichung nach $x$ aufgelöst, erhält man

$$x = \dfrac{2 \cdot \ln 72}{\ln \dfrac{6561}{512}} \approx 3{,}353493486.$$

Dies ist die einzige Lösung.

Beide Radikanden der Ausgangsgleichung sind für alle reellen Zahlen $x$ positiv, d. h., in allen Fällen existiert sowohl die dritte als auch die vierte Wurzel (in $\mathbf{R}$).

g) $\quad (1 - \sin x)(1 + \sin x) = (2 - \cos^2 x)(1 + x^2)$
für $x \in \mathbf{R}$

Diese goniometrische Gleichung direkt nach $x$ auflösen zu wollen, wird scheitern. Stattdessen wird inhaltlich argumentiert: Die linke Seite (LS) ist zu $1 - \sin^2 x$ ($= \cos^2 x$) äquivalent. Mit $\sin^2 x \geq 0$ ist die LS stets $\leq 1$. Die rechte Seite (RS) wird ersetzt durch $(1 + 1 - \cos^2 x)(1 + x^2) = (1 + \sin^2 x)(1 + x^2)$.

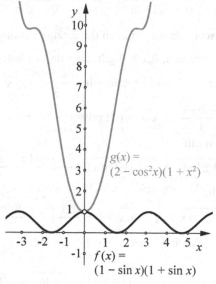

Bild Anhang B3

Wegen $\sin^2 x \geq 0$ und $x^2 \geq 0$ ist folglich die RS stets $\geq 1$. Nur im Falle $x = 0$ fallen beide Seiten zusammen. Dies ist die einzige Lösung.

h) $\quad \dfrac{x^2}{x} = x$ für $x \in \mathbf{R}$

Die Gleichung $\dfrac{x^2}{x} = x$ hat (wegen $x \neq 0$) die Lösungsmenge $L = \mathbf{R}^*$. Kürzt man auf der

linken Seite der Gleichung den Faktor $x$, so ergibt sich zwar die Gleichung $x = x$ mit $\mathbf{R}$

als Lösungsmenge; das Kürzen wird jedoch ausgeschlossen für den Fall $x = 0$. M. a. W., die Terme $\dfrac{x^2}{x}$ und $x$ sind nicht äquivalent (s. Beispiel 3.49, S.139).

i)     $\sqrt[3]{1 + \ln x} + \sqrt[3]{1 - \ln x} = 2$ für $x \in \mathbf{R}_+^*$

Die linke Seite dieser *Logarithmusgleichung* ist die Funktion $f$ mit

$f(x) = \sqrt[3]{1 + \ln x} + \sqrt[3]{1 - \ln x}$,

die rechte Seite die konstante Funktion $g$ mit $g(x) = 2$.

Die graphische Darstellung führt zu der *Vermutung*:

$x = 1$ ist eine Lösung:

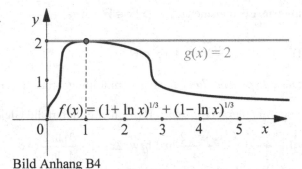

Bild Anhang B4

$\sqrt[3]{1 + \ln 1} + \sqrt[3]{1 - \ln 1} = \sqrt[3]{1 + 0} + \sqrt[3]{1 - 0} = 1 + 1 = 2$. Damit ist $x = 1$ eine Lösung.

**Beweis**, dass $x = 1$ auch die einzige Lösung ist:

Für reelle $a$, $b$, $c > 0$ gilt, dass das arithmetische Mittel größer (oder gleich) dem geometrischen Mittel ist, also gilt $\dfrac{a + b + c}{3} \geq \sqrt[3]{abc}$ .

$\dfrac{a + b + c}{3} = \sqrt[3]{abc}$ gilt gdw $a = b = c$.

Nun gilt

$\sqrt[3]{1 \pm \ln x} = \sqrt[3]{1 \cdot 1 \cdot (1 \pm \ln x)} < \dfrac{1 + 1 + (1 \pm \ln x)}{3} = \dfrac{3 \pm \ln x}{3} = 1 \pm \dfrac{\ln x}{3}$,

d. h.,

$\sqrt[3]{1 + \ln x} + \sqrt[3]{1 - \ln x} < 1 + \dfrac{\ln x}{3} + 1 - \dfrac{\ln x}{3} = 2$.

Gleichheit gilt nur, wenn $1 = 1 \pm \log x$ ist, also $\log x = 0$ bzw. $x = 1$.     ■

Für $x = \dfrac{1}{e} \approx 0{,}3679$ ist z. B. $\sqrt[3]{1 + \ln x} + \sqrt[3]{1 - \ln x} = \sqrt[3]{2} \approx 1{,}2599$ , also $f(\dfrac{1}{e}) = \sqrt[3]{2} < 2$.

# Lösungen

**Ü 1.1:** $M_2 = M_3 \, (\neq M_1)$

**Ü 1.2:** $N_1 = N_2 = N_3$ (= Menge aller Rechtecke)

**Ü 1.3:** $A = B$ (vgl. Beispiel 1.25)

**Ü 1.4:** a) $M_1 = \varnothing$ (Begriff der leeren Menge: Kap. 1.7.1, S. 22), b) $M_2 = \{-2\}$, c) $M_3 = \varnothing$,
d) $M_4 = \{\sqrt{2}, -\sqrt{2}\}$, e) $M_5 = \varnothing$, f) $M_6 = \{i\sqrt{2}, -i\sqrt{2}\}$, g) $M_7 = \{-2\}$, h) $M_8 = \{2\}$;
$M_1 = M_3 = M_5$ und $M_2 = M_7$

**Ü 1.5:** a) $L_1 = \{-3\}$, b) $L_2 = \{-3; 3\}$, c) $L_3 = \{-3\}$, also $L_1 = L_3 \neq L_2$

**Ü 1.6:** a) $M_1 = \{6, 7, 8\}$ – endlich, b) $M_2 = \{0, 1, 2, 3, 4, 10, 11, 12, ...\}$ – unendlich,
c) $M_3 = \{0, 1, 2, ..., 15\}$ – endlich, d) $M_4 = \{17, 18, 19, ...\}$ – unendlich,
e) $M_5 = \varnothing$ – endlich, f) $M_6 = \mathbf{N}$ – unendlich

**Ü 1.7:** $10^x = 0{,}001 = 10^{-3}$, also ist die Lösungsmenge die Einermenge $L = \{-3\}$.

**Ü 1.8:** a) $M_1 = \mathbf{P}$ – unendlich, b) $M_2 = \{2\}$ – endlich,
c) $M_3 = \{101, 103, 107, 109\}$ – endlich, d) $M_4 = \varnothing$ – endlich

**Ü 1.9:** a) endlich, b) unendlich, c) endlich

**Ü 1.10:** Beispiel 1.16: $\{2\} \subset M$, $\{1, 3\} \subset M$, Beispiel 1.17: $\mathbf{G} \subset \mathbf{N}$ und $\mathbf{U} \subset \mathbf{N}$,
Beispiel 1.18: $\mathbf{N}^* \subset \mathbf{N} \subset \mathbf{Z} \subset \mathbf{Q} \subset \mathbf{R} \subset \mathbf{C}$, $\mathbf{N} \subset \mathbf{Q}_+ \subset \mathbf{R}_+$

**Ü 1.11:** a) $\mathbf{T}(5) \subset \mathbf{T}(10) \subset \mathbf{T}(60)$, $\mathbf{T}(5) \subset \mathbf{T}(15) \subset \mathbf{T}(60)$,
b) $\mathbf{V}(60) \subset \mathbf{V}(15) \subset \mathbf{V}(5)$, $\mathbf{V}(60) \subset \mathbf{V}(10) \subset \mathbf{V}(5)$,
c) Wenn $m \mid n$ und $m < n$, so $\mathbf{T}(m) \subset \mathbf{T}(n)$

**Ü 1.12:** $\mathbf{R}_+ = [0; \infty)$, $\mathbf{R}_+^* = (0; \infty)$, $\mathbf{R}_- = (-\infty; 0]$, $\mathbf{R}_-^* = (-\infty; 0)$, $\mathbf{R} = (-\infty; \infty)$

**Ü 1.13:** $M = \{2, 3, 5, 7\}$, $\mathfrak{P}(M) = \{\varnothing, \{2\}, \{3\}, \{5\}, \{7\}, \{2,3\}, \{2,5\}, \{2,7\}, \{3,5\},$
$\{3,7\}, \{5,7\}, \{2,3,5\}, \{2,3,7\}, \{2,5,7\}, \{3,5,7\}, \{2,3,5,7\}\}$.

**Ü 1.14:** Bei Hinzunahme eines weiteren Elementes zu $A$ verdoppelt sich die Zahl der Teilmengen von $A$:

| A | 0 | 1 | 2 | 3 | 4 | 5 | 6 |
|---|---|---|---|---|---|---|---|
| $\mathfrak{P}(A)$ | 1 | 2 | 4 | 8 | 16 | 32 | 64 |

Der Beweis wird mithilfe der vollständigen Induktion geführt:
$n = 0$ (wahre Aussage); Schluss von $n$ auf $n + 1$:
Die Potenzmenge $\mathfrak{P}(A)$ einer Menge $A$ mit $n$ Elementen besitze $2^n$ Elemente; wächst $A$ um ein Element $a_{n+1}$, so verdoppelt sich die Elementezahl von $\mathfrak{P}(A)$. Denn zu jeder Teilmenge von $A$ tritt auch noch die entsprechende, durch Hinzunahme von $a_{n+1}$ daraus entstehende Teilmenge. Damit erhält man auch alle Teilmengen; denn entweder enthält eine solche $a_{n+1}$ nicht, dann ist sie auch Teilmenge der „ursprünglichen" Menge, oder sie enthält das Element $a_{n+1}$, dann geht sie aus einer Teilmenge der „ursprünglichen" Menge durch Hinzunahme von $a_{n+1}$ hervor. Folglich hat die Potenzmenge einer Menge von $(n+1)$ Elementen $2 \cdot 2^n = 2^{n+1}$ Elemente. ∎

**Ü 1.15:** (Bild L1)

**Ü 1.16:** Wegen Beispiel 1.25 ist $A = B$. Darüber hinaus gilt
$C \subset A$: Es sei $x \in C$, dann existieren $p, q \in \mathbf{N}$ mit
$x = (2p +1) + (2q +1) = 2(p + q +1)$, also $x \in A$;
eine weitere Variante wäre:
$C \subset B$: Es sei $x \in C$, dann gibt es $p, q \in \mathbf{N}$ mit
$x = (2p + 1) + (2q + 1) = 2(p + q + 1)$.
Dann ist $x^2 = 4(p + q + 1)^2 = 2[2(p + q + 1)^2]$. Damit ist $x^2$
gerade, also $x \in B$.
Nimmt man zu $C$ die Null hinzu, wäre sogar $A = B = C$.

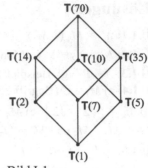

**Ü 1.17:** $M = TV$

Bild L1

**Ü 1.18:** Bild L2

**Ü 1.19:** ($\Rightarrow$) Es sei $A \subseteq B$. Mit $X \in \mathfrak{P}(A)$ gilt dann $X \subseteq A$, also
nach Voraussetzung auch $X \subseteq B$ und folglich $X \in \mathfrak{P}(B)$.
($\Leftarrow$) Es sei $\mathfrak{P}(A) \subseteq \mathfrak{P}(B)$, d. h. für alle $X$ gilt: wenn $X \in \mathfrak{P}(A)$,
so $X \in \mathfrak{P}(B)$, d. h., wenn $X \subseteq A$, so $X \subseteq B$, also $A \subseteq B$. ∎

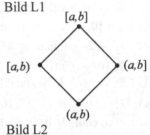

**Ü 1.20:** Teilmengen: $\varnothing$, $\{1\}$, $\{2\}$, $\{1; 2\}$ – Bild L3

Bild L2

**Ü 1.21:** $V \cap P = P$, $V \cap RE = RE$, $GT \cap DV = Q$,
$P \cap DV = RA$, $P \cap GT = RE$, $P \cap Q = Q$,
$RE \cap RA = Q$, $RE \cap DV = Q$.

**Ü 1.22:** (Kreis im Sinne von Kreislinie:)
$k_1 \cap k_2 = \{S\}$ – beide Kreise berühren sich in genau
einem Punkt;
$k_1 \cap k_2 = \{S_1, S_2\}$ – beide Kreise schneiden sich in
genau zwei Punkten;
$k_1 \cap k_2 = \varnothing$ – beide Kreise haben keinen Punkt gemeinsam;
$k_1 \cap k_2 = k_1 = k_2$ – beide Kreise fallen zusammen.

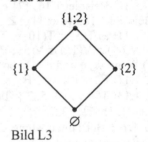

Bild L3

**Ü 1.23:** $\mathbf{T}(24) \cap \mathbf{T}(60) = \mathbf{T}(12) = \{1, 2, 3, 4, 6, 12\}$,
$\mathbf{T}(24) \cup \mathbf{T}(60) = \{1, 2, 3, 4, 5, 6, 8, 10, 12, 15, 20, 24, 30, 60\}$, $\mathbf{V}(24) \cap \mathbf{V}(60) = \mathbf{V}(120)$
$= \{120, 240, 360, ...\}$, $\mathbf{V}(24) \cup \mathbf{V}(60) = \{24, 48, 60, 72, 96, 120, ...\}$.

**Ü 1.24:** Die Lösungsmenge $L$ des linearen Gleichungssystems ist der Durchschnitt der
Lösungsmengen $L_{(I)}$ und $L_{(II)}$ der einzelnen Gleichungen: Mit

$$L_{(I)} = \{(x, y) \mid x, y \in \mathbf{R} \wedge y = -x + 12\} \text{ und } L_{(II)} = \{(x, y) \mid x, y \in \mathbf{R} \wedge y = -\tfrac{5}{3}x + 14\}$$

ist dann $L = L_{(I)} \cap L_{(II)} = \{(3, 9)\}$.

In der geometrischen Veranschaulichung ist $S(3, 9)$ der Schnittpunkt der durch die linearen Gleichungen gegebenen Geraden.

**Ü 1.25:** Aufgrund des Satzes, dass ein Produkt genau dann null ist, wenn mindestens ein
Faktor null ist, und der Umformung $x^2 + x - 6 = (x + 3)(x - 2) = 0$ werden alle Zahlen $x$
gesucht, die mindestens eine der beiden Gleichungen $x + 3 = 0$ bzw. $x - 2 = 0$ erfüllen.
$L = L_1 \cup L_2 = \{-3\} \cup \{2\} = \{-3, 2\}$.

**Ü 1.26:** a) ja, denn: $X \in \mathfrak{P}(A \cap B) \Leftrightarrow X \subseteq A \cap B \Leftrightarrow X \subseteq A \wedge X \subseteq B \Leftrightarrow$
$X \in \mathfrak{P}(A) \wedge X \in \mathfrak{P}(B) \Leftrightarrow X \in \mathfrak{P}(A) \cap \mathfrak{P}(B)$,
b) nein: Gegenbeispiel: $A = \{a\}$, $B = \{b\}$, $A \cup B = \{a, b\}$, $\mathfrak{P}(A) = \{\varnothing, \{a\}\}$,
$\mathfrak{P}(B) = \{\varnothing, \{b\}\}$, $\mathfrak{P}(A \cup B) = \{\varnothing, \{a\}, \{b\}, \{a, b\}\}$, $\mathfrak{P}(A) \cup \mathfrak{P}(B) = \{\varnothing, \{a\}, \{b\}\}$.
Allerdings gilt stets $\mathfrak{P}(A \cup B) \subseteq \mathfrak{P}(A) \cup \mathfrak{P}(B)$
**Ü 1.27:** a) $\mathbf{V}(12) \triangle \mathbf{V}(30) = \{12, 24, 30, 36, 48, 72, 84, 90, 96, 108, 132, ...\}$,
$\mathbf{V}(12) \setminus \mathbf{V}(30) = \{12, 24, 36, 48, 72, 84, 96, 108, 132, ...\}$,
$\mathbf{V}(30) \setminus \mathbf{V}(12) = \{30, 90, 150, 210, ...\}$,
b) $\mathbf{T}(24) \triangle \mathbf{T}(60) = \{5, 8, 10, 15, 20, 24, 30, 60\}$, $\mathbf{T}(24) \setminus \mathbf{T}(60) = \{8, 24\}$,
$\mathbf{T}(60) \setminus \mathbf{T}(24) = \{5, 10, 15, 20, 30, 60\}$,
c) $\mathbf{V}(24) \triangle \mathbf{V}(60) = \{24, 48, 60, 72, 96, 144, 168, ...\}$,
$\mathbf{V}(24) \setminus \mathbf{V}(60) = \{24, 48, 72, 96, 144, 168, ...\}$, $\mathbf{V}(60) \setminus \mathbf{V}(24) = \{60, 180, 300, 420, ...\}$
**Ü 1.28:** a) $\mathbf{N} \triangle \mathbf{G} = \mathbf{N} \setminus \mathbf{G} = \complement_{\mathbf{N}}\mathbf{G} = \mathbf{U}$, $\mathbf{N} \triangle \mathbf{U} = \mathbf{N} \setminus \mathbf{U} = \complement_{\mathbf{N}}\mathbf{U} = \mathbf{G}$, $\mathbf{N} \triangle \mathbf{P} = \mathbf{N} \setminus \mathbf{P} = \complement_{\mathbf{N}}\mathbf{P}$
(Menge aller natürlichen Zahlen, die *keine* Primzahlen sind). Damit sind auch b), c)
gelöst.
**Ü 1.29:** $A \cap B = (-1{,}5; -1)$, $A \cup B = (-\infty; 0{,}5) \cup (1; \infty) = \mathbf{R} \setminus [0{,}5; 1]$,
$A \triangle B = (-\infty; -1{,}5] \cup [-1; 0{,}5) \cup (1; \infty)$, $A \setminus B = (-\infty; -1{,}5] \cup (1; \infty)$, $B \setminus A = [-1; 0{,}5)$
**Ü 1.30:** Beweis: Für $a_i = b_i$ $(i = 1, 2)$ gilt: $M_1 = M_2 \Leftrightarrow \{a_1\} = \{a_2\}$ und $\{a_1, b_1\} =$
$\{a_2, b_2\} \Leftrightarrow a_1 = a_2$ und $(a_1 = a_2$ und $b_1 = b_2) \Leftrightarrow a_1 = a_2$ und $b_1 = b_2$ ∎
**Ü 1.31:** $(a_1, a_2, ... , a_n) = (b_1, b_2, ... , b_n) \Leftrightarrow a_i = b_i$ für alle $i = 1, 2, ..., n$
**Ü 1.32:** a) Mit $\mathbf{T}(12) = \{1, 2, 3, 4, 6, 12\}$, $\mathbf{T}(30) = \{1, 2, 3, 5, 6, 10, 15, 30\}$ ist
$\mathbf{T}(12) \times \mathbf{T}(30) = \{(1, 1), (1, 2), (1, 3), (1, 5), (1, 6), (1, 10), (1, 15), (1, 30),$
$\qquad\qquad (2, 1), (2, 2), (2, 3), (2, 5), (2, 6), (2, 10), (2, 15), (2, 30),$
$\qquad\qquad (3, 1), (3, 2), (3, 3), (3, 5), (3, 6), (3, 10), (3, 15), (3, 30),$
$\qquad\qquad (4, 1), (4, 2), (4, 3), (4, 5), (4, 6), (4, 10), (4, 15), (4, 30),$
$\qquad\qquad (6, 1), (6, 2), (6, 3), (6, 5), (6, 6), (6, 10), (6, 15), (6, 30),$
$\qquad\qquad (12, 1), (12, 2), (12, 3), (12, 5), (12, 6), (12, 10), (12, 15), (12, 30)\}$,
b) $\{a\} \times M = \{(a, 1), (a, 2), (a, 3)\}$
**Ü 1.33:** a) Bild L4,          b) Bild L5,                    c) Bild L6

**Ü 1.34:** a) Beweis: ($\Leftarrow$) $A = B \Rightarrow A \cap B = A$ und $A \cup B = A$, also $A \cap B = A \cup B$.
($\Rightarrow$) $A \cap B = A \cup B$: Da sowohl $A \cap B \subseteq A \subseteq A \cup B$ als auch $A \cap B \subseteq B \subseteq A \cup B$ gilt,
muss mit $A \cap B = A \cup B$ auch $A = B$ sein. ∎
b) Folgt aus der Definition.

**Ü 1.35:** Zum Beweis nehmen wir an, es sei $D$ eine beliebige Menge mit diesen Eigenschaften, d. h., es gelte

(*)  $D \subseteq A$, $D \subseteq B$ und

(**)  $\bigwedge_M (M \subseteq A \wedge M \subseteq B \Rightarrow M \subseteq D)$.

(*) besagt dann gerade, dass $D$ eine Menge $M$ ist, die die Voraussetzungen von (•) (S. 34; Beweis zu Satz 1.6) erfüllt, sodass wegen (•) $D \subseteq A \cap B$ gilt. Andererseits besagt $A \cap B \subseteq A$ und $A \cap B \subseteq B$, dass $A \cap B$ eine Menge $M$ ist, die die Voraussetzungen von (**) erfüllt, sodass wegen (**) $A \cap B \subseteq D$ gilt. Aus $D \subseteq A \cap B$ und $A \cap B \subseteq D$ folgt aber $D = A \cap B$. Also ist $A \cap B$ die einzige Menge $D$, für die (*) und (**) gelten. ∎

**Ü 1.36:** Der Beweis verläuft analog zum Beweis in Übung 1.35.

**Ü 1.37:** a) Die Eigenschaft $A \cup (C \cap B) = (A \cup C) \cap B$ ist nur dann *nicht* erfüllt, wenn ein Element $x$ in $A$, nicht aber in $B$ liegt. Dieser Fall scheidet aber wegen der Voraussetzung $A \subseteq B$ aus. Das lässt sich mithilfe der Zugehörigkeitstafel (s. Kap. 1.7.8, S. 38f.) zeigen:

| $A$ | $B$ | $C$ | $C \cap B$ | $A \cup (C \cap B)$ | $A \cup C$ | $(A \cup C) \cap B$ |
|---|---|---|---|---|---|---|
| 1 | 1 | 1 | 1 | 1 | 1 | 1 |
| 1 | 1 | 0 | 0 | 1 | 1 | 1 |
| 1 | 0 | 1 | 0 | **1** | 1 | **0** |
| 1 | 0 | 0 | 0 | **1** | 1 | **0** |
| 0 | 1 | 1 | 1 | 1 | 1 | 1 |
| 0 | 1 | 0 | 0 | 0 | 0 | 0 |
| 0 | 0 | 1 | 0 | 0 | 1 | 0 |
| 0 | 0 | 0 | 0 | 0 | 0 | 0 |

b) ja: $A \cup (C \cap B) = (A \cup C) \cap B$ $\Rightarrow A \subseteq B$
Gemäß obiger Zugehörigkeitstafel gilt *im Falle der Übereinstimmung* der beiden Spalten von $A \cup (C \cap B)$ und $(A \cup C) \cap B$ nebenstehende „Rest"-Tafel: Daraus ist unmittelbar ablesbar, dass in allen diesen Fällen $A \subseteq B$ gilt. ∎

| $A$ | $B$ | $A \cup (C \cap B)$ | $(A \cup C) \cap B$ |
|---|---|---|---|
| 1 | 1 | 1 | 1 |
| 1 | 1 | 1 | 1 |
| 0 | 1 | 1 | 1 |
| 0 | 1 | 0 | 0 |
| 0 | 0 | 0 | 0 |
| 0 | 0 | 0 | 0 |

**Ü 1.38:** Beweis: Es sei $x \in C \setminus B$, d. h., $x \in C$ und $x \notin B$. Wegen $A \subseteq B$ ist auch $x \notin A$, d. h., es gilt $x \in C$ und $x \notin A$, also $x \in C \setminus A$. ∎

**Ü 1.39:** a) $M_1 \subseteq N_1 \wedge M_2 \subseteq N_2 \Rightarrow M_1 \cap M_2 \subseteq N_1 \cap N_2$
Es sei $x \in M_1 \cap M_2$, zu zeigen: $x \in N_1 \cap N_2$. Es sei $x \in M_1 \cap M_2$, d. h., $x \in M_1$ und $x \in M_2$, nach Voraussetzung gilt dann auch $x \in N_1$ und $x \in N_2$, d. h., $x \in N_1 \cap N_2$.

b) $M_1 \subseteq N_1 \wedge M_2 \subseteq N_2 \Rightarrow M_1 \cup M_2 \subseteq N_1 \cup N_2$
Es sei $x \in M_1 \cup M_2$, zu zeigen: $x \in N_1 \cup N_2$. Es sei $x \in M_1 \cup M_2$, d. h., $x \in M_1$ oder $x \in M_2$; nach Voraussetzung gilt dann auch $x \in N_1$ oder $x \in N_2$, d. h., $x \in N_1 \cup N_2$.

c) $M_1 \subseteq N_1 \wedge M_2 \subseteq N_2 \Rightarrow M_1 \times M_2 \subseteq N_1 \times N_2$

Sei $(x, y) \in M_1 \times M_2$, zu zeigen: $(x, y) \in N_1 \times N_2$. Sei $(x, y) \in M_1 \times M_2$, d. h., $x \in M_1$ und $y \in M_2$; nach Voraussetzung gilt dann auch $x \in N_1$ und $y \in N_2$, d. h., $(x, y) \in N_1 \times N_2$.

d) $M_1 \subseteq N_1 \wedge M_2 \subseteq N_2 \Rightarrow M_1 \setminus M_2 \subseteq N_1 \setminus N_2$

Gegenbeispiel: $M_1 = \{1, 2\}, N_1 = \{1, 2, 3\}, M_2 = \{4\}, N_2 = \{2, 4\}$,

$M_1 \setminus M_2 = \{1, 2\}, N_1 \setminus N_2 = \{1, 3\}$, also gilt *nicht* $M_1 \setminus M_2 \subseteq N_1 \setminus N_2$. ∎

**Ü 1.40:** Beweis: Mithilfe der Beziehungen $A \cap B = B \cap A$ (Satz 1.14), $A \cap A = A$ (Satz 1.10), $A \subseteq B \Rightarrow A \cap C \subseteq B \cap C$ (Satz 1.8) und $A \cap B \subseteq A$ (folgt aus Definition 1.6) lässt sich ein Beweis wie folgt führen:

1. Teil: Es sei $A \subseteq B$. Dann ist wegen der Monotonie $A \cap C \subseteq B \cap C$, also mit der Kommutativität auch $C \cap A \subseteq C \cap B$. Mit $C = A$ ergibt sich $A \cap A \subseteq A \cap B$. Wegen der Idempotenz gilt folglich $A \subseteq A \cap B$, also auch $A = A \cap B$.

2. Teil: Sei umgekehrt $A \cap B = A$. Dann ist wegen $A \cap B \subseteq B$ auch $A \subseteq B$.

[Will man *nicht* auf die erst im Nachhinein bewiesenen Eigenschaften der Kommutativität und Idempotenz zurückgreifen, ließe sich der Beweis z. B. wie folgt führen:]

$$A \subseteq B \Leftrightarrow \bigwedge_x (x \in A \Rightarrow x \in B) \Leftrightarrow \bigwedge_x (x \in A \Rightarrow x \in A \wedge x \in B) \Leftrightarrow$$

$$\bigwedge_x (x \in A \Leftrightarrow x \in A \wedge x \in B) \Leftrightarrow \bigwedge_x (x \in A \Leftrightarrow x \in A \cap B) \Leftrightarrow A = A \cap B.$$

Der Beweis der zweiten Beziehung erfolgt analog:

1. Teil: Es sei $A \subseteq B$. Dann ist wegen der Monotonie $A \cup C \subseteq B \cup C$. Mit $C = B$ ergibt sich dann $A \cup B \subseteq B \cup B$. Wegen der Idempotenz gilt folglich $A \cup B \subseteq B$.

2. Teil: Sei umgekehrt $A \cup B = B$. Dann ist wegen $A \subseteq A \cup B$ auch $A \subseteq B$. ∎

**Ü 1.41:** Beweis: (a) Es sei $A \subseteq B$. Mit $C = G$ in Übung 1.38 erhalten wir $G \setminus B \subseteq G \setminus A$, also $\complement B \subseteq \complement A$. Sei umgekehrt $\complement B \subseteq \complement A$. Dann folgt mit dem soeben Bewiesenen $\complement\complement A \subseteq \complement\complement B$, also $A \subseteq B$.

(b)     Das folgt unmittelbar aus (a) mit $A \subseteq B$ und $B \subseteq A$.

(c)     Mit $B = \varnothing$ in (b) und $\complement\varnothing = G$ folgt unmittelbar die Behauptung.

(d)     Das folgt analog mit $B = G$ in (b) und $\complement G = \varnothing$.

(e)     $A \subseteq B \Leftrightarrow \complement B \subseteq \complement A \Leftrightarrow A \cap \complement B \subseteq A \cap \complement B = \varnothing$

(f)     $A \subseteq B \Leftrightarrow \complement B \subseteq \complement A \Leftrightarrow G = \complement B \cup B \subseteq \complement A \cup B$

(g)     $A \subseteq \complement B \Leftrightarrow A \cap \complement\complement B = \varnothing$, also $A \cap B = \varnothing$

(h)     $\complement A \subseteq B \Leftrightarrow \complement\complement A \cup B = G$, also $A \cup B = G$ ∎

**Ü 1.42:** Beweis: Es sei $(x, y) \in A \times C$, d. h., $x \in A$ und $y \in C$. Wegen $A \subseteq B$ ist auch $x \in B$, d. h., es gilt $x \in B$ und $y \in C$, also $(x, y) \in B \times C$. Analog zeigt man die zweite Beziehung. ∎

**Ü 1.43:** Es muss zusätzlich $C \neq \varnothing$ gefordert werden. Dass die Umkehrung dann gilt, zeigt Beispiel 1.50.

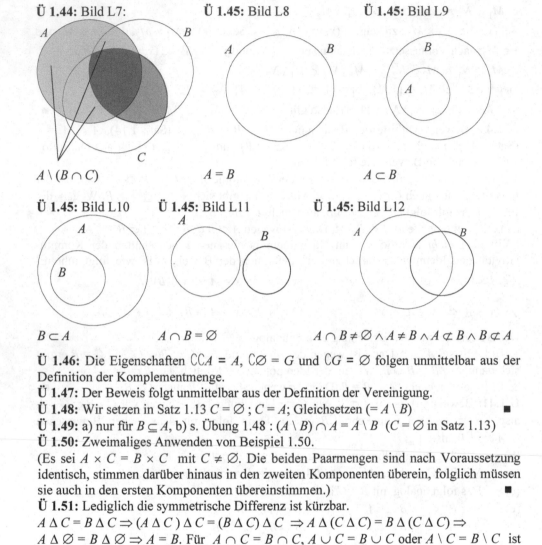

**Ü 1.44:** Bild L7:

$A \setminus (B \cap C)$

**Ü 1.45:** Bild L8

$A = B$

**Ü 1.45:** Bild L9

$A \subset B$

**Ü 1.45:** Bild L10

$B \subset A$

**Ü 1.45:** Bild L11

$A \cap B = \varnothing$

**Ü 1.45:** Bild L12

$A \cap B \neq \varnothing \wedge A \neq B \wedge A \not\subset B \wedge B \not\subset A$

**Ü 1.46:** Die Eigenschaften $CCA = A$, $C\varnothing = G$ und $CG = \varnothing$ folgen unmittelbar aus der Definition der Komplementmenge.

**Ü 1.47:** Der Beweis folgt unmittelbar aus der Definition der Vereinigung.

**Ü 1.48:** Wir setzen in Satz 1.13 $C = \varnothing$ ; $C = A$; Gleichsetzen ($= A \setminus B$)  ∎

**Ü 1.49:** a) nur für $B \subseteq A$, b) s. Übung 1.48 : $(A \setminus B) \cap A = A \setminus B$  $(C = \varnothing$ in Satz 1.13$)$

**Ü 1.50:** Zweimaliges Anwenden von Beispiel 1.50.

(Es sei $A \times C = B \times C$  mit $C \neq \varnothing$. Die beiden Paarmengen sind nach Voraussetzung identisch, stimmen darüber hinaus in den zweiten Komponenten überein, folglich müssen sie auch in den ersten Komponenten übereinstimmen.)  ∎

**Ü 1.51:** Lediglich die symmetrische Differenz ist kürzbar.

$A \Delta C = B \Delta C \Rightarrow (A \Delta C) \Delta C = (B \Delta C) \Delta C \Rightarrow A \Delta (C \Delta C) = B \Delta (C \Delta C) \Rightarrow$
$A \Delta \varnothing = B \Delta \varnothing \Rightarrow A = B$. Für  $A \cap C = B \cap C, A \cup C = B \cup C$ oder $A \setminus C = B \setminus C$ ist z. B. jeweils der Fall $A \subset B$ möglich.

**Ü 1.52:** a) $(\Rightarrow) A = (A \setminus B) \cup (A \cap B) = (B \setminus A) \cup (A \cap B) = B$ ; $(\Leftarrow)$ trivial,
b) $(\Leftarrow)$ trivial; $(\Rightarrow)$ Es sei $(a, b) \in A \times B$, d. h., $a \in A$ und $b \in B$, also nach Voraussetzung $(a, b) \in B \times A$, d. h., $a \in B$ und $b \in A$, d. h., $A \subseteq B$ und $B \subseteq A$, also $A = B$.
Für $A \times B = \varnothing$ gilt $A = \varnothing$ oder $B = \varnothing$.  ∎

**Ü 1.53:** a), b) $C = A$ bzw. $C = B$ in Rechts-Distributivität von \ bezüglich $\cup$, c) folgt unmittelbar aus der Definition für die drei Operationen, d) Zugehörigkeitstafel: 0 1 1 0,
e) $B = A$ bzw. $C = A$ in Distributivität von $\cap$ bezüglich $\Delta$, $A \Delta (A \cap B) = A \setminus B$,
f) Tabelle: 1 0 1 1 0 0 0 0, g) Tabelle: 0 0 1 0, h) Tabelle: 0 1 1 0  ∎

**Ü 1.54:** $A \times (B \cup C) = (A \times B) \cup (A \times C)$: Mit Satz 1.3 genügt es zu zeigen, dass $A \times (B \cup C) \subseteq (A \times B) \cup (A \times C)$ und $(A \times B) \cup (A \times C) \subseteq A \times (B \cup C)$ gelten.

a) Es sei $(x, y) \in A \times (B \cup C)$, also $x \in A$ und $y \in B \cup C$, d. h., $x \in A$ und $(y \in B$ oder $y \in C)$, also $(x, y) \in A \times B$ oder $(x, y) \in A \times C$. Folglich ist $(x, y) \in (A \times B) \cup (A \times C)$ und somit $A \times (B \cup C) \subseteq (A \times B) \cup (A \times C)$.

b) Es sei $(x, y) \in (A \times B) \cup (A \times C)$, also $(x, y) \in A \times B$ oder $(x, y) \in A \times C$, d. h., $x \in A$ und $(y \in B$ oder $y \in C)$, also $x \in A$ und $y \in B \cup C$, sodass $(x, y) \in A \times (B \cup C)$ ist. Folglich ist $(A \times B) \cup (A \times C) \subseteq A \times (B \cup C)$. Mit Satz 1.3 ist die Gleichheit beider Mengen damit gezeigt. ∎

$A \times (B \setminus C) = (A \times B) \setminus (A \times C)$: Es gelten die folgenden Äquivalenzen:
$(x, y) \in A \times (B \setminus C) \Leftrightarrow x \in A \wedge y \in B \setminus C \Leftrightarrow x \in A \wedge (y \in B \wedge y \notin C) \Leftrightarrow (x \in A \wedge y \in B) \wedge (x \in A \wedge y \notin C) \Leftrightarrow (x, y) \in A \times B \wedge (x, y) \notin A \times C \Leftrightarrow (x, y) \in (A \times B) \setminus (A \times C)$. Die restlichen Regeln ergeben sich analog. ∎

**Ü 1.55:** Mit $A \times (B \cap C) = (A \times B) \cap (A \times C)$ und $(A \cap B) \times C = (A \times C) \cap (B \times C)$ aus Beispiel 1.55 gilt $(A \cap B) \times (C \cap D) = [(A \cap B) \times C] \cap [(A \cap B) \times D]$
$= [(A \times C) \cap (B \times C)] \cap [(A \times D) \cap (B \times D)] = (A \times C) \cap (A \times D) \cap (B \times C) \cap (B \times D)$.
Das lässt sich wegen $(x, y) \in (A \times C) \cap (B \times D) \Leftrightarrow (x, y) \in A \times C \wedge (x, y) \in B \times D$
$\Leftrightarrow x \in A \wedge y \in C \wedge x \in B \wedge y \in D \Leftrightarrow (x, y) \in A \times D \wedge (x, y) \in B \times C$
$\Leftrightarrow (x, y) \in (A \times D) \cap (B \times C)$ weiter umformen zu
$(A \times C) \cap [(A \times D) \cap (B \times C)] \cap (B \times D) = (A \times C) \cap [(A \times C) \cap (B \times D)] \cap (B \times D) = (A \times C) \cap (B \times D)$, also gilt $(A \cap B) \times (C \cap D) = (A \times C) \cap (B \times D)$. ∎

**Ü 1.56:** Wir setzen $B = A$, $C = B$ in f) von Übung 1.53: $A \setminus (A \setminus B) = A \cap B$ ∎

**Ü 1.57:** $\mathfrak{Z} = \{M_0, M_1, M_2\}$ mit $M_0 := 3\mathbf{Z} := \{x \mid \bigvee_{y \in \mathbf{Z}} 3y = x\} = \{..., -6, -3, 0, 3, 6, ...\}$,

$M_1 := 3\mathbf{Z} + 1 := \{x \mid \bigvee_{y \in \mathbf{Z}} 3y + 1 = x\} = \{..., -5, -2, 1, 4, 7, ...\}$,

$M_2 := 3\mathbf{Z} + 2 := \{x \mid \bigvee_{y \in \mathbf{Z}} 3y + 2 = x\} = \{..., -4, -1, 2, 5, 8, ...\}$.

**Ü 2.1:** $2^{(n^2)}$

**Ü 2.2:** a) $x \not{C} \mid y :\Leftrightarrow x$ ist *kein* Teiler von $y$ in $\mathbf{N}$, b) $x \not{C} < y :\Leftrightarrow x \geq y$ in $\mathbf{R}$,

**Ü 2.3:** a) $<^{-1} = >$ (in $\mathbf{R}$), b) $R^{-1} = \{(y, x) \mid \bigvee_{z \in M} x \cdot z = y\} = \{(x, y) \mid \bigvee_{z \in M} y \cdot z = x\}$,

d. h., die erste Komponente ist jeweils ein Vielfaches der zweiten Komponente.
$R^{-1} = \{(0, 0), (0, 1), (0, 2), (0, 3), (0, 4), (0, 5), (0, 6), (1, 1), (2, 1), (2, 2), (3, 1), (3, 3), (4, 1), (4, 2), (4, 4), (5, 1), (5, 5), (6, 1), (6, 2), (6, 3), (6, 6)\}$

**Ü 2.4:** $\complement(R^{-1}) = (M \times M) \setminus R^{-1} = (M \times M) \setminus \{(x, y) \mid x, y \in M \wedge (y, x) \in R\}$
$= \{(x, y) \mid x, y \in M \wedge (y, x) \notin R\} = \{(y, x) \mid x, y \in M \wedge (y, x) \notin R\}^{-1} = (\complement R)^{-1}$ ∎

**Ü 2.5:** Die Beweise verlaufen völlig analog! Als Beispiel für eine der Teilmengenbeziehungen beweisen wir $R \circ (S \cap T) \subseteq (R \circ S) \cap (R \circ T)$:

$(x, y) \in R \circ (S \cap T) \Rightarrow \bigvee_{z \in M} (x, z) \in S \cap T \wedge (z, y) \in R$

$\Rightarrow \bigvee_{z \in M} ((x, z) \in S \land (z, y) \in R) \land (x, z) \in T \land (z, y) \in R)$

$\Rightarrow (x, y) \in R \circ S \land (x, y) \in R \circ T \Rightarrow (x, y) \in (R \circ S) \cap (R \circ T).$    ∎

**Ü 2.6:** a) $R \cap S = \{(1, 1), (2, 2), (3, 3), (4, 4), (5, 5), (6, 6)\} = id_M$,

b) $R \cup S = \{(1, 1), (1, 2), (1, 3), (1, 4), (1, 5), (1, 6), (2, 1), (2, 2), (2, 4), (2, 6), (3, 1), (3, 3), (3, 6), (4, 1), (4, 2), (4, 4), (5, 1), (5, 5), (6, 1), (6, 2), (6, 3), (6, 6)\}$,

c) $S \circ R = \{(1, 1), (1, 2), (1, 3), (1, 4), (1, 5), (1, 6), (2, 1), (2, 2), (2, 3), (2, 4), (2, 6), (3, 1), (3, 2), (3, 3), (3, 6), (4, 1), (4, 2), (4, 4), (5, 1), (5, 5), (6, 1), (6, 2), (6, 3), (6, 6)\}$,

d) $R \circ S = \{(1, 1), (1, 2), (1, 3), (1, 4), (1, 5), (1, 6), (2, 1), (2, 2), (2, 3), (2, 4), (2, 5), (2, 6), (3, 1), (3, 2), (3, 3), (3, 4), (3, 5), (3, 6), (4, 1), (4, 2), (4, 3), (4, 4), (4, 5), (4, 6), (5, 1), (5, 2), (5, 3), (5, 4), (5, 5), (5, 6), (6, 1), (6, 2), (6, 3), (6, 4), (6, 5), (6, 6)\}$ $= M \times M$,

e) $R^{-1} = \{(1, 1), (2, 1), (2, 2), (3, 1), (3, 3), (4, 1), (4, 2), (4, 4), (5, 1), (5, 5), (6, 1), (6, 2), (6, 3), (6, 6)\} = S$,

f) $S^{-1} = \{(1, 1), (1, 2), (1, 3), (1, 4), (1, 5), (1, 6), (2, 2), (2, 4), (2, 6), (3, 3), (3, 6), (4, 4), (5, 5), (6, 6)\} = R$,

g) $\complement R = \{(2, 1), (2, 3), (2, 5), (3, 1), (3, 2), (3, 4), (3, 5), (4, 1), (4, 2), (4, 3), (4, 5), (4, 6), (5, 1), (5, 2), (5, 3), (5, 4), (5, 6), (6, 1), (6, 2), (6, 3), (6, 4), (6, 5)\}$,

h) $\complement S = \{(1, 2), (1, 3), (1, 4), (1, 5), (1, 6), (2, 3), (2, 4), (2, 5), (2, 6), (3, 2), (3, 4), (3, 5), (3, 6), (4, 3), (4, 5), (4, 6), (5, 2), (5, 3), (5, 4), (5, 6), (6, 4), (6, 5)\}$

**Ü 2.7:** a) Man muss einfach nur alle Pfeile im Pfeildiagramm von $R$ umdrehen.

b) Man muss gerade alle die Punkte durch Pfeile miteinander verbinden, die im Pfeildiagramm von $R$ *nicht* miteinander verbunden waren.

**Ü 2.8:** a) Relationsgraph:

$R$ ist linkskomparativ in $M$:

*Rechteckregel*: In jedem Rechteck (dessen Seiten parallel zu den Achsen liegen), von dem ein Eckpunkt $E$ auf der HD liegt, muss Folgendes gelten: Wenn (neben $E$) der $E$ gegenüberliegende Eckpunkt und der mit $E$ auf einer Parallelen zur Abszissenachse liegende Eckpunkt zur Relation $R$ gehören, dann gehört auch der 4. Eckpunkt zu $R$.

$R$ ist rechtskomparativ in $M$:

*Rechteckregel*: In jedem Rechteck (dessen Seiten parallel zu den Achsen liegen), von dem ein Eckpunkt $E$ auf der HD liegt, muss Folgendes gelten: Wenn (neben $E$) der $E$ gegenüberliegende Eckpunkt und der mit $E$ auf einer Parallelen zur Ordinatenachse liegende Eckpunkt zur Relation $R$ gehören, dann gehört auch der 4. Eckpunkt zu $R$.

$R$ ist komparativ in $M$:

*Rechteckregel*: In jedem Rechteck (dessen Seiten parallel zu den Achsen liegen), von dem ein Eckpunkt $E$ auf der HD liegt, muss Folgendes gelten: Wenn (neben $E$) der $E$ gegenüberliegende Eckpunkt und der mit $E$ auf einer Parallelen zu einer Achse liegende Eckpunkt zur Relation $R$ gehören, dann gehört auch der 4. Eckpunkt zu $R$.

b) Pfeildiagramm:

$R$ ist linkskomparativ in $M$:

Gehen von einem Punkt zwei Pfeile aus, so sind die beiden Endpunkte durch einen (Doppel-)Pfeil miteinander verbunden.

$R$ ist rechtskomparativ in $M$:
Enden in einem Punkt zwei Pfeile, so sind die beiden Anfangspunkte durch einen (Doppel-)Pfeil miteinander verbunden.
$R$ ist komparativ in $M$:
Pfeile mit gemeinsamen Anfangs- oder Endpunkten ziehen (Doppel-)Pfeile zwischen ihren End- bzw. Anfangspunkten nach sich.
**Ü 2.9:** $R$ ist konnex.
**Ü 2.10:**

| Menge $M$ | Q | R | R | $\mathcal{P}(M)$ | N | N | Q | R* | R | N×N | F | W | P |
|---|---|---|---|---|---|---|---|---|---|---|---|---|---|
| Relation $R$ | $R_{14}$ | $R_{15}$ | $R_{16}$ | $R_{17}$ | $R_{18}$ | $R_{19}$ | $R_{20}$ | $R_{21}$ | $R_{22}$ | $R_{23}$ | $R_{24}$ | $R_{25}$ | $R_{26}$ |
| Zeichen für $R$ | $>$ | $\geq$ | $\neq$ | $\subset$ | $VF$ | $VG$ | | | $\approx$ | $=_D$ | $\sim$ | $KW$ | $Sp_g$ |
| reflexiv | 0 | 1 | 0 | 0 | 1 | 0 | 1 | 1 | 1 | 1 | 1 | 0 | 0 |
| irreflexiv | 1 | 0 | 1 | 1 | 0 | 1 | 0 | 0 | 0 | 0 | 0 | $0^1$ | 0 |
| symmetrisch | 0 | 0 | 1 | 0 | 0 | 0 | 1 | 1 | 1 | 1 | 1 | 1 | 1 |
| asymmetrisch | 1 | 0 | 0 | 1 | 0 | 1 | 0 | 0 | 0 | 0 | 0 | 0 | 0 |
| antisymmetrisch | 1 | 1 | 0 | 1 | 1 | 1 | 0 | 0 | 0 | 0 | 0 | 0 | 0 |
| transitiv | 1 | 1 | 0 | 1 | 1 | 0 | 1 | 1 | 0 | 1 | 1 | 0 | 0 |
| linkskomparativ | 0 | 0 | 0 | 0 | 0 | 0 | 1 | 1 | 1 | 1 | 1 | 0 | 0 |
| rechtskomparativ | 0 | 0 | 0 | 0 | 0 | 0 | 1 | 1 | 1 | 1 | 1 | 0 | 0 |
| linear | 0 | 1 | 0 | 0 | 0 | 0 | 0 | 0 | 0 | 0 | 0 | 0 | 0 |
| konnex | 1 | 1 | 1 | 0 | 0 | 0 | 0 | 0 | 0 | 0 | 0 | 0 | 0 |
| trichotom | 1 | 0 | 0 | 0 | 0 | 0 | 0 | 0 | 0 | 0 | 0 | 0 | 0 |
| linkseindeutig | 0 | 0 | 0 | 0 | 0 | 1 | 0 | 1 | 0 | 0 | 0 | $1^1$ | 1 |
| rechtseindeutig | 0 | 0 | 0 | 0 | 0 | 1 | 0 | 1 | 0 | 0 | 0 | $1^1$ | 1 |
| linkstotal | 1 | 1 | 1 | 0 | 1 | 1 | 1 | 1 | 1 | 1 | 1 | 0 | 1 |
| rechtstotal | 1 | 1 | 1 | 0 | 1 | 0 | 1 | 1 | 1 | 1 | 1 | 0 | 1 |

**Ü 2.11:** $\mid$ ist in **N** antisymmetrisch: zu zeigen: $a \mid b \wedge b \mid a \Rightarrow a = b$ für alle $a, b \in$ **N**.
Mit $a \mid b \wedge b \mid a$ gibt es natürliche Zahlen $x$ und $y$, sodass $ax = b$ und $yb = a$ gelten. Ineinander eingesetzt, liefert das $(yb)x = (yx)b = b$, woraus $xy = 1$ folgt, also $a = b = 1$ und damit $a = b$. Ist o. B. d. A. $a = 0$, heißt das für $a \mid 0 \wedge 0 \mid a$, dass es natürliche Zahlen $x$ und $y$ gibt, sodass $a \cdot x = 0$ und $y \cdot 0 = a$, also $a = 0$ gilt. ∎
**Ü 2.12:** Mit $x = y = a$, $z = b$ erhalten wir wegen der Rechtsskomparativität: $a\,R\,b \wedge a\,R\,b \Rightarrow a\,R\,a$, wegen der Linksskomparativität mit $x = z = a$, $y = b$: $a\,R\,b \wedge a\,R\,a \Rightarrow b\,R\,a$, sodass die Symmetrie erfüllt ist. ∎

---

[1] Winkelgröße; nicht Winkel; 45° ist $KW$ zu sich selbst; eineindeutig nur bezogen auf Winkelgröße.

**Ü 2.13:** Es sei $x\,R\,y \wedge y\,R\,z$. Wegen der Übung 2.12 ist dann auch $z\,R\,y$, erfüllt, sodass für $x\,R\,y \wedge z\,R\,y$ die Rechtskomparativität greift, also $x\,R\,z$ gilt. Damit ist $R$ transitiv. ∎

**Ü 2.14:** Es sei $x\,R\,y \wedge x\,R\,z$. Wegen der Symmetrie ist dann auch $y\,R\,x$, sodass für $y\,R\,x \wedge x\,R\,z$ die Transitivität greift, also $y\,R\,z$ gilt. Damit ist $R$ linkskomparativ. Analog zeigt man, dass $R$ auch rechtskomparativ ist. ∎

**Ü 2.15:** ja, denn: Die Prämisse $x\,R\,y \wedge y\,R\,z$ der Implikation (Transitivität) ist unter dieser Voraussetzung stets falsch. Also ist die Implikation wahr.

**Ü 2.16:**

| Menge $M$ | $M$ | $M$ | | Menge $M$ | $M$ | $M$ |
|---|---|---|---|---|---|---|
| Relation $R$ | $R_{27}$ | $R_{28}$ | | Relation $R$ | $R_{27}$ | $R_{28}$ |
| Zeichen für $R$ | $id_M$ | $M \times M$ | | Zeichen für $R$ | $id_M$ | $M \times M$ |
| reflexiv | 1 | 1 | | linear | 0 | 1 |
| irreflexiv | 0 | 0 | | konnex | 0 | 1 |
| symmetrisch | 1 | 1 | | trichotom | 0 | 0 |
| asymmetrisch | 0 | 0 | | linkseindeutig | 1 | 0 |
| antisymmetrisch | 1 | 0 | | rechtseindeutig | 1 | 0 |
| transitiv | 1 | 1 | | linkstotal | 1 | 1 |
| linkskomparativ | 1 | 1 | | rechtstotal | 1 | 1 |
| rechtskomparativ | 1 | 1 | | | | |

**Ü 2.17:** a) $2^{n(n-1)}$, b) $2^n \cdot 3^{\frac{n(n-1)}{2}} = 2^n \cdot 3^{\binom{n}{2}}$, c) $2^{\frac{n(n-1)}{2}} = 2^{\binom{n}{2}}$, d) $2^{n(n-1)}$, e) $3^{\frac{n(n-1)}{2}} = 3^{\binom{n}{2}}$,

f) $3^{\frac{n(n-1)}{2}} = 3^{\binom{n}{2}}$, g) $2^{\frac{n(n+1)}{2}} = 2^{\binom{n+1}{2}} = 2^n \cdot 2^{\binom{n}{2}}$, h) $(n+1)^n$, i) $2^n$, j) $(2^n - 1)^n$, k) $3^{\binom{n}{2}}$

**Ü 2.18:** Äquivalenzrelationen sind die $R_i$ mit

$x\,R_6\,y : \Leftrightarrow QS(x) = QS(y)$ in $\mathbf{N}$;      $x\,R_7\,y : \Leftrightarrow x \equiv_m y$ in $\mathbf{Z}$;

$x\,R_8\,y : \Leftrightarrow x =_Q y$ in $\mathbf{N} \times \mathbf{N}^*$;      $x\,R_{11}\,y : \Leftrightarrow x \parallel y$ in $G$;

$x\,R_{13}\,y : \Leftrightarrow x \cong y$ in $F$;      $x\,R_{20}\,y : \Leftrightarrow |x| = |y|$ in $\mathbf{Q}$;

$x\,R_{21}\,y : \Leftrightarrow x = y \vee x \cdot y = 1$ in $\mathbf{R}^*$;      $x\,R_{23}\,y : \Leftrightarrow x =_D y$ in $\mathbf{N} \times \mathbf{N}$;

$x\,R_{24}\,y : \Leftrightarrow x \sim y$ in $F$;      $x\,R_{27}\,y : \Leftrightarrow x = y$ in $M$ ($R_{27} = id_M$);

$R_{28} := M \times M$.

**Ü 2.19:** $x\,R_6\,y : \Leftrightarrow QS(x) = QS(y)$ in $\mathbf{N}$: Reflexivität, Symmetrie und Transitivität sind offensichtlich; die Quotientenmenge $\mathbf{N} / R_6$ besteht aus unendlich vielen Äquivalenzklassen. Mit Ausnahme der Klasse $0 / R_6$, die nur die Zahl 0 enthält, enthalten alle anderen Äquivalenzklassen unendlich viele natürliche Zahlen. Zur Äquivalenzklasse $2 / R_6$ gehören z. B. die Zahlen 2, 20, 200, ..., aber auch 11, 110, 1100, ..., 101, 1010 usw.

$x\,R_{11}\,y : \Leftrightarrow x \parallel y$ in $G$: Reflexivität, Symmetrie und Transitivität sind offensichtlich; die Quotientenmenge $G / R_{11}$ besteht aus unendlich vielen Äquivalenzklassen. Jede Äquivalenzklasse lässt sich als *Richtung* interpretieren, d. h., alle zu einer vorgegebenen Geraden parallelen Geraden bilden eine solche Richtung.                                                    ∎

**Ü 2.20:** Der Beweis erfolgt analog zu den Beispielen 2.23, 2.25; anstelle der 6 sind es 4 Restklassen. Die durch $\equiv_4$ bewirkte Zerlegung ist $Z / \equiv_4 = \{[0]_4, [1]_4, [2]_4, [3]_4\}$.

**Ü 2.21:** Stellt man, nachdem die Klasseneinteilung durchgeführt worden ist, die definierende Eigenschaft von $=_D$ zu $(a, b) =_D (c, d) \Leftrightarrow a - c = b - d$ um, so erklärt sich der Name dieser Äquivalenzrelation. Die Quotientenmenge $N \times N / =_D$ ist die Menge $Z$ der ganzen Zahlen.                                                                                       ∎

**Ü 2.22:** Die Eigenschaften der Reflexivität, Symmetrie und Transitivität sind ablesbar (vgl. Beispiel 2.17). Die einzelnen Äquivalenzklassen gruppieren sich als „Quadrate" symmetrisch zur HD bzw. sie sind untereinander nicht durch Pfeile verbunden.

**Ü 2.23:** Die Zerlegung der 100-elementigen Menge $M$ besteht aus 19 Äquivalenzklassen, da die Quersumme einer höchstens zweistelligen Zahl zwischen 0 und 18 (einschließlich) liegt. Die Zerlegung samt Anzahl der Elemente der einzelnen Äquivalenzklassen geht aus dem folgenden Schema hervor:

| $QS(x)$ | $x/R$ | | | | | $x$ | | | | | | |
|---|---|---|---|---|---|---|---|---|---|---|---|---|
| 0 | 0/R | 0 | | | | | | | | | | $\lvert 0/R \rvert = 1$ |
| 1 | 1/R | 1 | 10 | | | | | | | | | $\lvert 1/R \rvert = 2$ |
| 2 | 2/R | 2 | 11 | 20 | | | | | | | | $\lvert 2/R \rvert = 3$ |
| 3 | 3/R | 3 | 12 | 21 | 30 | | | | | | | $\lvert 3/R \rvert = 4$ |
| 4 | 4/R | 4 | 13 | 22 | 31 | 40 | | | | | | $\lvert 4/R \rvert = 5$ |
| 5 | 5/R | 5 | 14 | 23 | 32 | 41 | 50 | | | | | $\lvert 5/R \rvert = 6$ |
| 6 | 6/R | 6 | 15 | 24 | 33 | 42 | 51 | 60 | | | | $\lvert 6/R \rvert = 7$ |
| 7 | 7/R | 7 | 16 | 25 | 34 | 43 | 52 | 61 | 70 | | | $\lvert 7/R \rvert = 8$ |
| 8 | 8/R | 8 | 17 | 26 | 35 | 44 | 53 | 62 | 71 | 80 | | $\lvert 8/R \rvert = 9$ |
| 9 | 9/R | 9 | 18 | 27 | 36 | 45 | 54 | 63 | 72 | 81 | 90 | $\lvert 9/R \rvert = 10$ |
| 10 | 10/R | | 19 | 28 | 37 | 46 | 55 | 64 | 73 | 82 | 91 | $\lvert 10/R \rvert = 9$ |
| 11 | 11/R | | | 29 | 38 | 47 | 56 | 65 | 74 | 83 | 92 | $\lvert 11/R \rvert = 8$ |
| 12 | 12/R | | | | 39 | 48 | 57 | 66 | 75 | 84 | 93 | $\lvert 12/R \rvert = 7$ |
| 13 | 13/R | | | | | 49 | 58 | 67 | 76 | 85 | 94 | $\lvert 13/R \rvert = 6$ |
| 14 | 14/R | | | | | | 59 | 68 | 77 | 86 | 95 | $\lvert 14/R \rvert = 5$ |
| 15 | 15/R | | | | | | | 69 | 78 | 87 | 96 | $\lvert 15/R \rvert = 4$ |
| 16 | 16/R | | | | | | | | 79 | 88 | 97 | $\lvert 16/R \rvert = 3$ |
| 17 | 17/R | | | | | | | | | 89 | 98 | $\lvert 17/R \rvert = 2$ |
| 18 | 18/R | | | | | | | | | | 99 | $\lvert 18/R \rvert = 1$ |

(Im Vergleich zu dieser Relation besitzt die Äquivalenzrelation $R_6$ in $N$ unendlich viele Äquivalenzklassen.)

**Ü 2.24:** $[0]_4 = [4]_4 = \{4, 8\}$, $[1]_4 = \{1, 5, 9\}$, $[2]_4 = \{2, 6, 10\}$, $[3]_4 = \{3, 7\}$

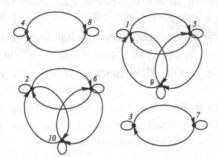

Bild L13

**Ü 2.25:** $f: x \mapsto \dfrac{1}{2}(1 + (\operatorname{sgn}x) \cdot \dfrac{x^2}{1+x^2})$ mit $\operatorname{sgn}x = \begin{cases} 1 & \text{für } x > 0 \\ 0 & \text{für } x = 0 \\ -1 & \text{für } x < 0 \end{cases}$ leistet das Verlangte.

**Ü 2.26:** a) 1, b) 2, c) 5, d) 52, e) $M$ mit $|M| = n$: $R$ besitzt $f(n+1)$ Elemente, wobei $f$ rekursiv definiert wird: $f(0) = 1$ und $f(n+1) = \sum\limits_{r=0}^{n} \binom{n}{r} \cdot f(n-r)$ – vgl. S. 123.

**Ü 2.27:** a) ja: *Reflexivität*: $x\,R\,x \wedge x\,S\,x \Rightarrow x\,R \cap S\,x$,
*Symmetrie*: $x\,R \cap S\,y \Rightarrow x\,R\,y \wedge x\,S\,y \Rightarrow y\,R\,x \wedge y\,S\,x \Rightarrow y\,R \cap S\,x$,
*Transitivität*: $x\,R \cap S\,y \wedge y\,R \cap S\,z \Rightarrow (x\,R\,y \wedge x\,S\,y) \wedge (y\,R\,z \wedge y\,S\,z) \Rightarrow$
$(x\,R\,y \wedge y\,R\,z) \wedge (x\,S\,y \wedge y\,S\,z) \Rightarrow (x\,R\,z \wedge x\,S\,z) \Rightarrow x\,R \cap S\,z$,
b) im Allgemeinen nicht; Gegenbeispiel: In $\mathbf{Z}$ ist die Zahlenkongruenz $\equiv_m$ modulo $m$ eine
Äquivalenzrelation. Für $R = \equiv_6$ und $S = \equiv_9$ ist dann allerdings $R \cup S$ mit
$R \cup S = \{(x, y) \mid x, y \in \mathbf{Z} \wedge x \equiv_6 y \vee x \equiv_9 y\}$ nicht transitiv: $1 \equiv_6 7$, $7 \equiv_9 16$, aber es gilt
weder $1 \equiv_6 16$ noch $1 \equiv_9 16$,
c) genau dann, wenn $S \circ R = R \circ S$ gilt
**Ü 2.28:** nein; Gegenbeispiel in Beispiel 2.16
**Ü 2.29:**

| | | | |
|---|---|---|---|
| $x\,R_2\,y$ | $:\Leftrightarrow$ | $x \leq y$ in $\mathbf{Z}$ | $x\,R_2^{-1}\,y \Leftrightarrow x \geq y$, |
| $x\,R_3\,y$ | $:\Leftrightarrow$ | $x \mid y$ in $\mathbf{N}$ | $x\,R_3^{-1}\,y \Leftrightarrow x\,VF\,y$, |
| $X\,R_9\,Y$ | $:\Leftrightarrow$ | $X \subseteq Y$ in $\mathfrak{P}(M)$ | $X\,R_9^{-1}Y \Leftrightarrow X \supseteq Y$, |
| $x\,R_{15}\,y$ | $:\Leftrightarrow$ | $x \geq y$ in $\mathbf{R}$ | $x\,R_{15}^{-1}\,y \Leftrightarrow x \leq y$, |
| $x\,R_{18}\,y$ | $:\Leftrightarrow$ | $x\,VF\,y$ in $\mathbf{N}$ | $x\,R_{18}^{-1}\,y \Leftrightarrow x \mid y$, |
| $x\,R_{27}\,y$ | $:\Leftrightarrow$ | $x = y$ in $M$ | $x\,R_{27}^{-1}\,y \Leftrightarrow x\,R_{27}\,y$, |
| $x\,R_1\,y$ | $:\Leftrightarrow$ | $x < y$ in $\mathbf{N}$ | $x\,R_1^{-1}\,y \Leftrightarrow x > y$, |
| $x\,R_{14}\,y$ | $:\Leftrightarrow$ | $x > y$ in $\mathbf{Q}$ | $x\,R_{14}^{-1}\,y \Leftrightarrow x < y$, |
| $X\,R_{17}Y$ | $:\Leftrightarrow$ | $X \subset Y$ in $\mathfrak{P}(M)$ | $X\,R_{17}^{-1}Y \Leftrightarrow X \supset Y$ |

**Ü 2.30:** trivial

**Ü 2.31:** Es ist $R \cap \complement id_M = R \cap ((M \times M) \setminus id_M)$. Unter Ausnutzung der Distributivität von $\cap$ bezüglich $\setminus$ und der Eigenschaft $A \setminus (A \cap B) = A \setminus B$ folgt die Behauptung: $R \cap ((M \times M) \setminus id_M) = (R \cap (M \times M)) \setminus (R \cap id_M) = R \setminus (R \cap id_M) = R \setminus id_M$. ∎

**Ü 2.32:** Es bleiben die 4 Fälle 1) $x\,S\,y \wedge y\,S\,x$, 2) $x\,S\,y \wedge y = x$, 3) $x = y \wedge y\,S\,x$, 4) $x = y \wedge y = x$ zu betrachten:

zu 1) Mit der Transitivität von $S$ ist folglich auch $x\,S\,x$ – im Widerspruch zur Irreflexivität von $S$, also kann niemals $x\,S\,y$ und zugleich auch $y\,S\,x$ sein, d. h., die Prämisse ist stets falsch, folglich ist $x = y$;

zu 2) und 3) $y = x$ in $x\,S\,y$ bzw. $x = y$ in $y\,S\,x$ eingesetzt, liefert $x\,S\,x$ – im Widerspruch zur Irreflexivität von $S$. In beiden Fällen ist also die Prämisse falsch, damit die Implikation erfüllt ($x = y$);

zu 4) es ist $x = y$. ∎

**Ü 2.33:** a) Da alle Paare $(x, x)$ aus $R$ herausgenommen werden, sind dann je zwei verschiedene Elemente vergleichbar, also ist $R_i$ konnex.

b) Da alle Paare $(x, x)$ zu $S$ hinzukommen, tritt dann wenigstens einer der Fälle $x\,S_r\,y$ oder $y\,S_r\,x$ ein. ∎

**Ü 2.34:** Die Teilbarkeitsrelation $|$ ist in $M$ nur eine reflexive (teilweise) Ordnung.

a) Bild L14                                        b) Bild L15

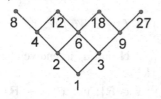 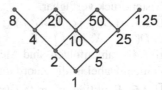

**Ü 2.35:** a) $M_1 = \{2\}$, b) $M_2 = \{17, 19\}$, c) $M_3 = \{3, 5, 7\}$, d) $M_4 = \{2, 3, 5, 7\}$:

a) Bild L16            b) Bild L17            c) Bild L18

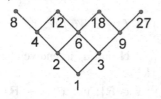 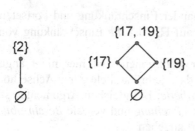 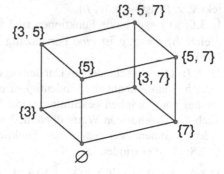

d) Bild L19:

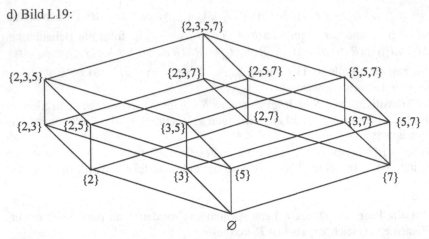

**Ü 3.1:** $D = \{2, 3, 6, 10\}$, $W = \{1, 2, 3, 5, 6\}$

**Ü 3.2:** Auf vielen Taschenrechnern sind sowohl einstellige Funktionen, wie z. B. sin, cos, tan, $e^x$, $10^x$, ln, lg, $x^2$, $\sqrt{\ }$, $\frac{1}{x}$, als auch zweistellige Funktionen, wie z. B. Addition, Subtraktion, Multiplikation und Division (nach Eingabe entsprechender Argumente), per Tastendruck verfügbar.

**Ü 3.3:** a) $D(f) \subseteq X$, $W(f) \subseteq Y$, b) $D(f) \subseteq X$, $W(f) = Y$, c) $D(f) = X$, $W(f) \subseteq Y$, d) $D(f) = X$, $W(f) = Y$

**Ü 3.4:** Zahlenfolgen sind Mengen von Paaren $(n, a_n)$ mit $n \in \mathbf{N}$ und $a_n$ irgendwelche Zahlen. Dabei ist die Zuordnung $n \mapsto a_n$ eindeutig und $D \subseteq \mathbf{N}$.

**Ü 3.5:** Funktion $f$ mit $f(x) = x^2$ ($x \in \mathbf{R}$); $f = \{(x, x^2) \mid x \in \mathbf{R}\}$; $y = x^2$ ($x \in \mathbf{R}$), $f: \mathbf{R} \to \mathbf{R}$ mit $x \mapsto x^2$; die Funktion $y = x^2$ ($x \in \mathbf{R}$); die Funktion, die jeder reellen Zahl ihr Quadrat zuordnet; die Funktion kann auch (ausschnittsweise) als Wertetabelle; Graph (Normalparabel) oder als Pfeildiagramm dargestellt werden; die Funktion ist nicht surjektiv, z. B. ist $-1 \notin W(f)$.

**Ü 3.6:** a) $f = g$; beide Funktionen sind voneinander Einschränkung und Fortsetzung zugleich, b) $f \neq g$; $g$ ist *eine* Fortsetzung von $f$ auf $\mathbf{R}$, $f$ ist *die* Einschränkung von $g$ auf $\mathbf{R} \setminus \{1\}$

**Ü 3.7:** Die verschiedenen Darstellungen der Funktionen sind hier nicht angegeben. *Graph*: Man erkennt die Eindeutigkeit daran, dass jede Parallele zur $y$-Achse höchstens einmal vom Graphen geschnitten wird. *Wertetabelle*: Bei gleichen Argumenten stimmen auch die zugehörigen Werte überein. *Funktionsgleichung* und verbale *Beschreibung*: Für jedes Argument lässt sich nur ein Funktionswert angeben.

**Ü 3.8:** $f$ ist eineindeutig.

**Ü 3.9:** a) z. B. $f$ mit $f(x) = x^2$, b) z. B. $f$ mit $f(x) = 3x$, c) z. B. $f$ mit $f(x) = \frac{1}{x}$

**Ü 3.10:** Es sei $f$ eine Zuordnung (Relation) aus $X$ in $Y$. $f$ ist bijektiv genau dann, wenn $f$ eineindeutig und surjektiv (d. h. eine Abbildung auf $Y$) ist, also genau dann, wenn $f$ linkseindeutig, rechtseindeutig und rechtstotal ist.                                                                     ∎

**Ü 3.11:** a) Es ist zu zeigen: $f$ ist injektiv und $f$ ist surjektiv. Beides ist der Fall, da die Funktionswerte mit den Argumenten übereinstimmen. b) $f$ ist links- und rechtstotal, da jedes Element von $M$ mit sich selbst in Relation steht.

**Ü 3.12:** a) Es sei $f$ eine Relation aus $M$ in $N$, also $f \subseteq M \times N$. Damit ist $f$ eine Menge geordneter Paare $(x, y)$ mit $x \in M$ und $y \in N$. Für die Umkehrrelation $f^{-1}$ ist $f^{-1} \subseteq N \times M$. Damit ist $f^{-1}$ die Menge der Paare $(y, x)$ mit $y \in N$ und $x \in M$, für die $(x, y) \in f$ gilt.
b) Es seien $f$ eine Relation aus $M$ in $N$ und $g$ eine Relation aus $N$ in $P$. Dann ist
$$g \circ f := \{(x, z) \mid x \in M \wedge z \in P \wedge \bigvee_{y \in N} (x, y) \in f \wedge (y, z) \in g\}.$$

**Ü 3.13:** a) Da $R$ eine Funktion (aus $M$ in $N$) ist, besitzt jedes $x \in M$ höchstens ein Bild. Ist $y$ (das) Bild von $x$, so ist $y$ gerade der Funktionswert von $R$ an der Stelle $x$. Jedes Argument $x$ ist ein Urbild; zu einem vorgegebenen $y \in N$ kann es mehrere Urbilder geben. Das volle Bild von $x \in M$ fällt mit dem Bild von $x$ zusammen, ist also eine einelementige Menge, nämlich der Funktionswert $R(x)$. Das volle Urbild von $y \in N$ ist die Menge aller Urbilder von $y$, also die Menge aller Argumente $x \in M$, für die $R(x) = y$ ist.
b) Bild (von $x$) wird als Funktionswert ($R(x)$) bezeichnet, Urbild (von $y = R(x)$) wird als Argument ($x$) bezeichnet.

**Ü 3.14:** Zu jedem Paar $(x, y)$ ($x \in \mathbf{R}_+^*, y \in \mathbf{R}$) wird genau eine reelle Zahl, nämlich $x^y$, als Funktionswert berechnet. Der Wertebereich ist dann $\mathbf{R}_+^*$.

**Ü 3.15:** Es seien $n \in \mathbf{N}$ und $X_1, X_2, \ldots, X_n$ Zahlenmengen und $f : X_1 \times X_2 \times \ldots \times X_n \to Z$ eine Funktion, die jedem $n$-Tupel $(x_1, x_2, \ldots, x_n) \in X_1 \times X_2 \times \ldots \times X_n$ genau ein $z \in Z$ zuordnet. $f$ heißt dann $n$-stellige Funktion der Veränderlichen $x_1, x_2, \ldots, x_n$.

**Ü 3.16:**

| Bildungsvorschrift | $x \circ y :=$ | G | UKB | KB | NE | IE | AE | A | K | I | U | BS |
|---|---|---|---|---|---|---|---|---|---|---|---|---|
| größter gemeinsamer Teiler | $x \sqcap y$ | $\mathbf{N}$ | − | − | × | − | × | × | × | × | − | × |
| kleinstes gemeinsames Vielfaches | $x \sqcup y$ | $\mathbf{N}$ | − | − | × | − | × | × | × | × | − | × |
| Maximum | $\max(x, y)$ | $\mathbf{N}$ | − | − | × | − | − | × | × | × | − | × |
| Minimum | $\min(x, y)$ | $\mathbf{N}$ | − | − | − | − | × | × | × | × | − | × |
| arithmetisches Mittel | $\dfrac{x + y}{2}$ | $\mathbf{Q}$ | × | × | − | − | − | − | × | × | − | × |
| geometrisches Mittel | $\sqrt{x \cdot y}$ | $\mathbf{R}_+$ | × | × | − | − | − | − | × | × | − | × |
| harmonisches Mittel | $\dfrac{2xy}{x + y}$ | $\mathbf{Q}_+^*$ | − | × | − | − | − | − | × | × | − | × |

Header spanning: *Eigenschaften* über UKB KB NE IE AE A K I U BS.

**Ü 3.17:**

| Bildungsvorschrift | $x \circ y :=$ | G | UKB | KB | NE | IE | AE | A | K | I | U | BS |
|---|---|---|---|---|---|---|---|---|---|---|---|---|
| Addition | $x + y$ | $\mathbf{R}$ | × | × | × | × | − | × | × | − | − | × |
| Subtraktion | $x - y$ | $\mathbf{R}$ | × | × | × | − | − | × | × | − | × | × |
| Multiplikation | $x \cdot y$ | $\mathbf{R}^*$ | × | × | × | × | − | × | × | − | − | × |
| Division | $x : y$ | $\mathbf{R}^*$ | × | × | − | − | − | × | × | − | × | × |

Header spanning: *Eigenschaften* über UKB KB NE IE AE A K I U BS.

**Ü 3.18:**

| Bildungs-vorschrift $x \circ y :=$ | | $G$ | Eigenschaften | | | | | | | | | |
|---|---|---|---|---|---|---|---|---|---|---|---|---|
| | | | UKB | KB | NE | IE | AE | A | K | I | U | BS |
| $x \circ_1 y :=$ | $x^y$ | $\mathbf{R}_+\backslash\{1\}$ | − | × | − | − | − | − | − | − | − | − |
| $x \circ_2 y :=$ | $x^{\ln y}$ | $\mathbf{R}_+\backslash\{1\}$ | × | × | × | × | − | × | × | − | − | × |
| $x \circ_3 y :=$ | $\sqrt{x^2+y^2}$ | $\mathbf{R}_+$ | − | × | − | − | − | × | × | − | − | × |
| $X \circ_4 Y :=$ $X \, \Delta \, Y$ | $(X \cup Y)\backslash(X \cap Y)$ (symmetrische Differenz) | $\mathfrak{P}(M)$ | × | × | × | × | − | × | × | − | × | × |

**Ü 3.19:** a) $x^y = y^x$ in $\mathbf{N}^*$: Neben der trivialen Lösung $x = y$ gibt es nur die beiden Paare (2; 4) und (4; 2). b) $x^{\,y} = y^{\,x}$ in $\mathbf{R}_+\backslash\{1\}$): Neben der trivialen Lösung $x = y$ gibt es noch

weitere Lösungen, nämlich alle Paare $(x, y)$ mit $x = a^{\frac{1}{a-1}}$ und $y = a^{\frac{a}{a-1}}$, wobei $a$ als

Parameter fungiert ($a \in \mathbf{R}_+^*$, $a \neq 1$). Das sind unendlich viele Lösungen.

**Ü 3.20:** Mit (A), (IE) und (NE) gilt
$$a \circ x = b \Leftrightarrow a' \circ (a \circ x) = a' \circ b \Leftrightarrow (a' \circ a) \circ x = a' \circ b \Leftrightarrow n \circ x = a' \circ b \Leftrightarrow x = a' \circ b$$
$$y \circ a = b \Leftrightarrow (y \circ a) \circ a' = b \circ a' \Leftrightarrow y \circ (a \circ a') = b \circ a' \Leftrightarrow y \circ n = b \circ a' \Leftrightarrow y = b \circ a'$$
Damit ist auch bewiesen, dass eine Gruppentafel stets ein lateinisches Quadrat ist. ∎

**Ü 3.21:** Die Existenz eines neutralen Elementes $n$ wird durch (NE) gefordert. Sei $m$ ein weiteres neutrales Element in $(G, \circ)$, dann gilt auch $m \circ x = x \circ m = x$ für alle $x \in G$, also $m = m \circ n = n \circ m = n$. Analog zeigt man, dass es zu jedem Element $x$ höchstens ein inverses Element $x'$ geben kann. Mit (IE) gibt es mindestens eines. Seien $x_1'$ und $x_2'$ inverse Elemente von $x$, dann gilt $x_2' = x_2' \circ n = x_2' \circ (x \circ x_1') = (x_2' \circ x) \circ x_1' = n \circ x_1' = x_1'$. ∎

**Ü 3.22:** Zunächst gilt, dass mit $x, y \in \mathbf{Q} \backslash \{1\}$ auch $x \circ y \in \mathbf{Q} \backslash \{1\}$. Nehmen wir an, es gäbe ein $a \in \mathbf{Q} \backslash \{1\}$ mit $a \circ y = 1$. Daraus folgte $a + y - a \cdot y = 1$, also $a + y(1 - a) = 1$

bzw. $y = \dfrac{1-a}{1-a} = 1$ im Widerspruch, dass $y \in \mathbf{Q} \backslash \{1\}$. Die Eins muss ausgeschlossen

werden, da sie sonst absorbierendes Element wäre ($1 \circ x = x \circ 1 = 1$). Damit ist $\circ$ eine

Operation in $\mathbf{Q} \backslash \{1\}$. Neutrales Element: $n = 0$; inverses Element $x'$ von $x$: $x' = \dfrac{x}{x-1}$ ;

Assoziativität: $(x \circ y) \circ z = x + y + z + x \cdot y \cdot z - x \cdot y - x \cdot z - y \cdot z = x \circ (y \circ z)$;
Kommutativität: $x \circ y = x + y + x \cdot y = y \circ x$. ∎

**Ü 3.23:** $(\mathbf{R}_+\backslash\{1\}, \circ_2)$: $n = e$ (Eulersche Zahl); $x' = e^{\frac{1}{\ln x}}$ ; $(\mathfrak{P}(M), \circ_4)$: $N = \varnothing$; $X' = X$.
Für die symmetrische Differenz ($X \circ_4 Y = X \, \Delta \, Y$) ist also die leere Menge das neutrale Element, während jedes Element $X$, d. h. jede Teilmenge von $M$, zu sich selbst invers ist (vgl. Beispiel 1.53).

**Ü 3.24:** a) $z_1 = \sqrt{3} + i$, $\text{Re}(z_1) = \sqrt{3}$, $\text{Im}(z_1) = 1$, $|z_1| = r_1 = 2$, $\varphi_1 = \dfrac{\pi}{6} = 30°$,

$z_2 = 3 - 3\sqrt{3}\,\mathrm{i}$, $\mathrm{Re}(z_2) = 3$, $\mathrm{Im}(z_2) = -3\sqrt{3}$ , $|z_2| = r_2 = 6$, $\varphi_2 = \dfrac{5\pi}{3} = 300° = -\dfrac{\pi}{3} = -60°$,

b) $z_1 + z_2 = 3 + \sqrt{3} + (1 - 3\sqrt{3})\mathrm{i}$, $z_1 - z_2 = -3 + \sqrt{3} + (1 + 3\sqrt{3})\mathrm{i}$,

$z_1 \cdot z_2 = 6\sqrt{3} - 6\mathrm{i} = 12\,(\cos(-30°) + \mathrm{i}\cdot\sin(-30°))$,

$z_1 : z_2 = \dfrac{1}{3}\mathrm{i} = \dfrac{1}{3}\,(\cos(90°) + \mathrm{i}\cdot\sin(90°))$

**Ü 3.25:** Mit den Schreibweisen $x{\uparrow}y = x^y$, $x{\downarrow}y = \sqrt[y]{x}$ und $x{\curlyvee}y = \log_y x$:

Subtraktion:   $12 - 6 \neq 6 - 12$, $(12 - 6) - 2 = 6 - 2 = 4 \neq 12 : (6 - 2) = 12 - 4 = 8$,

Division:   $12 : 6 \neq 6 : 12$, $(12 : 6) : 2 = 2 : 2 = 1 \neq 12 : (6 : 2) = 12 : 3 = 4$,

Potenzieren:   $2^3 \neq 3^2$, $(3{\uparrow}3){\uparrow}2 = \left(3^3\right)^2 = 27^2 = 729 \neq 3{\uparrow}(3{\uparrow}2) = 3^{\left(3^2\right)} = 3^9 = 19683$,

Radizieren:   $\sqrt[3]{3} \approx 1{,}73 \neq \sqrt[3]{2} = 1{,}26$,

$$(256{\downarrow}4){\downarrow}2 = \sqrt[2]{\sqrt[4]{256}} = \sqrt[2]{4} = 2 \neq 256{\downarrow}(4{\downarrow}2) = \sqrt[2\sqrt[4]{}]{256} = \sqrt[2]{256} = 16,$$

Logarithmieren:   $\log_{10} 2 = \lg 2 \approx 0{,}3010299956 \neq \log_2 10 = \mathrm{ld}\,10 \approx 3{,}321928094$,

$(10{\curlyvee}4){\curlyvee}2 = (\log_4 10)\,{\curlyvee}2 = \log_2(\log_4 10) \approx 0{,}7320208456 \neq$

$10{\curlyvee}(4{\curlyvee}2) = 10{\curlyvee}(\log_2 4) = 10{\curlyvee}2 = \log_2 10 \approx 3{,}321928094$

**Ü 3.26:** Sei $a = x{\curlyvee}1 = \log_1 x$ bzw. in Potenzschreibweise $1^a = x$. Damit wäre $x = 1$, d. h., mit $1^a = 1$ könnte $a$ jede beliebige Zahl sein, sodass $1{\curlyvee}1 = \log_1 1$ nicht eindeutig bestimmt wäre. Sei $b = 1{\curlyvee}x = \log_x 1$ bzw. in Potenzschreibweise $x^b = 1$. Damit wäre $x = 1$, sodass analog zu zuvor $1{\curlyvee}1 = \log_1 1$ nicht eindeutig bestimmt wäre.

**Ü 3.27:** Diese Regeln lassen sich mittels der hier angegebenen *Permanenzreihen* gemäß HANKEL zwar verständlich machen, aber nicht beweisen! Setzt man die rechten Seiten analog fort, ergeben sich die genannten Regeln:

| | | | | | |
|---|---|---|---|---|---|
| $2 \cdot 2 = +4$ | $\|-2$ | $2 \cdot 2 = +4$ | $\|-2$ | $2 \cdot (-2) = -4$ | $\|+2$ |
| $1 \cdot 2 = +2$ | $\|-2$ | $2 \cdot 1 = +2$ | $\|-2$ | $1 \cdot (-2) = -2$ | $\|+2$ |
| $0 \cdot 2 = 0$ | $\|-2$ | $2 \cdot 0 = 0$ | $\|-2$ | $0 \cdot (-2) = 0$ | $\|+2$ |
| $(-1) \cdot 2 = -2$ | $\|-2$ | $2 \cdot (-1) = -2$ | $\|-2$ | $(-1) \cdot (-2) = +2$ | $\|+2$ |
| $(-2) \cdot 2 = -4$ | $\|-2$ | $2 \cdot (-2) = -4$ | $\|-2$ | $(-2) \cdot (-2) = +4$ | $\|+2$ |

Einen Beweis der Regeln liefert Satz 3.2 (unter Berücksichtigung der Kommutativität).

**Ü 3.28:** a, b)

Die *Quadratwurzel* $\sqrt{a}$ (aus) einer nicht negativen reellen Zahl $a$ ist per Definition diejenige nicht negative reelle Zahl $x$, deren Quadrat gleich der gegebenen Zahl $a$ ist, d. h. in Zeichen: $\sqrt{a} := x$ mit $x^2 = a$ und $a, x \in \mathbf{R}_+$ . Die Zahl $a$ heißt der *Radikand*.

Soll die Gleichung $x^2 = 9$ im Bereich der reellen Zahlen gelöst werden, ist neben $x = 3$ auch $x = -3$ eine Lösung, denn es ist $3^2 = (-3)^2 = 9$. Das bedeutet aber nicht dasselbe wie $\sqrt{9} = \pm 3$. Wenn auf beiden Seiten der Gleichung $x^2 = 9$ die Wurzel gezogen wird, erhält man auf der rechten Seite $\sqrt{9} = 3$, auf der linken Seite aber $\sqrt{x^2} = |x|$. Folglich sieht die korrekte Abfolge wie folgt aus: $x^2 = 9 \Rightarrow \sqrt{x^2} = \sqrt{9} \Rightarrow |x| = 3 \Rightarrow x_{1,2} = \pm 3$. Ohne das Zwischenergebnis $|x| = 3$ wird die wahre Herkunft der Indizes verschleiert. Die Aussage „$\sqrt{9} = \pm 3$" ist falsch – das Wurzelziehen in **R** ist *nicht* zweideutig.

**Ü 3.29:** a) $x^2 - x - 12 = (x + 3)(x - 4) = 0$, $L = \{-3; 4\}$ in **R** und in **C**,

b) $x^2 + 5x + \dfrac{25}{4} = (x + \dfrac{5}{2})^2 = 0$, $L = \{-\dfrac{5}{2}\}$ in **R** und in **C**,

c) $x^2 + 12 = 0$, $L = \varnothing$ in **R**, aber $L = \{-2\sqrt{3}\,i\,; 2\sqrt{3}\,i\}$ in **C**

**Ü 3.30:** a) $z \cdot \bar{z} = (x + yi)(x - yi) = x^2 + y^2 = |z|^2$,
$z + \bar{z} = (x + yi) + (x - yi) = 2x = 2\,\text{Re}(z)$,
$z - \bar{z} = (x + yi) - (x - yi) = 2yi = 2\,\text{Im}(z)$,

b) $\overline{z_1 + z_2} = (x_1 - y_1 i) + (x_2 - y_2 i) = (x_1 + x_2) - (y_1 + y_2)i = \overline{z_1} + \overline{z_2}$,

$\overline{z_1 \cdot z_2} = (x_1 - y_1 i) \cdot (x_2 - y_2 i) = (x_1 x_2 - y_1 y_2) - (x_1 y_2 + x_2 y_1)i = \overline{z_1} \cdot \overline{z_2}$

**Ü 3.31:** *Beweis:* Es gilt $a \cdot b = \dfrac{a + b}{2} \cdot \dfrac{2ab}{a + b}$ für alle $a, b \in \mathbf{R}_+^*$, d. h., es ist

$[GM(a, b)]^2 = AM(a, b) \cdot HM(a, b)$   bzw.   $(a \,\textcircled{G}\, b)^2 = (a \,\textcircled{A}\, b) \cdot (a \,\textcircled{H}\, b)$

oder (indem wir die Wurzel ziehen)

$GM(a, b) = GM[AM(a, b), HM(a, b)]$   bzw.   $a \,\textcircled{G}\, b = (a \,\textcircled{A}\, b) \,\textcircled{G}\, (a \,\textcircled{H}\, b)$.   ∎

**Ü 3.32:** Die Bilder 3.13 und L20 liefern den geometrischen Beweis dieser Ungleichungskette (3).

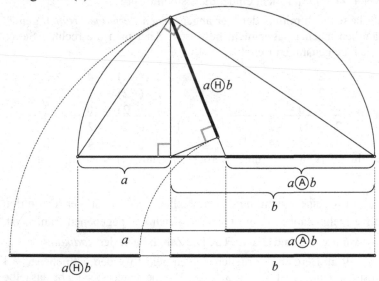

Bild L20

Für den algebraischen Beweis zerlegt man die Ungleichungskette in zwei Teile:

a) $\qquad \dfrac{2ab}{a+b} \le \sqrt{a \cdot b}$ $\qquad\qquad\qquad$ | 2

$\qquad\qquad \dfrac{4a^2b^2}{(a+b)^2} \le a \cdot b$ $\qquad\qquad$ | : $ab$

$\qquad\qquad \dfrac{4ab}{(a+b)^2} \le 1$ $\qquad\qquad\quad$ | $\cdot (a+b)^2$

$\qquad\qquad\quad 4ab \le a^2 + 2ab + b^2$ $\qquad$ | $-4ab$

$\qquad\qquad\quad\; 0 \le a^2 - 2ab + b^2$ $\qquad$ | binomische Formel

$\qquad\qquad\quad\; 0 \le (a-b)^2$

Per Rückschluss ist die erste Ungleichung bewiesen. Gleichheit liegt genau dann vor, wenn $a$ und $b$ identisch sind. $\qquad\qquad\qquad\qquad\qquad\qquad\qquad\qquad$ ∎

b) $\qquad \sqrt{a \cdot b} \le \dfrac{a+b}{2}$ $\qquad\qquad\qquad$ | 2

$\qquad\qquad a \cdot b \le \dfrac{(a+b)^2}{4}$ $\qquad\qquad$ | $\cdot 4$

$\qquad\qquad\; 4ab \le a^2 + 2ab + b^2$ $\qquad$ | $-4ab$

$\qquad\qquad\;\; 0 \le a^2 - 2ab + b^2$ $\qquad$ | binomische Formel

$\qquad\qquad\;\; 0 \le (a-b)^2$

Per Rückschluss ist damit auch die zweite Ungleichung bewiesen. Das Gleichheitszeichen gilt genau dann, wenn $a = b$. $\qquad\qquad\qquad\qquad\qquad\qquad\qquad\qquad\qquad$ ∎

**Ü 3.33:** *Beweis*: Die Antwort liefert uns der Satz des Pythagoras (Bild 3.14). Die ursprünglichen Hypotenusenabschnitte $a$ und $b$ sind die Katheten eines neuen rechtwinkligen Dreiecks mit der Hypotenuse $c$. Nach dem Satz des Pythagoras ist dann $c = \sqrt{a^2 + b^2}$. Über dieser Hypotenuse $c$ wird ein Quadrat errichtet. Dann gilt für dessen Diagonale $d = \sqrt{c^2 + c^2} = c\sqrt{2}$. Folglich ist $\dfrac{d}{2} = \sqrt{2} \cdot \sqrt{a^2 + b^2} = \dfrac{\sqrt{2}}{\sqrt{2} \cdot \sqrt{2}} \cdot \sqrt{a^2 + b^2}$

$= \sqrt{\dfrac{a^2 + b^2}{2}}$ das quadratische Mittel von $a$ und $b$. $\qquad\qquad\qquad\qquad\qquad$ ∎

**Ü 3.34:** *Beweis*: Offensichtlich ist $a \circledR b \le \max(a, b)$, denn $\sqrt{\dfrac{a^2 + b^2}{2}} \le \sqrt{\dfrac{b^2 + b^2}{2}}$

$= \sqrt{b^2} = b$. Darüber hinaus ist das arithmetischen Mittel $a \circledA b$ aber stets kleiner (oder höchstens gleich) dem quadratische Mittel $a \circledR b$, denn:

$\dfrac{a+b}{2} \le \sqrt{\dfrac{a^2 + b^2}{2}}$ $\qquad\qquad$ | 2

$\dfrac{(a+b)^2}{4} \le \dfrac{a^2 + b^2}{2}$ $\qquad\qquad$ | $\cdot 4$

$(a + b)^2 \le 2(a^2 + b^2)$ $\qquad$ | ausmultiplizieren

$a^2 + 2ab + b^2 \le 2a^2 + 2b^2$ $\quad$ | $-(a^2 + 2ab + b^2)$

$$0 \le a^2 - 2ab + b^2 \qquad | \text{ binomische Formel}$$
$$0 \le (a - b)^2$$

Per Rückschluss ist damit die Ungleichung bewiesen. Das Gleichheitszeichen gilt genau dann, wenn $a = b$.     ■

**Ü 3.35:** *Beweis*: In dem rechtwinkligen Dreieck $\Delta DFM$ mit den Katheten $DM = DB - MB$

$= b - \dfrac{a+b}{2} = \dfrac{b-a}{2}$ und $FM = a \text{ Ⓐ } b = \dfrac{a+b}{2}$ (Radius) gilt nach dem Satz des Pythagoras

für die Hypotenuse $DF = \sqrt{\left(\dfrac{a+b}{2}\right)^2 + \left(\dfrac{b-a}{2}\right)^2} = \sqrt{\dfrac{a^2 + 2ab + b^2 + b^2 - 2ab + a^2}{4}}$

$= \sqrt{\dfrac{2a^2 + 2b^2}{4}} = \sqrt{\dfrac{a^2 + b^2}{2}} = RMS(a, b) = a \text{ Ⓡ } b.$     ■

**Ü 3.36:**

a) *Harmonisches Mittel*:   Quotienten aus Flächeninhalt und Umfang sind gleich

Gegeben: $a, b$ und $\dfrac{x^2}{ab} = \dfrac{4x}{2(a+b)}$ . Damit gilt $x = \dfrac{2ab}{a+b}$ .

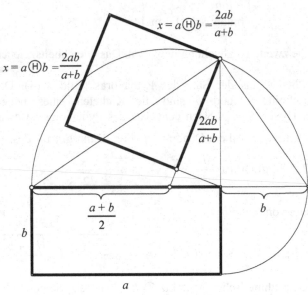

Bild L21

b) *Quadratisches Mittel*:   Diagonalen sind gleichlang

Gegeben: $a, b$ und $d_S = d_R$

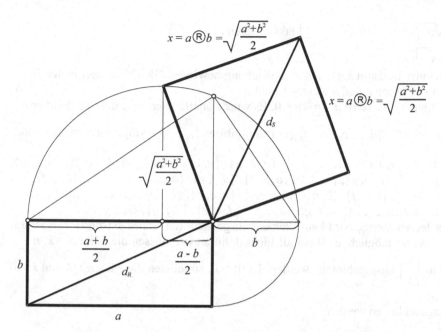

Bild L22

Mit $d_R = \sqrt{a^2 + b^2}$ und $d_S = \sqrt{x^2 + x^2} = \sqrt{2x^2} = \sqrt{2} \cdot x$ gilt damit $\sqrt{2} \cdot x = \sqrt{a^2 + b^2}$, also

$$x = \sqrt{\frac{a^2 + b^2}{2}}.$$

**Ü 3.37:** Es genügt zu zeigen: $a \, \text{Ⓖ} \, b \le a \, \text{Ⓝ} \, b \le a \, \text{Ⓐ} \, b$.

*Beweis:* Sei o. B. d. A. $a \le b$, dann gilt für alle $a, b \in \mathbf{R}^*_+$

a) $\qquad a \, \text{Ⓖ} \, b \le a \, \text{Ⓝ} \, b$:

$\sqrt{a \cdot b} \le \dfrac{a + \sqrt{ab} + b}{3}$ $\qquad | \cdot 3$

$3\sqrt{a \cdot b} \le a + \sqrt{a \cdot b} + b$ $\qquad | -3\sqrt{a \cdot b}$

$0 \le a - 2\sqrt{a \cdot b} + b$ $\qquad |$ faktorisieren

$0 \le \left(\sqrt{a} - \sqrt{b}\right)^2$

Per Rückschluss ist damit die Ungleichung bewiesen. Gleichheit liegt in der Tat genau dann vor, wenn $a$ und $b$ identisch sind. ∎

b) $\qquad a \, \text{Ⓝ} \, b \le a \, \text{Ⓐ} \, b$:

$\dfrac{a + \sqrt{ab} + b}{3} \le \dfrac{a + b}{2}$ $\qquad | \cdot 6$

$2a + 2\sqrt{a \cdot b} + 2b \le 3a + 3b$ $\qquad | -(2a + 2\sqrt{a \cdot b} + 2b)$

$$0 \le a - 2\sqrt{a \cdot b} + b \qquad\qquad | \text{ faktorisieren}$$

$$0 \le \left(\sqrt{a} - \sqrt{b}\right)^2$$

Per Rückschluss ist damit auch diese Ungleichung bewiesen. Gleichheit liegt in der Tat genau dann vor, wenn $a$ und $b$ identisch sind.                                                    ∎

**Ü 3.38:** Wegen $a = b + c$ ist $a - b - c = 0$. Es wurde unerlaubterweise durch 0 dividiert.

**Ü 3.39:** a) Sei $M = \{a, b, c, d, e, f, g\}$. Dann gibt es $\binom{7}{3} = 35$ Möglichkeiten. Das sind:

$\{a, b, c\}$, $\{a, b, d\}$, $\{a, b, e\}$, $\{a, b, f\}$, $\{a, b, g\}$, $\{a, c, d\}$, $\{a, c, e\}$, $\{a, c, f\}$, $\{a, c, g\}$, $\{a, d, e\}$, $\{a, d, f\}$, $\{a, d, g\}$, $\{a, e, f\}$, $\{a, e, g\}$, $\{a, f, g\}$, $\{b, c, d\}$, $\{b, c, e,\}$, $\{b, c, f\}$, $\{b, c, g\}$, $\{b, d, e\}$, $\{b, d, f\}$, $\{b, d, g\}$, $\{b, e, f\}$, $\{b, e, g\}$, $\{b, f, g\}$, $\{c, d, e\}$, $\{c, d, f\}$, $\{c, d, g\}$, $\{c, e, f\}$, $\{c, e, g\}$, $\{c, f, g\}$, $\{d, e, f\}$, $\{d, e, g\}$, $\{d, f, g\}$, $\{e, f, g\}$.

b) Aus der leeren Menge wird kein Element ausgewählt (da keines existiert). Das ist auf genau eine Weise möglich. c) Wenn 0! nicht definiert ist, müssen die Fälle $n = k$, $n = 0$ und $k = 0$ in $\binom{n}{k}$ ausgeschlossen werden. Ist $0! = 0$, so müssen die Fälle $n = k$ und $k = 0$ in $\binom{n}{k}$ ausgeschlossen werden.

**Ü 3.40:** a) Ja, denn es existiert eine natürliche Zahl $x$ mit $a \cdot x = 0$, nämlich $x = 0$.
b) $a \ne 0$: nein, denn es existiert keine natürliche Zahl $x$ mit $0 \cdot x = a$; $a = 0$ ja, denn es existiert eine natürliche Zahl $x$ mit $0 = 0 \cdot x$; $x$ kann sogar jede natürliche Zahl sein.
c) siehe b), Fall $a = 0$. d) siehe Kap. 2.3.3, S.89

**Ü 3.41:** a) (1), (3), (4) (notwendigerweise $b \ne 0$), (5), b) (1), (2), (3), (4), (5)

**Ü 3.42:** Viele Taschenrechner (z.B Casio fx-...) reagieren mit $E(rror)$ (Fehler). Es gibt Taschencomputer, wie den TI-92 oder Voyage 200, die mit $0^0 = 1$ arbeiten, während der Nachfolger TI-Nspire „undef" anzeigt. Die Computer-Algebra-Systeme *Derive*, *Maple* und *Mathlab* arbeiten mit $0^0 = 1$, während *Mathematica* auf die Eingabe von $0^0$ mit „Indeterminate" (unbestimmt) reagiert. Auch das Tabellenkalkulationsprogramm *Excel* liefert eine Fehlermeldung.

**Ü 3.43:** $f$ hat keine reellen Nullstellen. Im Komplexen hat $f$ die Nullstellen $x_1 = 2i$ und $x_2 = -2i$; Nullstelle von $g$: $x_1 = 1$.

**Ü 3.44:** a) Eine ganzrationale Funktion 3. Grades hat höchstens drei Nullstellen (s. Kap. 3.13, S. 136). Es wurden drei Zahlen gefunden, deren Funktionswerte höchstens geringfügig von null abweichen. b) $x_1 = 1$, $x_2 \approx -1{,}6$, $x_3 \approx 0{,}6$ kann aus dem Graphen abgelesen werden.

**Ü 3.45:** a) Die Nullstellen befinden sich in den Intervallen $[-2, -1]$, $[0, 1]$ und $[1, 2]$. Im ersten Schritt ergeben sich die Nullstellen $x_1 = -1{,}22$, $x_2 = 0{,}5$ und $x_3 = 1{,}17$. Wegen $f(-2) < 0$ und $f(x_1) > 0$, $f(0) > 0$ und $f(x_2) < 0$, $f(x_3) < 0$ und $f(2) > 0$ befinden sich die Nullstellen in den Intervallen $[-2; -1{,}22]$, $[0; 0{,}5]$ und $[1{,}17; 2]$. Es ergeben sich als Nullstellen $x_1 = -1{,}33$, $x_2 = 0{,}35$ und $x_3 = 1{,}28$. Die genauen Lösungen sind $x_1 = -\sqrt{2}$, $x_2 = \dfrac{1}{3}$ und $x_3 = \sqrt{2}$ .

b) Die einzige Nullstelle befindet sich im Intervall $[0, 1]$. Im ersten Schritt ergibt sich $x_1 = 0,375$, im zweiten Schritt $x_1 = 0,53$. Die genaue Lösung ist $x_1 = 0,5$. c) Die Nullstellen befinden sich in den Intervallen $[-2, -1]$, $[-1, 0]$ und $[0, 1]$. Im ersten Schritt ergeben sich die Nullstellen $x_1 = -1,07$, $x_2 = -0,33$ und $x_3 = 0,05$. Wegen $f(-2) < 0$ und $f(x_1) > 0$, $f(-1) > 0$ und $f(x_2) < 0$, $f(x_3) < 0$ und $f(1) > 0$ befinden sich die Nullstellen in den Intervallen $[-2; -1,07]$, $[-1; -0,33]$ und $[0,05; 1]$. Es ergeben sich als Nullstellen $x_1 = -1,13$, $x_2 = -0,33$ und $x_3 = 0,09$. Die genauen Lösungen sind

$$x_1 = -\frac{1}{2} - \frac{\sqrt{21}}{6}, \; x_2 = -\frac{1}{3} \text{ und } x_3 = -\frac{1}{2} + \frac{\sqrt{21}}{6}.$$

**Ü 3.46:** Für eine Gerade, die durch die Punkte $A(a, f(a))$ und $B(b, f(b))$ verläuft, ergibt sich aus der Zweipunktegleichung $(x - a)(f(b) - f(a)) = (y - f(a))(b - a)$ die Gleichung $y = f(a) + \dfrac{f(b) - f(a)}{b - a}(x - a)$ einer linearen Funktion. Setzt man $y = 0$, so ergibt sich die Nullstelle $x_0$ dieser Funktion. Die Gleichung $0 = f(a) + \dfrac{f(b) - f(a)}{b - a}(x_0 - a)$ führt zu

$-\dfrac{f(a)(b - a)}{f(b) - f(a)} = x_0 - a$. Daraus ergibt sich die Formel für die Regula Falsi. ∎

**Ü 3.47:** Erste Begründung: Mithilfe der quadratischen Ergänzung ergibt sich $f(x) = (x - 1)^2 - 4$. Es sei $x_1 < x_2 \leq 1$ Dann ist (*) $x_1 - 1 < x_2 - 1 \leq 0$. Multiplikation von (*) mit der negativen Zahl $(x_1 - 1)$ ergibt $(x_1 - 1)^2 > (x_1 - 1)(x_2 - 1)$. Multiplikation von (*) mit der nichtpositiven Zahl $(x_2 - 1)$ ergibt $(x_1 - 1)(x_2 - 1) \geq (x_2 - 1)^2$. Daher ist insgesamt $(x_1 - 1)^2 > (x_2 - 1)^2$. Dann ist auch $(x_1 - 1)^2 - 4 > (x_2 - 1)^2 - 4$. Damit ist aber $f(x_1) > f(x_2)$ für $x \leq 1$.

Zweite Begründung: Sei $x_1 < x_2 \leq 1$. Es ist $f(x_2) - f(x_1) = (x_2^2 - 2x_2 - 3) - (x_1^2 - 2x_1 - 3) = (x_2^2 - x_1^2) - (2x_2 - 2x_1) = (x_2 - x_1)(x_2 + x_1) - 2(x_2 - x_1) = (x_2 - x_1)(x_2 + x_1 - 2)$. Der erste Faktor dieses Produkts ist wegen $x_1 < x_2$ positiv. Der zweite Faktor ist wegen $x_1 < x_2 \leq 1$ negativ. Damit ist das Produkt negativ. Also ist die Funktion $f$ streng monoton fallend. ∎

**Ü 3.48:** a) Es seien $a$, $b$, $x_1$, $x_2$ beliebige reelle Zahlen mit $x_1 < x_2$ und $a \neq 0$. Es sei $a > 0$. Dann gilt $ax_1 < ax_2$. Addition von $b$ führt zu $ax_1 + b < ax_2 + b$, also $f(x_1) < f(x_2)$. Ist $a < 0$, so ergibt sich $ax_1 > ax_2$ mit der Konsequenz $f(x_1) > f(x_2)$. b) Es seien $a, b \in \mathbf{R}$ mit $a < b$. Im Intervall $[a, b]$ wählen wir zwei rationale Zahlen $r$, $l$ und eine irrationale Zahl $i$ mit $r < i$ und $i < l$. Es ist dann $f(r) = 1$, $f(i) = 0$ und $f(l) = 1$. Wegen $f(r) > f(i)$ ist $f$ nicht monoton wachsend, und wegen $f(i) < f(l)$ ist $f$ nicht monoton fallend.

**Ü 3.49:** a) $f$ ist streng monoton wachsend, b) $f$ ist streng monoton fallend, c) $f$ ist monoton wachsend, d) $f$ ist monoton fallend.

**Ü 3.50:** In Abhängigkeit vom Rechner können das Exponential- und Logarithmusfunktionen, Wurzelfunktionen, aber auch Winkelfunktionen wie sin, cos oder tan sein. Bei den Winkelfunktionen ist der Definitionsbereich so eingeschränkt worden, dass Injektivität vorliegt. Diese Einschränkung ist allerdings nicht einheitlich für alle Taschenrechner.

**Ü 3.51:** a) $f$ ist auf den Intervallen $I_1 = (-\infty; -2,5]$ und $I_2 = [-2,5; \infty)$ eineindeutig.

b) $f^{-1}(x) = -\sqrt{x+7,25} - 2,5$, falls $f$ auf $I_1$ definiert ist. $f^{-1}(x) = \sqrt{x+7,25} - 2,5$, falls $f$ auf $I_2$ definiert ist. c) Für $I_2 = [-2,5; \infty)$ ergeben sich Graphen der Art wie in Bild 3.22.

**Ü 3.52:** Seien $x_1, x_2 \in D(f)$ und $x_1 < x_2$. Dann ist $y_1 = f(x_1) < f(x_2) = y_2$. Annahme: $f^{-1}$ ist nicht streng monoton wachsend, d. h., es gibt $y_1, y_2 \in D(f^{-1})$ mit $f^{-1}(y_1) \geq f^{-1}(y_2)$. Wegen $f^{-1}(y_1) = x_1$ und $f^{-1}(y_2) = x_2$ ergibt sich mit $x_1 \geq x_2$ ein Widerspruch. ∎

**Ü 3.53:** a) $f$ ist ungerade, b) $f$ ist gerade, c) $f$ ist weder gerade noch ungerade, d) $f$ ist ungerade.

**Ü 3.54:** Jede rationale Zahl $p \neq 0$ ist Periode der Dirichlet-Funktion.

Beweis: Es sei $p$ eine von null verschiedene rationale Zahl. Wenn $x$ eine irrationale Zahl ist, dann ist auch $x + p$ irrational. Somit gilt $f(x+p) = f(x) = 0$. Wenn $x$ eine rationale Zahl ist, dann ist auch $x + p$ rational. Somit gilt $f(x+p) = f(x) = 1$. Da es keine kleinste positive rationale Zahl gibt, hat $f$ keine kleinste Periode. ∎

Die Funktion kann nicht graphisch dargestellt werden, weil die Punkte auf zwei zueinander parallelen Geraden liegen und es keine (noch so kleinen) Intervalle gibt, für die die Funktionswerte gleich sind.

**Ü 3.55:** Die Periodizität der Funktionen in a), c) und d) kann mithilfe der entsprechenden Additionstheoreme (s. S. 144) nachgewiesen werden. Kleinste Perioden sind a) $\pi$, c) $\pi$, d) $4\pi$. Für die Funktion in b) ist jede von null verschiedene Zahl $p$ eine Periode, denn $f(x+p) = f(x)$ $(= a)$ für alle $x \in \mathbf{R}$. Daher hat die Funktion auch keine kleinste Periode.

**Ü 3.56:** a) $f$ ist beschränkt. 0 ist eine untere Schranke und 1 ist eine obere Schranke. b) $f$ ist nicht nach oben beschränkt. 0 ist eine untere Schranke. c) $f$ ist nach unten beschränkt. 0 ist eine untere Schranke. $f$ ist nicht nach oben beschränkt.

**Ü 3.57:** ($\Rightarrow$) Es sei $f: \mathbf{R} \to \mathbf{R}$ eine beschränkte Funktion. Dann existieren Zahlen $s$ und $S$ mit $s \leq f(x) \leq S$ für alle $x \in \mathbf{R}$. Sei $a$ das Maximum der Zahlen $|s|$ und $|S|$. Dann gilt $-a \leq -|s| \leq s \leq f(x) \leq S \leq |S| \leq a$. ($\Leftarrow$) Es seien $f: \mathbf{R} \to \mathbf{R}$ eine Funktion und $a$ eine reelle Zahl mit $|f(x)| \leq a$ für alle $x \in \mathbf{R}$. Dann ist $-a \leq f(x) \leq a$. Damit ist $s = -a$ eine untere Schranke von $f$ und $S = a$ eine obere Schranke von $f$. ∎

**Ü 3.58:** a) z. B. $f$ mit $f(x) = \sin x$ hat 1 als Maximum für $x = \dfrac{\pi}{2}(4k+1)$ $(k \in \mathbf{Z})$ und $-1$ als Minimum für $x = \dfrac{\pi}{2}(4k+3)$ $(k \in \mathbf{Z})$, b) z. B. hat jede Potenzfunktion $f$ mit $f(x) = x^{2n+1}$ $(n \in \mathbf{N})$ weder ein Maximum noch eine Minimum (auf $\mathbf{R}$). c) z. B. $f$ mit $f(x) = x^2$ hat das Minimum 0 für $x = 0$ und ist nach oben unbeschränkt.

**Ü 3.59:** a) $f$ hat den Definitionsbereich $D(f) = \mathbf{R}^*$ und den Wertebereich $W(f) = \{1\}$. $f$ ist monoton wachsend und monoton fallend. Für alle $x_1, x_2 \in \mathbf{R}^*$ mit $x_1 < x_2$ gilt sowohl $f(x_1) \leq f(x_2)$ als auch $f(x_1) \geq f(x_2)$, denn alle Funktionswerte sind gleich. $f$ ist eine gerade Funktion, die keine Nullstellen hat. b) $f$ hat den Definitionsbereich $D(f) = \mathbf{R}_+$ und den Wertebereich $W(f) = \mathbf{R}_+$. $f$ hat die Zahl 0 als einzige Nullstelle und ist streng monoton wachsend. Sei $0 < x_1 < x_2$. Dann gilt

$$f(x_2) - f(x_1) = \sqrt{x_2} - \sqrt{x_1} = \frac{(\sqrt{x_2} - \sqrt{x_1})(\sqrt{x_2} + \sqrt{x_1})}{\sqrt{x_2} + \sqrt{x_1}} = \frac{x_2 - x_1}{\sqrt{x_2} + \sqrt{x_1}} > 0. \text{ c) } f \text{ hat den}$$

Definitionsbereich $D(f) = \mathbf{R}^*$ und den Wertebereich $W(f) = \mathbf{R}^*$. $f$ hat keine Nullstellen und ist eine ungerade Funktion, die für $x < 0$ und für $x > 0$ streng monoton fallend ist.

Seien $x_1, x_2 \in \mathbf{R}^*$ und $x_1 \neq x_2$. Dann gilt $f(x_2) - f(x_1) = x_2^{-7} - x_1^{-7} =$

$$\frac{1}{x_2^7} - \frac{1}{x_1^7} = \frac{x_1^7 - x_2^7}{x_2^7 x_1^7} = \frac{(x_1 - x_2)(x_1^6 + x_1^5 x_2 + x_1^4 x_2^2 + x_1^3 x_2^3 + x_1^2 x_2^4 + x_1 x_2^5 + x_2^6)}{x_2^7 x_1^7}.$$

Der erste Faktor im Zähler ist für $x_1 < x_2 < 0$ und für $0 < x_1 < x_2$ eine negative Zahl, während der zweite Faktor und der Nenner positive Zahlen sind. Damit ist der Quotient kleiner als 0. d) $f$ hat den Definitionsbereich $D(f) = \mathbf{R}$ und den Wertebereich $W(f) = \mathbf{R}_+$. Die Zahl 0 ist die einzige Nullstelle von $f$. $f$ ist eine gerade Funktion, die für $x \leq 0$ streng monoton fallend und für $x \leq 0$ streng monoton wachsend ist. Seien $x_1, x_2 \in \mathbf{R}$ und $x_1 \neq x_2$. Dann gilt $f(x_2) - f(x_1) = x_2^8 - x_1^8 = (x_2 - x_1)(x_2 + x_1)(x_2^2 + x_1^2)(x_2^4 + x_1^4)$. Für $x_1 < x_2 \leq 0$ ist der zweite Faktor eine negative Zahl und die anderen Faktoren sind positive Zahlen. Damit ist das Produkt kleiner als 0. Für $0 \leq x_1 < x_2$ sind alle Faktoren positive Zahlen. Damit ist das Produkt größer als 0. e) $f$ hat den Definitionsbereich $D(f) = \mathbf{R}_+^*$ und den Wertebereich $W(f) = \mathbf{R}_+^*$. $f$ hat die Zahl 0 als einzige Nullstelle und ist streng monoton fallend. Sei $0 < x_1 < x_2$. Da die Potenzfunktion $g$ mit $g(x) = x^6$ für $x > 0$ streng monoton wachsend ist, gilt $0 < x_1^6 < x_2^6$. Da die Potenzfunktion $h$ mit $h(x) = \sqrt[5]{x}$ die Umkehrfunktion der Potenzfunktion $i$ mit $i(x) = x^5$ ist und $h$ mit $i$ auch streng monoton wachsend ist (s. Übung 3.52), gilt $0 < \sqrt[5]{x_1^6} < \sqrt[5]{x_2^6}$. Dann gilt auch $\frac{1}{\sqrt[5]{x_2^6}} > \frac{1}{\sqrt[5]{x_1^6}} > 0$.

**Ü 3.60:** Für $x_1 < 0 < x_2$ ist $g(x_1) < 0$ und $g(x_2) > 0$, also $g(x_1) < g(x_2)$.  ∎

**Ü 3.61:** (1) Für $r \in \mathbf{N}$ folgt die Behauptung mit vollständiger Induktion. Die Behauptung gilt nach Voraussetzung für $r = 1$. Im Induktionsschritt ist zu zeigen: Wenn $a^r < b^r$, so $a^{r+1} < b^{r+1}$. Es gilt $a^{r+1} = a^r \cdot a < b^r \cdot a < b^r \cdot b = b^{r+1}$. (2) Für $n \in \mathbf{N}^*$ gilt zunächst $a^{\frac{1}{n}} < b^{\frac{1}{n}}$. Der Beweis erfolgt indirekt. Annahme: Es gäbe $a$, $b$ und $n$ mit $a^{\frac{1}{n}} \geq b^{\frac{1}{n}}$. Dann würde auch $a = (a^{\frac{1}{n}})^n \geq (b^{\frac{1}{n}})^n = b$ im Widerspruch zur Voraussetzung $a < b$ gelten. (3)

Seien nun $m, n \in \mathbf{N}$. Dann gilt wegen (2) und (1) $a^{\frac{m}{n}} = (a^{\frac{1}{n}})^m < (b^{\frac{1}{n}})^m = b^{\frac{m}{n}}$. Damit gilt die Behauptung für $r \in \mathbf{Q}_+^*$. Für $r \in \mathbf{R}_+^*$ ergibt sich die Behauptung mithilfe einer Intervallschachtelung.  ∎

**Ü 3.62:** a) $x_1 = -\sqrt{3}$, $x_2 = \sqrt{3}$, b) $x_1 = -2$, $x_2 = 1$, $x_3 = 3$, c) $x_1 = 0$, $x_2 = 1$

**Ü 3.63:** a) $f$ hat die Nullstellen $x_1 = -2$, $x_2 = -\sqrt{2}$, $x_3 = \sqrt{2}$, $f$ hat keine Polstellen und keine Lücken, b) $f$ hat die Nullstelle $x_1 = -1$ und die Polstelle $x_2 = -2$ und für $x = 2$ eine Lücke, c) $f$ hat die Nullstelle $x_1 = -1$ und die Polstelle $x_2 = 2$ und keine Lücken.

**Ü 3.64:** Für $a = 1$ entsteht die konstante Funktion $f$ mit $f(x) = 1^x = 1$, die weder streng monoton wachsend noch streng monoton fallend ist.

**Ü 3.65:** a) Sei $a > 1$. (1) Es gilt $a^r > 1$ für $r \in \mathbf{N}$. Beweis erfolgt mit vollständiger Induktion. Induktionsanfang mit $r = 1$. Aussage gilt nach Voraussetzung. Induktionsschritt: Es ist zu zeigen: Wenn $a^r > 1$, so $a^{r+1} > 1$. Aus $a^r > 1$ folgt nach Multiplikation mit $a$ sofort $a^{r+1} > a$ und wegen $a > 1$ schließlich $a^{r+1} > 1$. (2) Es gilt $a^{\frac{1}{n}} > 1$ und $n \in \mathbf{N}$. Beweis erfolgt indirekt. Annahme: Es existiert ein $n$ mit $a^{\frac{1}{n}} \leq 1$. Dann gilt wegen Ergebnis von Übung 3.61 $(a^{\frac{1}{n}})^n \leq 1^n$. Damit wäre $a \leq 1$ im Widerspruch zur Voraussetzung. (3) Es gilt $a^{\frac{m}{n}} > 1$ für $m, n \in \mathbf{N}^*$. Wegen (3) ist $a^{\frac{1}{n}} > 1$ und wegen (1) gilt die Behauptung. Damit gilt $a^r > 1$ für $r \in \mathbf{Q}_+^*$. (4) Es gilt $a^r > 1$ für $r \in \mathbf{R}_+^*$. Der Beweis kann mit einer Intervallschachtelung $[\, a^{a_n}, a^{b_n} \,]$, wobei $(a_n)$ und $(b_n)$ Folgen positiver rationaler Zahlen sind, erfolgen. Dabei ergibt sich die Behauptung wegen (3). ∎

b) Wenn $r < 0$ ist, dann ist $-r > 0$. Wegen a) ist $a^{-r} > 1$. Division dieser Ungleichung durch die positive Zahl $a^{-r}$ ergibt $1 > \dfrac{1}{a^{-r}} = a^r$, also $1 > a^r$ nach Definition von Potenzen mit negativem Exponenten und $a^r$ ist auch positiv. ∎

c) Seien $r, s$ reelle Zahlen mit $r < s$. Dann existiert eine positive reelle Zahl $t$ mit $r + t = s$. Wegen (4) in a) gilt $a^t > 1$, d. h., es ergibt sich $a^r < a^r \cdot a^t = a^{r+t} = a^s$ (Potenzgesetz). Damit ist die Behauptung bewiesen. ∎

**Ü 3.66:** a) Wenn $x \in D(f)$, dann ist $f(x) \in W(f) = D(f^{-1})$. Also ist $f^{-1}(\, f(x)) = x$. b) Wenn $f$ mit $f(x) = \log_a x$ ist, so ist $f^{-1}$ mit $f^{-1}(x) = a^x$ ihre Umkehrfunktion. Mit a) ergibt sich die Behauptung. c) $\ln a$ ist der natürliche Logarithmus der Zahl $a > 0$. Die natürliche Logarithmusfunktion und die natürliche Exponentialfunktion sind invers zueinander. Daher gilt die Aussage wegen b). d) Jede Exponentialfunktion mit einer Basis $a > 1$ kann mithilfe der natürlichen Exponentialfunktion dargestellt werden.

**Ü 3.67:** a) $\sin \beta := \dfrac{b}{c}$, $\cos \beta := \dfrac{a}{c}$, $\tan \beta := \dfrac{b}{a}$, $\cot \beta := \dfrac{a}{b}$,

b) $\sin^2 \alpha + \cos^2 \alpha = \left(\dfrac{a}{c}\right)^2 + \left(\dfrac{b}{c}\right)^2 = \dfrac{a^2 + b^2}{c^2} = \dfrac{c^2}{c^2} = 1$. ∎

**Ü 3.68:** Die Kosinusfunktion $f$ mit $f(x) = \cos x$ $(x \in \mathbf{R})$ hat das Intervall $[-1, 1]$ als Wertebereich, denn die Abszissen der Punkte auf dem Einheitskreis durchlaufen dieses Intervall. Die Kosinusfunktion ist periodisch mit der kleinsten Periode $2\pi$, denn nach einer Umdrehung des Strahls, also einer Drehung um $2\pi$ treten wiederum die gleichen Abszissen des Punktes $P$ auf. $f$ ist gerade, denn zu entgegengesetzten Argumenten gehört die gleiche Ordinate. Für $0 \leq x \leq \dfrac{\pi}{2}$ und für $\dfrac{3\pi}{2} \leq x \leq 2\pi$ ist die Kosinusfunktion streng monoton fallend und für $\dfrac{\pi}{2} \leq x \leq \dfrac{3\pi}{2}$ ist sie streng monoton wachsend. Die

Zahlen $(2k + 1)\dfrac{\pi}{2}$, $k \in \mathbf{Z}$, sind die Nullstellen der Kosinusfunktion. (Der Graph der Kosinusfunktion ergibt sich aus Bild 3.35, indem man den Graphen der Sinusfunktion um $\dfrac{\pi}{2}$ nach links verschiebt.)

**Ü 3.69**: Die Kotangensfunktion $f$ mit $f(x) = \cot x$ ($x \in \mathbf{R}$, $x \neq k\pi$, $k \in \mathbf{Z}$) hat den Wertebereich $\mathbf{R}$. Die Kotangensfunktion ist periodisch mit der kleinsten Periode $\pi$. $f$ ist ungerade. Für $0 < x < \pi$ ist die Kotangensfunktion streng monoton fallend. Die Zahlen $(2k + 1)\dfrac{\pi}{2}$, $k \in \mathbf{Z}$, sind die Nullstellen der Kotangensfunktion. Die Geraden mit $x = k\pi$, $k \in \mathbf{Z}$, sind (senkrechte) Asymptoten des Graphen der Kotangensfunktion. Auf eine graphische Darstellung der Kotangensfunktion verzichten wir hier.

**Ü 3.70**: $g$ ist in $\mathbf{R}$ definiert und hat das Intervall $[-3, 3]$ als Wertebereich. Sie ist periodisch mit der kleinsten Periode $\pi$. Für $0 \leq x \leq \dfrac{\pi}{2}$ ist $g$ streng monoton fallend und für $\dfrac{\pi}{2} \leq x \leq \pi$ ist $g$ streng monoton wachsend. Die

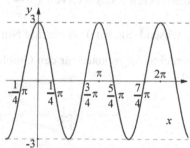

Zahlen $\dfrac{\pi}{4}(2k - 1)$, $k \in \mathbf{Z}$, sind die Nullstellen von $g$.

Der Parameter $a$ beeinflusst den Wertebereich: $W(g) = [-|a|, |a|]$. Der Parameter $b$, $b \neq 0$, beeinflusst die Periode von $g$. Die kleinste Periode ist $\dfrac{2\pi}{|b|}$. Der

Bild L23

Parameter $c$ bewirkt eine Verschiebung des Graphen um $-|c|$ in Richtung der Abszissenachse.

**Ü 3.71**: Mit $y = x$ ergibt sich aus dem Additionstheorem der Tangensfunktion $\tan 2x = \dfrac{2 \tan x}{1 - \tan^2 x}$. Dabei muss $\tan^2 x \neq 1$, also $\tan x \neq \pm 1$ sein. Damit schließen sich die Argumente $x = \dfrac{\pi}{4} + \dfrac{k\pi}{2}$ ($k \in \mathbf{Z}$) aus. Mit $y = x$ ergibt sich aus dem Additionstheorem der Kotangensfunktion $\cot 2x = \dfrac{\cot^2 x - 1}{2 \cot x}$. Dabei muss $\cot x \neq 0$, also $x \neq \dfrac{\pi}{2} + k\pi$ ($k \in \mathbf{Z}$) sein.

**Ü 3.72**: a) Wegen $x - y = x + (-y)$ ergibt sich aus dem Additionstheorem der Sinusfunktion $\sin(x - y) = \sin x \cdot \cos(-y) + \sin(-y) \cdot \cos x$. Wegen der Geradheit der Kosinusfunktion und der Ungeradheit der Sinusfunktion ist $\sin(x - y) = \sin x \cdot \cos y - \sin y \cdot \cos x$.

b) Ebenso ergibt sich aus dem Additionstheorem der Kosinusfunktion cos(x − y) =
cos x · cos(−y) + sin(−x) · sin y, also cos(x − y) = cos x · cos y + sin x · sin y.
c) Analog ergibt sich aus dem Additionstheorem der Tangensfunktion

$$\tan(x-y) = \frac{\tan x + \tan(-y)}{1 - \tan x \cdot \tan(-y)}.$$ Wegen der Ungeradheit der Tangensfunktion ist

$$\tan(x-y) = \frac{\tan x - \tan y}{1 + \tan x \cdot \tan y}.$$

d) Ebenso ergibt sich aus dem Additionstheorem der Kotangensfunktion

$$\cot(x-y) = \frac{\cot x \cdot \cot(-y) - 1}{\cot x + \cot(-y)}.$$ Wegen der Ungeradheit der Kotangensfunktion ist dann

$$\cot(x-y) = \frac{\cot x \cdot \cot y + 1}{\cot y - \cot x}.$$

**Ü 3.73:** a) Der Hauptzweig der Funktion Arkustangens ist für $x \in \mathbf{R}$ definiert und hat als

Wertebereich das Intervall $(-\frac{\pi}{2}, \frac{\pi}{2})$. Die Funktion ist ungerade und streng monoton

wachsend. Sie hat 0 als einzige Nullstelle. Die Geraden mit $y = \frac{\pi}{2}$ und $y = -\frac{\pi}{2}$ sind waa-

gerechte Asymptoten für den Graphen der Funktion Arkustangens.
b)

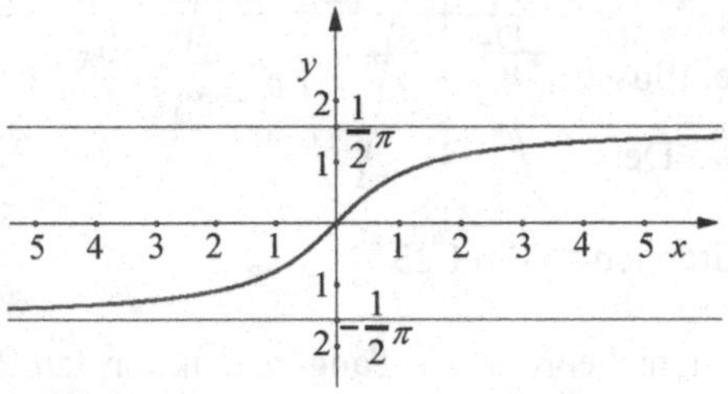

c) Die Graphen der beiden Funktionen liegen spiegelbildlich bzgl. der Winkelhalbierenden des 1. und 3. Quadranten. Beide Graphen sind zentralsymmetrisch zum Koordinatenursprung, verlaufen im 1. und 3. Quadranten und schneiden im Koordinatenursprung die x-Achse.

Bild L24

**Ü 3.74:** Die Bedingung $a < 0$ hat zur Folge, dass die Funktion $f$ mit $f(x) = ax$ streng
monoton fallend ist.
**Satz:** Die für alle reellen Zahlen definierte Funktion $f$ mit $f(x) = ax$ ($a \in \mathbf{R}, a < 0$) ist
die einzige Funktion mit den Eigenschaften
(1) $f(x+y) = f(x) + f(y)$ für alle $x, y \in \mathbf{R}$,
(2) $f$ ist streng monoton fallend,
(3) $f(1) = a$.
Der Beweis dieses Satzes unterscheidet sich vom Beweis von Satz 3.7 nur in f). Dort
ergibt das andere Monotonieverhalten eine andere Ungleichung, aus der sich dann ein
Widerspruch ergibt.
**Ü 3.75:** Die Bedingung $0 < a < 1$ hat zur Folge, dass die Funktionen streng monoton
fallend sind.
**Satz:** Die für alle reellen Zahlen definierte *Exponentialfunktion* $f$ mit $f(x) = a^x$ ($a \in \mathbf{R}$,
$0 < a < 1$) ist die einzige Funktion mit den Eigenschaften

(1) $f(x + y) = f(x) \cdot f(y)$ für alle $x, y \in \mathbf{R}$,

(2) $f$ ist streng monoton fallend,

(3) $f(1) = a$.

**Satz**: Die für alle positiven reellen Zahlen definierte *Logarithmusfunktion* $f$ mit $f(x) = \log_a x$ $(a \in \mathbf{R}, 0 < a < 1)$ ist die einzige Funktion mit den Eigenschaften

(1) $f(x \cdot y) = f(x) + f(y)$ für alle $x, y \in \mathbf{R}_+^*$,

(2) $f$ ist streng monoton fallend,

(3) $f(a) = 1$.

**Ü 3.76:** Die Bedingung $a < 0$ hat zur Folge, dass die Funktion streng monoton fallend ist.

**Satz**: Die für alle positiven reellen Zahlen definierte *Potenzfunktion* $f$ mit $f(x) = x^a$ $(a < 0)$ ist die einzige Funktion mit den Eigenschaften

(1) $f(x \cdot y) = f(x) \cdot f(y)$ für alle $x, y \in \mathbf{R}_+^*$,

(2) $f$ ist streng monoton fallend,

(3) $f(b) = c$ $(b \neq 1, 0 < c < 1$ für $b > 1$ und $c > 1$ für $0 < b < 1, c = b^a)$.

**Ü 3.77:** Das Additionstheorem bzw. Subtraktionstheorem der Kosinusfunktion lautet:

Für alle $x, y \in \mathbf{R}$ gilt $\cos(x + y) = \cos x \cdot \cos y - \sin x \cdot \sin y$ und

für alle $x, y \in \mathbf{R}$ gilt $\cos(x - y) = \cos x \cdot \cos y + \sin x \cdot \sin y$.

Addition der beiden Gleichungen ergibt:

Für alle $x, y \in \mathbf{R}$ gilt $\cos(x + y) + \cos(x - y) = 2\cos x \cdot \cos y$.

**Ü 3.78:** Es seien $g$ und $h$ die konstanten Funktionen mit $g(x) = 2$ und $h(x) = 1$. Dann gilt

$$f = \frac{g \cdot id_\mathbf{R} + h}{id_\mathbf{R} \cdot id_\mathbf{R} \cdot id_\mathbf{R} - g \cdot id_\mathbf{R} + h} \cdot D(f) = \{x \mid x \in \mathbf{R} \wedge x \neq 1 \wedge x \neq \frac{-1 + \sqrt{5}}{2} \wedge x \neq \frac{-1 - \sqrt{5}}{2}\}$$

**Ü 3.79:** a) $u$ mit $u(y) = g(f(y)) = (y + 1)^2$, $D(f) = D(g) = D(u) = \mathbf{R}$, $W(f) = \mathbf{R}$,

$W(g) = W(u) = \mathbf{R}_+$; $v$ mit $v(x) = f(g(x)) = x^2 + 1$, $D(f) = D(g) = D(v) = \mathbf{R}$, $W(f) = \mathbf{R}$,

$W(g) = \mathbf{R}_+$, $W(v) = \{x \mid x \in \mathbf{R} \wedge x \geq 1\}$, b) $u$ mit $u(y) = g(f(y)) = \dfrac{1}{y^3 - 1}$, $D(f) = \mathbf{R}$,

$D(g) = D(u) = \mathbf{R} \setminus \{1\}$, $W(f) = \mathbf{R}$, $W(g) = W(u) = \mathbf{R}^*$; $v$ mit $v(x) = f(g(x)) = \dfrac{1}{(x - 1)^3}$,

$D(f) = \mathbf{R}$, $D(g) = D(v) = \mathbf{R} \setminus \{1\}$, $W(f) = \mathbf{R}$, $W(g) = W(v) = \mathbf{R}^*$.

**Ü 3.80:** Es seien $g$ und $h$ die konstanten Funktionen mit $g(x) = 2$ und $h(x) = -1$. Dann ist $p = (g \cdot id_\mathbf{R} + h) \cdot (g \cdot id_\mathbf{R} + h) \cdot (g \cdot id_\mathbf{R} + h)$. Es seien $f$ und $g$ die Funktionen mit $f(x) = 2x - 1$ $(x \in \mathbf{R})$ und $g(y) = y^3$ $(y \in \mathbf{R})$. Dann ist $p = g \circ f$.

# Literatur

ASSER, G.: Grundbegriffe der Mathematik, I. Mengen. Abbildungen. Natürliche Zahlen. Mathematik für Lehrer, Band 1. 5. Aufl. Berlin: Deutscher Verlag der Wissenschaften 1988.

BEHNKE, H.; REMMERT, R.; STEINER, H.-G.; TIETZ, H. (Hrsg.): Das Fischer Lexikon, Mathematik 1, 2. 12. bzw. 8. Aufl. Frankfurt am Main: Fischer Bücherei 1976.

BREHMER, S.; APELT, H: Analysis I. Folgen, Reihen, Funktionen. Mathematik für Lehrer, Band 24. Berlin: Deutscher Verlag der Wissenschaften 1982.

GÖRKE, L.: Mengen, Relationen, Funktionen. Berlin: Volk und Wissen 1973.

GÖTHNER, P.: Elemente der Algebra. mathematik-abc für das Lehramt. Leipzig: Teubner 1997.

HALMOS, P. R.: Naive Mengenlehre. 5. Aufl. Göttingen: Vandenhoeck & Ruprecht 1994.

ILSE, D.; LEHMANN, I.; SCHULZ, W.: Gruppoide und Funktionalgleichungen. Mathematik für Lehrer, Band 20. Berlin: Deutscher Verlag der Wissenschaften 1984.

JÄNICH, K.: Funktionentheorie. Eine Einführung. Berlin: Springer 2004.

JUNEK, H.: Analysis. Funktionen – Folgen – Reihen. mathematik-abc für das Lehramt. Leipzig: Teubner 1998.

KIRSCH, A.: Mathematik wirklich verstehen. Eine Einführung in ihre Grundbegriffe und Denkweisen. Köln: Aulis-Verlag Deubner 1987.

KIRSCHE, P.: Einführung in die Abbildungsgeometrie. mathematik-abc für das Lehramt. 2. Aufl. Wiesbaden: Teubner 2006.

KRAMER, J.; v. PIPPICH, A.-M.: Von den natürlichen Zahlen zu den Quaternionen. Basiswissen Zahlbereiche und Algebra. Wiesbaden: Springer Spektrum 2013.

v. MANGOLDT, H.; KNOPP, K.: Einführung in die höhere Mathematik, Bd. 1. 12. Aufl. Leipzig: Hirzel 1964.

POSAMENTIER, A. S.; LEHMANN, I.: Mathematical Curiosities. A Treasure Trove of Unexpected Entertainments. Amherst (New York): Prometheus Books 2014.

SCHÄFER, W.; GEORGI, K.; TRIPPLER, G.: Mathematik-Vorkurs. Übungs- und Arbeitsbuch für Studienanfänger. 6. Aufl. Wiesbaden: Teubner 2006.

WARMUTH, E.; WARMUTH, W.: Elementare Wahrscheinlichkeitsrechnung. mathematik-abc für das Lehramt. Leipzig: Teubner 1998.

ZEIDLER, E. (Hrsg.): SPRINGER-TASCHENBUCH der Mathematik. Begründet von BRONSTEIN, I. N.; SEMENDJAJEW, K. A. 3. Aufl. Wiesbaden: Springer Vieweg 2013.

# Namen- und Sachverzeichnis

Printed in the United States
by Bookmasters

Printed in the United States
By Bookmasters